软件评测师备考一本通

张洋洋 编著

中国水利水电出版社
www.waterpub.com.cn

·北京·

内 容 提 要

本书根据考试大纲以及历年考试的情况，较为全面地收录了软件评测师考试的重点基础知识。本书将软件评测师考试大纲里规定的计算机系统构成及硬件基础、操作系统、数据库、中间件、计算机网络、程序设计语言、标准化、信息安全、信息化、软件工程和专业英语等综合技术知识点全部囊括在内，保证了学习的完整性，做到了"软测备考一本通"的效果。软件评测师的官方教材侧重于测试知识，与对应的考试大纲要求及历年考试实际有较多的知识缺口。本书注重学习效果的反馈，在每一章节都设置了练习题，将常考的知识点慢慢导入，一步一步引导考生进行思考，最终快速提高应试水平。

本书可作为考生备考软件评测师考试的学习教材，也可供各类培训班使用。考生可通过学习本书掌握考试的重点基础知识，快速熟悉考试大纲要求掌握的知识点。

图书在版编目（CIP）数据

软件评测师备考一本通 / 张洋洋编著. -- 北京：中国水利水电出版社，2024. 11. -- ISBN 978-7-5226-3016-8

Ⅰ．TP311.55

中国国家版本馆 CIP 数据核字第 20240UU254 号

策划编辑：周春元　　责任编辑：周春元　　加工编辑：杨继东　　封面设计：杨玉兰

书　名	软件评测师备考一本通 RUANJIAN PINGCESHI BEIKAO YIBENTONG
作　者	张洋洋　编著
出版发行	中国水利水电出版社 （北京市海淀区玉渊潭南路 1 号 D 座　100038） 网址：www.waterpub.com.cn E-mail：mchannel@263.net（答疑） 　　　　sales@mwr.gov.cn 电话：(010) 68545888（营销中心）、82562819（组稿）
经　售	北京科水图书销售有限公司 电话：(010) 68545874、63202643 全国各地新华书店和相关出版物销售网点
排　版	北京万水电子信息有限公司
印　刷	三河市鑫金马印装有限公司
规　格	184mm×240mm　16 开本　21.5 印张　517 千字
版　次	2024 年 11 月第 1 版　2024 年 11 月第 1 次印刷
印　数	0001—3000 册
定　价	68.00 元

凡购买我社图书，如有缺页、倒页、脱页的，本社营销中心负责调换

版权所有·侵权必究

前　　言

在我编写的第一本软考教材《软件评测师考试重难点突破》出版以后，得到了广大读者和学员的好评，我也倍感鼓舞。很多读者也来信催促我写一本相对比较全面的软件评测师基础知识备考教材，和第一本教材可以相互补充学习，从而提高备考效率。由于培训工作比较繁忙，一直没有抽出时间写作，而 2023 年下半年，软考从纸笔考试到计算机化考试发生了重大改革，学员们的呼声更加浓烈，于是就有了此书的诞生。

作为软件开发的重要环节，软件测试越来越受到人们的重视。随着软件开发规模的增大、复杂程度的增加，以寻找软件中的错误为目的的测试工作就显得更加困难。为了尽可能多地找出程序中的错误，生产出高质量的软件产品，需要大量的软件评测人员，因此软件评测工程师应运而生。写作本书是源于自己多年的培训经历，自己从事软件测试行业已有十余年了，后来因缘巧合，和 51CTO 学堂一起合作了多次软件评测师的精品班培训。在培训的过程中，有很多优秀的学员在培训班中脱颖而出，通过努力取得了优秀的成绩，顺利拿到了梦寐以求的证书，最终实现了升职加薪和积分落户的福利。

本书中的小鹿同学就是无数个优秀学子的化身，他不仅努力，而且踏实肯学。本书通过小鹿同学参加备考的全过程，结合昊洋老师的指点，把软件评测师考试所需的绝大部分基础知识都进行了汇总，依据官方提供的考试大纲进行了章节划分，并且在每一个章节都设置了练习题，对基础知识点进行了二次巩固，让备考过程中的难关一个个变成康庄大道。我相信很多学员在学习本书的过程中，都会或多或少有着和小鹿同学同样的疑问。因为软件评测师是一门综合性的学科考试，其中包括计算机系统构成及硬件基础、操作系统、数据库、计算机网络、程序设计语言、知识产权保护、软件工程、专业英语和软件测试在内的知识点，如果没有老师的指导，可能很多人都会走不少弯路。当然，如果你是一个无师自通的大牛，是不建议学习本书的；如果你需要一位老师在你有疑问而不知所措时，可以给你指导和点拨的话，那么我想这本书就是你所需要的。

本书分为考试介绍篇、综合技术篇和测试技术篇三大部分的知识，弥补了很多书籍只有其中之一，而没有全部汇总到一起的遗憾。另外，本书整体的风格比较轻松和愉快，就像打游戏闯关一样,通过自己不断地努力,加上昊洋老师的指导,一点点向软件评测师的殿堂靠拢。

由于时间仓促,加之作者水平有限,本书还有很多不足之处,欢迎读者提出宝贵意见和建议,方便本书再版时不断优化,更加符合广大学子的期待!

读者可关注作者唯一官方个人微信公众号(昊洋与你一起成长):HYJY20180101;也可以关注作者抖音号(抖音号:YL201606182018)与作者面对面。期待和大家一起交流和学习!

张洋洋
2024 年 10 月

目　　录

前言

第一篇　考试介绍篇

第1章　软件评测师考试介绍 ………… 2
  1.1　软件评测师考试概述 …………… 2
  1.2　软件评测师机考改革 …………… 2
  1.3　软件评测师备考建议 …………… 3

第二篇　综合技术篇

第2章　计算机系统构成及硬件基础知识 ………… 6
  2.1　CPU ……………………………… 6
    2.1.1　CPU 的组成 …………………… 6
    2.1.2　运算器 ………………………… 7
    2.1.3　控制器 ………………………… 7
  2.2　数据的表示 …………………… 8
    2.2.1　进位计数制 …………………… 8
    2.2.2　进制之间的换算 ……………… 9
    2.2.3　码制 …………………………… 11
    2.2.4　定点数和浮点数 ……………… 12
  2.3　校验码 ………………………… 12
    2.3.1　奇偶校验码 …………………… 12
    2.3.2　海明码 ………………………… 13
    2.3.3　循环冗余校验码 ……………… 13
  2.4　逻辑运算 ……………………… 14
    2.4.1　与运算 ………………………… 14
    2.4.2　或运算 ………………………… 14
    2.4.3　非运算 ………………………… 14
    2.4.4　异或运算 ……………………… 14
    2.4.5　真值表 ………………………… 15
  2.5　指令系统的基础知识 ………… 15
    2.5.1　指令概述 ……………………… 15
    2.5.2　寻址方式 ……………………… 15
    2.5.3　CISC 和 RISC ………………… 16
    2.5.4　指令的流水线方式处理 ……… 17
  2.6　存储系统的基础知识 ………… 17
    2.6.1　存储器的层次 ………………… 17
    2.6.2　存储器的分类 ………………… 18
    2.6.3　存储器数据的存取方式 ……… 18
    2.6.4　Cache …………………………… 18
    2.6.5　主存储器的性能指标 ………… 19
    2.6.6　常见的外存储器 ……………… 19
    2.6.7　虚拟存储器 …………………… 20
  2.7　输入输出的基础知识 ………… 20
    2.7.1　输入输出技术概述 …………… 20
    2.7.2　CPU 与外设之间交换数据的方式 …… 20
  2.8　总线的基础知识 ……………… 21
    总线概述 …………………………… 21
  2.9　计算机的性能评价指标 ……… 22
    计算机的性能评价指标概述 ……… 22
  2.10　章节练习题 ………………… 23
  2.11　练习题参考答案 …………… 24

第3章　操作系统基础知识 …………… 27
  3.1　操作系统概述 ………………… 27
    3.1.1　操作系统简介 ………………… 27
    3.1.2　操作系统的分类 ……………… 28

- 3.2 处理机管理 ·················· 30
  - 3.2.1 处理机管理概述 ··········· 30
  - 3.2.2 进程概述 ················ 32
  - 3.2.3 死锁 ···················· 33
  - 3.2.4 线程 ···················· 34
- 3.3 存储管理 ·················· 35
  - 存储器管理概述 ················ 35
- 3.4 设备管理 ·················· 36
  - 3.4.1 设备管理概述 ············· 36
  - 3.4.2 磁盘调度 ················ 37
- 3.5 文件管理 ·················· 37
  - 3.5.1 文件概述 ················ 37
  - 3.5.2 文件目录和存储空间管理 ····· 38
- 3.6 作业管理 ·················· 39
  - 3.6.1 作业 ···················· 39
  - 3.6.2 作业调度算法 ············· 40
- 3.7 章节练习题 ················· 40
- 3.8 练习题参考答案 ············· 41
- 第4章 数据库基础知识 ··········· 44
  - 4.1 数据库概述 ················· 44
    - 4.1.1 数据库简介 ·············· 44
    - 4.1.2 数据库管理系统（DBMS）··· 45
    - 4.1.3 数据管理技术发展 ········ 46
  - 4.2 数据模型 ·················· 47
    - 4.2.1 数据模型概述 ············ 47
    - 4.2.2 E-R 模型 ················ 48
  - 4.3 数据库模式 ················ 49
    - 4.3.1 数据库三级模式 ·········· 49
    - 4.3.2 三级模式两级映像 ········ 50
  - 4.4 关系数据库 ················ 51
    - 4.4.1 基本概念 ················ 51
    - 4.4.2 完整性约束 ·············· 53
  - 4.5 关系代数运算 ············· 53
    - 关系代数运算的分类 ············ 53
  - 4.6 关系数据库 SQL 语言与编程 ··· 55
  - 4.6.1 SQL 语言 ················· 55
  - 4.6.2 数据定义 ················ 56
  - 4.6.3 数据查询-Select ··········· 57
  - 4.6.4 数据更新 ················ 57
  - 4.6.5 数据控制 ················ 58
  - 4.7 关系数据库的规范化 ········ 58
    - 4.7.1 数据依赖 ················ 58
    - 4.7.2 规范化 ·················· 59
  - 4.8 分布式数据库 ·············· 62
    - 分布式数据库概述 ·············· 62
  - 4.9 章节练习题 ················ 63
  - 4.10 练习题参考答案 ··········· 64
- 第5章 中间件基础知识 ··········· 67
  - 5.1 中间件概述 ················ 67
    - 中间件简介 ···················· 67
  - 5.2 章节练习题 ················ 69
  - 5.3 练习题参考答案 ············ 69
- 第6章 计算机网络基础知识 ······· 70
  - 6.1 计算机网络概述 ············ 70
    - 6.1.1 计算机网络的功能和分类 ··· 70
    - 6.1.2 计算机网络拓扑结构 ······ 71
  - 6.2 网络体系结构和协议 ········ 73
    - 6.2.1 ISO/OSI 网络体系结构 ····· 73
    - 6.2.2 TCP/IP 分层模型 ········· 74
  - 6.3 常用的网络设备 ············ 76
    - 6.3.1 网络设备分类 ············ 76
    - 6.3.2 网络的传输介质 ·········· 77
  - 6.4 IP 地址 ···················· 78
    - 6.4.1 IP 地址概述 ·············· 78
    - 6.4.2 子网掩码 ················ 79
  - 6.5 Internet 基础知识及其应用 ··· 80
    - Internet 服务 ·················· 80
  - 6.6 网络管理 ·················· 81
    - 6.6.1 网络管理概述 ············ 81
    - 6.6.2 防火墙 ·················· 82

| 6.7 章节练习题 ································ 83
| 6.8 练习题参考答案 ························ 84
| **第7章 程序设计语言基础知识** ············· 86
| 7.1 汇编、编译与解释系统基础知识 ····· 86
| 7.1.1 低级语言和高级语言 ············ 86
| 7.1.2 正规式 ······························ 89
| 7.1.3 有限自动机 ······················· 89
| 7.2 程序设计语言的基本概念 ··············· 90
| 7.2.1 程序设计语言 ····················· 90
| 7.2.2 函数 ································ 92
| 7.3 面向对象程序设计 ························ 93
| 7.3.1 面向对象的基本概念 ············ 93
| 7.3.2 面向对象分析 ····················· 94
| 7.3.3 面向对象设计 ····················· 95
| 7.3.4 面向对象程序设计（编程） ··· 95
| 7.4 C语言以及C++语言程序设计
| 基础知识 ···································· 95
| 7.4.1 C语言基本数据类型 ············ 95
| 7.4.2 C语言概述 ························ 97
| 7.5 数据结构基础知识 ························ 98
| 7.5.1 线性表 ······························ 98
| 7.5.2 栈 ···································· 99
| 7.5.3 队列 ································· 99
| 7.5.4 串 ·································· 100
| 7.5.5 数组 ······························· 100
| 7.5.6 二叉树 ····························· 101
| 7.5.7 图 ·································· 106
| 7.6 算法 ·· 107
| 7.6.1 算法概述 ························· 107
| 7.6.2 查找算法 ························· 109
| 7.6.3 排序算法 ························· 110
| 7.6.4 排序算法记忆法 ················ 113
| 7.7 章节练习题 ································ 114
| 7.8 练习题参考答案 ························ 116
| **第8章 标准化基础知识** ····················· 120

  8.1 标准化概述 ································ 120
    标准化简介 ································· 120
  8.2 章节练习题 ································ 121
  8.3 练习题参考答案 ························ 122
第9章 信息安全基础知识 ··················· 123
  9.1 信息安全概述 ···························· 123
    信息安全 ···································· 123
  9.2 计算机病毒及其防范 ··················· 124
    9.2.1 计算机病毒概述 ················ 124
    9.2.2 计算机病毒的分类 ············· 126
  9.3 网络入侵手段及其防范 ··············· 126
    9.3.1 网络入侵手段 ···················· 126
    9.3.2 安全防护策略 ···················· 128
  9.4 加密与解密机制 ························ 129
    9.4.1 数据的加密和解密 ············· 129
    9.4.2 常见的几种信息安全技术 ··· 130
    9.4.3 常见的安全协议 ················ 131
  9.5 章节练习题 ································ 132
  9.6 练习题参考答案 ························ 133
第10章 信息化基础知识 ··················· 135
  10.1 信息化概述 ······························ 135
    信息化相关概念 ························· 135
  10.2 与知识产权相关的法律和法规 ····· 137
    10.2.1 知识产权概述 ·················· 137
    10.2.2 计算机软件著作权 ··········· 137
    10.2.3 专利权 ··························· 140
    10.2.4 商标权 ··························· 142
    10.2.5 《反不正当竞争法》 ········ 142
  10.3 信息系统的基础知识 ················ 143
    信息系统概述 ····························· 143
  10.4 多媒体的基础知识 ···················· 145
    多媒体概述 ································ 145
  10.5 章节练习题 ······························ 148
  10.6 练习题参考答案 ······················· 149
第11章 软件工程基础知识 ················· 152

11.1 软件工程概述 ·············· 152
　11.1.1 软件工程 ·············· 152
　11.1.2 软件生存周期 ·············· 153
　11.1.3 模块内聚和耦合 ·············· 155
11.2 结构化开发方法 ·············· 156
　11.2.1 结构化分析 ·············· 156
　11.2.2 结构化设计 ·············· 158
　11.2.3 结构化程序设计（编程） ·············· 159
11.3 面向对象开发方法 ·············· 159
　UML ·············· 159
11.4 软件开发模型 ·············· 164
　11.4.1 瀑布模型 ·············· 164
　11.4.2 原型模型 ·············· 165
　11.4.3 螺旋模型 ·············· 165
　11.4.4 增量模型 ·············· 166
　11.4.5 喷泉模型 ·············· 167
　11.4.6 基于构件的模型 ·············· 167
　11.4.7 快速应用开发模型 ·············· 168
　11.4.8 敏捷规程模型 ·············· 168
11.5 软件质量管理 ·············· 170
　11.5.1 软件质量概述 ·············· 170
　11.5.2 软件质量管理体系 ·············· 171
11.6 软件过程管理 ·············· 172
　11.6.1 CMM ·············· 172
　11.6.2 CMMI ·············· 173
　11.6.3 UP ·············· 173
11.7 软件配置管理 ·············· 174

软件配置管理概述 ·············· 174
11.8 软件开发风险基础知识 ·············· 175
　风险管理 ·············· 175
11.9 软件评测相关标准 ·············· 176
　11.9.1 软件质量类标准 ·············· 176
　11.9.2 软件测试类标准 ·············· 178
　11.9.3 软件测试及成本估算类标准 ·············· 179
11.10 软件项目管理基础知识 ·············· 179
　软件项目管理概述 ·············· 180
11.11 设计模式基础知识 ·············· 181
　11.11.1 创建型设计模式 ·············· 182
　11.11.2 结构型设计模式 ·············· 183
　11.11.3 行为型设计模式 ·············· 183
11.12 软件架构基础知识 ·············· 184
　11.12.1 管道/过滤器模式 ·············· 184
　11.12.2 面向对象模式 ·············· 185
　11.12.3 事件驱动模式 ·············· 185
　11.12.4 分层模式 ·············· 185
11.13 章节练习题 ·············· 186
11.14 练习题参考答案 ·············· 190

第 12 章 专业英语基础知识 ·············· 197
12.1 专业英语概述 ·············· 197
　12.1.1 专业英语考试介绍 ·············· 197
　12.1.2 考试高频单词汇总（400 个） ·············· 198
12.2 章节练习题 ·············· 210
12.3 练习题参考答案 ·············· 211

第三篇　测试技术篇

第 13 章 软件测试基础知识 ·············· 214
13.1 软件测试的基本概念 ·············· 214
　13.1.1 软件测试概述 ·············· 214
　13.1.2 软件异常的分类及其关系 ·············· 217
　13.1.3 软件测试过程模型 ·············· 218
　13.1.4 软件测试类型 ·············· 220

13.2 测试技术的分类 ·············· 224
　13.2.1 基于经验的测试技术 ·············· 225
　13.2.2 自动化测试 ·············· 228
　13.2.3 基于软件质量特性的测试 ·············· 234
13.3 基于风险的测试 ·············· 246
　13.3.1 基于风险的测试概述 ·············· 246

- 13.3.2 风险分析和缓解措施设计 247
- 13.3.3 测试级别与测试实施 250
- 13.3.4 测试估算 251
- 13.4 软件测试新技术的应用 252
  - 13.4.1 移动应用软件 252
  - 13.4.2 物联网 256
  - 13.4.3 大数据 258
  - 13.4.4 可信软件 260
  - 13.4.5 人工智能 261
- 13.5 章节练习题 263
- 13.6 练习题参考答案 265

第 14 章 软件测试应用技术 269

- 14.1 测试过程和管理 269
  - 14.1.1 组织级测试过程 270
  - 14.1.2 测试管理过程 270
  - 14.1.3 静态测试过程 271
- 14.2 基于规格说明的测试技术 272
  - 14.2.1 等价类划分法 272
  - 14.2.2 分类树法 273
  - 14.2.3 边界值法 273
  - 14.2.4 语法测试 274
  - 14.2.5 组合测试法 275
  - 14.2.6 判定表测试法 276
  - 14.2.7 因果图法 277
  - 14.2.8 状态表转移测试法 279
  - 14.2.9 场景测试法 280
  - 14.2.10 随机测试法 280
  - 14.2.11 基于规格说明测试方法的选择策略 281
  - 14.2.12 测试用例的编写 281
- 14.3 基于结构的测试技术 282
  - 14.3.1 静态测试技术 282
  - 14.3.2 动态测试技术 286
  - 14.3.3 基于结构的测试辅助技术 289
  - 14.3.4 基于结构测试方法的选择策略 290
- 14.3.5 测试覆盖准则 290
- 14.4 分层架构软件测试 291
  - 14.4.1 分层架构软件测试概述 291
  - 14.4.2 表示层 292
  - 14.4.3 服务层 293
  - 14.4.4 业务逻辑层 294
  - 14.4.5 数据层 295
- 14.5 事件驱动架构软件测试 296
  - 14.5.1 事件驱动架构软件测试概述 296
  - 14.5.2 事件驱动架构的质量特性 297
  - 14.5.3 事件驱动架构的测试策略 299
- 14.6 微内核架构软件测试 300
  - 14.6.1 微内核架构软件测试概述 300
  - 14.6.2 微内核架构的质量特性 301
  - 14.6.3 微内核架构的测试策略 302
- 14.7 分布式架构软件测试 302
  - 14.7.1 分布式架构软件测试概述 302
  - 14.7.2 分布式架构的质量特性 304
  - 14.7.3 分布式架构软件测试常见的质量目标 306
  - 14.7.4 分布式架构的测试策略 307
- 14.8 面向对象软件测试 307
  - 面向对象软件测试概述 307
- 14.9 Web 应用测试 309
  - Web 应用测试概述 309
- 14.10 网络测试 312
  - 网络测试概述 312
- 14.11 文档测试 314
  - 文档测试概述 314
- 14.12 章节练习题 316
- 14.13 练习题参考答案 320

附录 软件评测师考试大纲 325
结束语 332
参考文献 333

第一篇
考试介绍篇

　　小鹿同学一直从事的是软件测试工作,而这次要参加的考试是软件评测师考试,但是不明白测试和评测的关系是什么。于是昊洋老师就告诉小鹿同学,评测就是评价和测试,所以测试只是评测的一个子集,软件评测师的主要工作就是对软件进行检查,并找出其错误。因此软件评测师是通过编写测试方案并按照测试方案和流程对软件产品进行功能和性能测试,检查产品是否有缺陷,性能是否稳定,并给出相应的评价的那些专业技术人员。本篇主要让大家了解软件评测师的考试概况,该阶段为熟悉阶段,用最少的时间了解软件评测师考试的基本情况,并结合附录中的考试大纲,对软件评测师的知识体系进行快速了解,建立整体框架。

　　昊洋老师对小鹿同学学习本篇的要求如下:
1. 明确考试大纲的要求。
2. 制订有效的学习计划。
3. 快速了解知识体系,标记授课讲师提到的重点、难点和有疑问的知识点。
4. 通过做题掌握常用做题套路,熟练掌握基础知识。

第1章 软件评测师考试介绍

1.1 软件评测师考试概述

软件评测师考试对于每个从事测试行业的人员来说,都是非常熟悉的,该考试属于全国计算机技术与软件专业技术资格考试(简称"软考")中计算机软件类别的一个中级资格考试。考试不设学历与资历条件,也不论年龄和专业。软件评测师科目每年安排一次考试,考试时间根据软考官网通知具体确定。

软件评测师的主要工作就是对软件进行检查,并找出其错误。软件评测师是目前国内整个软考中唯一一个有关测试行业的资格认证,在国内有关软件测试工程师的认证中含金量很高,受到了很多有志于从事测试工作的考生的青睐。由于考试设置的门槛很低,很多在校大学生和初入职场的测试人员都可以参加考试,考试通过后也会在个人的档案中记录。在很多企业的招投标中,该证书也很热门,因为软件类项目都是需要软件评测师对其进行评测的,尤其是投标过程中的单位需要拥有评测师的岗位及相关证书。另外该证书以考代评,在有些城市对于积分落户、跳槽加分和入专家库等也很有帮助。

由于软件评测师本身涉及到很多行业知识,所以要求考生掌握的知识面非常广博,大体上涉及计算机系统构成及硬件知识、操作系统、数据库、中间件、计算机网络、程序设计语言、标准化、信息安全、信息化、软件工程、专业英语和软件测试等十几个领域。要求通过本考试的人员能在掌握软件工程与软件测试知识的基础上,运用软件测试管理办法、软件测试策略、软件测试技术,独立承担软件测试项目,具有工程师的实际工作能力和业务水平。

1.2 软件评测师机考改革

在 2023 年下半年之前,软件评测师考试都是采取纸笔考试形式,但从 2023 年下半年开始,包括软件评测师在内的所有软考科目一律改为机考形式。这样可以进一步提升考试科学化、信息化水平，加强考试安全防控工作，确保考试公平、公正。下面将从2023年下半年机考改革的实际情况出发，对于今后的考试趋势进行分析。

2021年最新版的官方考试大纲，大家通过查阅学习可以发现，除了测试以外的综合技术知识，基本上与之前的考试大纲保持一致，只是对软件工程领域进行了部分变更。但对软件测试领域的知识点进行了颠覆性的改变，对很多测试的基本概念、软件质量特性及其子特性、软件架构测试和测试新技术等方面都进行了大刀阔斧的变更。

其次，对于官方考试教程，这一部分刚好对应测试大纲的软件测试知识领域，整体上覆盖了大纲里有关测试部分的知识点。但是不难发现，对于除测试之外的有关综合技术的十几个领域的知识点，丝毫没有提及，这也是众多考生在备考时比较头疼的问题。对于这个问题我在本书中对该部分遗失的知识点都进行了补充，有效地解决了这个事情。

最后，机考改革后的考试形式、考试时间和考试题目也有所变化。考试采取科目连考、分批次考试的方式，连考的第一个科目作答结束交卷完成后自动进入第二个科目，第一个科目节余的时长可为第二个科目使用。例如对于软件评测师考试，基础知识和应用技术2个科目连考，基础知识科目最短作答时长90分钟，最长作答时长120分钟，2个科目作答总时长240分钟，考试结束前60分钟可交卷离场。这就意味着参加考试的时长会连续起来，如果按照以往纸笔考试的时间，单科都是150分钟，也就是两个半小时，并且分为上午和下午两次考试。机考改革后两个科目采取连考，这就意味着考试要持续4个小时，并且中间没有休息时间。这样一来对于身体多少会有点透支，所以大家一定要认识到这个问题，提前做好心理准备。按照机考改革后的题量和形式来看，第一个科目还是保持了75道选择题，第二个科目还是保持了五道大题。但是对于第二个科目，原来的形式是前两道大题采取必答题形式，后三道大题采取"三选二"的模式，机考改革后，目前要求五道大题都是必答题。所以在一定程度上，要求大家做题的速度和能力都有了一定程度的提高。

综上所述，对于机考改革后的考试趋势，还是需要引起大家的重视。对于近几年的考试真题进行分析后发现，最新出版的官方考试大纲和考试教材中，并不能覆盖所有的考试题目。由于最新版考试大纲舍去了很多旧版大纲里有关测试的一些知识点，例如文档测试、Web应用软件测试、网络测试和面向对象测试等，导致这些知识点一旦出题就会形成考试的盲区。针对这个问题，我也在本书中对该部分进行了补充。考生要做的就是针对考试大纲里所涉及的知识点进行有效学习，提前留出充沛的时间，不要临时抱佛脚。一分付出，一分收获，期待所有要参加今年考试的考生，都可以通过自己的努力，取得理想的成绩！

1.3 软件评测师备考建议

针对机考改革以后的实际情况，对于参加考试的人员有以下一些建议，希望能够给大家带来一些帮助。

（1）由于软件评测师考试涉及到的知识面非常广泛，所有备考人员一定要准备出比较充足备考时间。根据每个人不同的情况，至少要留出 3 个月的复习时间，并且建议每天学习 1 个小时及以上。

（2）备考的前期一定要打好基础，对于不熟悉的基础知识，做好查漏补缺。本书中基本上把考试大纲涉及到的知识点都做了汇总，可以根据自身情况安排学习模块。

（3）在备考前期把基础知识学习完之后，在备考后期可以结合本系列图书的另一本《软件评测师考试重难点突破》以及历年考试题目，对考试题目进行反复练习，在这个过程中不断提升做题水平。

（4）强烈建议准备一个错题本，形式可以是纸质版，也可以是电子版。主要是在备考过程中记录比较难以理解的知识点、做过的错题以及比较好用的做题方法或者公式等。错题本的作用在最后考试冲刺期是巨大的，有助于高效地进行备考。

（5）对于机考中案例分析涉及到画图的题目，可以关注软考官方提供的模拟练习平台，一定要熟练掌握控制流图和兼容性测试矩阵的画法。因为涉及到软考官方提供的画图软件，所以一定要提前熟悉该软件中画图的步骤和方法。

（6）机考改革以后，考试设备提供了计算器，在一定程度上给计算题带来了便利。同样需要通过软考官方提供的模拟练习平台进行提前体验，类似的情况还包括特殊符号的插入，输入法的选择等情况，另外，软考官方还提供了模拟练习平台的操作指南，可以自行下载学习。

以上的备考建议是通过多年的培训经验以及机考改革后的情况进行汇总而来的，可根据自身的实际情况进行参考。每个人都有不同的学习安排，但是整体上的备考步骤都是大同小异，接下来我们会通过综合技术和测试技术两篇基础知识的内容，让大家在备考路上快人一步，希望大家通过本书的学习，能够学有所得。

第二篇
综合技术篇

本篇为熟悉软件评测师综合技术阶段，用最少的时间了解软件评测师考试涉及到的 11 章综合技术的重点基础知识，并结合附录中的考试大纲，对软件评测师的知识体系有一个快速了解，建立整体框架。本篇涉及到的知识点在考试的第一场中进行出题，分数基本稳定在 55 分左右（总分 75 分）。在后续学习过程中，需要对本篇内容进行 2~3 轮的复习，从而夯实基础。

昊洋老师对小鹿同学学习本篇的要求如下：

1. 对每一章节的基础知识进行仔细的学习，并对每一章在考试中的分数占比范围做到心中有数。
2. 根据自身的工作和学习情况，制定有效的学习计划，在考试之前至少进行 3 轮复习。
3. 通过章节练习题验证学习成果，从而不断巩固自己的学习盲区。
4. 通过做历年考试的试题，不断掌握常用做题套路，熟练掌握本篇章涉及到的基础知识。
5. 在正式考试之前，通过官方等渠道，在计算机上进行练习做题，不断适应正式考试的场景，提高应试水平。

第 2 章 计算机系统构成及硬件基础知识

（1）本章重点内容概述：计算机系统硬件基本组成、数据的表示、校验码、逻辑运算、指令系统、存储系统、输入输出、总线、计算机的可靠性和性能评价等内容。

（2）考试形式：常见题型为选择题，出现在第一场考试中，历年考试分值基本在 5 分以上。

（3）本章学习要求：结合本章内容做好笔记，重复学习重点、难点和常考知识点，加强掌握程度，通过做章节作业及历年考试题目加深知识点的记忆，及时发现还未掌握的知识点，进行重点学习（已掌握的知识点要定期温习）。

2.1 CPU

2.1.1 CPU 的组成

计算机系统是由硬件系统和软件系统组成的，通过运行程序来协同工作。计算机硬件是物理装置，计算机软件是程序、数据和相关文档的集合。而 CPU 是计算机硬件的核心部件之一，也是考试常考的考点。CPU 就是中央处理单元，简称微处理器或处理机，是计算机工作的核心部件，用于控制并协调各个部件。

（1）CPU 主要由运算器、控制器、寄存器组和内部总线等部件组成，具体如下。

1）运算器：是数据加工处理部件，用于完成计算机的各种算术运算和逻辑运算。相对控制器而言，运算器接受控制器的命令而进行动作，即运算器所进行的全部操作都是由控制器发出的控制信号来指挥的，所以它是执行部件。

2）控制器：运算器只能完成运算，而控制器用于控制整个 CPU 的工作，它决定了计算机运行过程的自动化。控制器不仅要保证程序的正确执行，而且要能够处理异常事件。

3）寄存器组：可分为专用寄存器和通用寄存器。运算器和控制器中的寄存器是专用寄存器，其作用是固定的。通用寄存器用途广泛并可由程序员规定其用途，其数目因处理器不同有所差异。通用寄存器组是 CPU 中的一组工作寄存器，运算时用于暂存操作数或地址。在程序中使用通用寄存器可以减少访问内存的次数，提高运算速度。

4）内部总线：将运算器、控制器和寄存器组等连接在一起。

（2）CPU 的基本功能如下。

1）指令控制：CPU 通过执行指令来控制程序的执行顺序。

2）操作控制：一条指令功能的实现需要若干操作信号来完成，CPU 产生每条指令的操作信号并将操作信号送往不同的部件，控制相应的部件按指令的功能要求进行操作。

3）时序控制：CPU 通过时序电路产生的时钟信号进行定时，以控制各种操作按照指定的时序进行。

4）数据处理：在 CPU 的控制下完成对数据的加工处理是其最根本的任务。另外还需要对内部或外部的中断以及 DMA 请求做出响应，进行相应的处理。

2.1.2 运算器

运算器是数据加工处理部件，属于 CPU 的组成部分之一，用于完成计算机的各种算术和逻辑运算。运算器中各组成部件如下。

（1）算术逻辑单元（ALU）：负责处理数据，实现对数据的算术运算和逻辑运算。

（2）累加寄存器（AC）：通常简称为累加器，它是一个通用寄存器，其功能是当运算器的算术逻辑单元执行算术或逻辑运算时，为 ALU 提供一个工作区。例如，在执行一个减法运算前，先将被减数取出暂存在 AC 中，再从内存储器中取出减数，然后同 AC 的内容相减，将所得的结果送回 AC 中。运算的结果是放在累加器中的，运算器中至少要有一个累加寄存器。

（3）数据缓冲寄存器（DR）：在对内存储器进行读/写操作时，用 DR 暂时存放由内存储器读/写的一条指令或一个数据字，将不同时间段内读/写的数据隔离开来。

（4）状态条件寄存器（PSW）：PSW 保存由算术指令和逻辑指令运行或测试的结果建立的各种条件码内容，主要分为状态标志和控制标志。这些标志通常分别由 1 位触发器保存，保存了当前指令执行完成之后的状态。

2.1.3 控制器

控制器是 CPU 重要的组成部分之一，其组成部件如下。

（1）指令寄存器（IR）：当 CPU 执行一条指令时，先把它从内存储器取到缓冲寄存器中，再送入 IR 暂存，指令译码器根据 IR 的内容产生各种微操作指令，控制其他的组成部件工作，完成所需的功能。

（2）程序计数器（PC）：PC 具有寄存信息和计数两种功能，又称为指令计数器。程序的执行分两种情况，一是顺序执行，二是转移执行。在程序开始执行前，将程序的起始地址送入 PC，该地址在程序加载到内存时确定，因此 PC 的内容即是程序第一条指令的地址。执行指令时，CPU 将自动修改 PC 的内容，以便使其保持的总是将要执行的下一条指令的地址。

（3）**地址寄存器（AR）**：AR 保存当前 CPU 所访问的内存单元的地址。由于内存和 CPU 存在着操作速度上的差异，所以需要使用 AR 保持地址信息，直到内存的读/写操作完成为止。

（4）**指令译码器（ID）**：指令分为操作码和地址码两部分，为了能执行任何给定的指令，必须对操作码进行分析，以便识别所完成的操作。指令译码器就是对指令中的操作码字段进行分析解释，识别该指令规定的操作，向操作控制器发出具体的控制信号，控制各部件工作，完成所需的功能。

（5）**时序部件**：用于产生时序脉冲和节拍电位以控制计算机各部件有序地工作。

（6）**微操作信号发生器**：根据指令提供的操作信号、时序产生器提供的时序信号，以及各功能部件反馈的状态信号等综合成特定的操作序列，从而完成对指令的执行控制。

控制器的作用是控制整个计算机的各个部件有条不紊地工作，它的基本功能就是从内存取指令和执行指令。执行指令的过程分为如下几个步骤：

1）取指令。控制器首先按程序计数器所指出的指令地址从内存中取出一条指令。

2）指令译码。将指令的操作码部分送指令译码器进行分析，然后根据指令的功能向有关部件发出控制命令。

3）按指令操作码执行。根据指令译码器分析指令产生的操作控制命令以及程序状态字寄存器的状态，控制微操作形成部件产生一系列 CPU 内部的控制信号和输出到 CPU 外部的控制信号。在这一系列控制信号的控制下，实现指令的具体功能。

4）形成下一条指令地址。若非转移类指令，则修改程序计数器的内容；若是转移类指令，则根据转移条件修改程序计数器的内容。

通过上述步骤逐一执行一系列指令，就使计算机能够按照这一系列指令组成的程序的要求自动完成各项任务。

2.2 数据的表示

2.2.1 进位计数制

在采用进位计数的数字系统中，每一种数制都使用位置表示法，例如十进制数 1234.56 可表示为 $2024.31=2\times10^3+0\times10^2+2\times10^1+4\times10^0+3\times10^{-1}+1\times10^{-2}$。

计算机中常用的进位数制有二进制、八进制、十进制和十六进制，可以看出，十进制计数制中权的值恰好是基数 10 的某次幂，其他计数制同理。因此，对任何一种进位计数制，其表示的数都可以写成按权展开的多项式，在此基础上实现不同计数制的相互转换。接下来我们对常见的四种进位计数制分别进行说明。

（1）十进制。十进制数据是用 0~9 共计 10 个数码来表示的数。它的基数为 10，标志性的字母是"D"，进位规则是"逢十进一"，借位规则是"借一当十"。十进制数每一位的权重都不同，从小数点位置开始区分，小数点左边，从右向左的权重分别是 10^0、10^1、10^2、10^3……；小数点右边，从左向右的权重分别是 10^{-1}、10^{-2}、10^{-3}、10^{-4}……，以此类推。十进制是我们最熟悉的进制，其他进制都可以类比十进制来进行学习和理解。

（2）二进制。二进制数据是用 0~1 共计 2 个数码来表示的数。它的基数为 2，标志性的字母是"B"，进位规则是"逢二进一"，借位规则是"借一当二"。二进制数每一位的权重都不同，从小数点位置开始区分，小数点左边，从右向左的权重分别是 2^0、2^1、2^2、2^3……；小数点右边，从左向右的权重分别是 2^{-1}、2^{-2}、2^{-3}、2^{-4}……，以此类推。二进制运算规则如下：

1）加法：0+0=0　　1+0=1　　0+1=1　　1+1=10（发生进位）
2）减法：0-0=0　　1-0=1　　1-1=0　　10-1=1（0 向上一位发生借位）
3）乘法：0×0=0　　1×0=0　　0×1=0　　1×1=1
4）除法：0÷1=0　　1÷1=1（0 做除数时无意义，所以不用考虑）

二进制在考试中属于热点，对于存储单位换算也是考试的方向，对以下知识点进行补充学习。

1）位：bit，简称 b，存放一位二进制数，即 0 或者 1，bit 是存储信息最小的单位。

2）字节：Byte，简称 B，8 位 2 进制信息称为一个字节，即：1B=8b，Byte 是存储信息常用的基本单位。

3）常见的存储容量单位：B、KB、MB、GB、TB……，其相邻容量单位的换算都是 2^{10}，具体表示如下：$1TB=2^{10}GB=2^{20}MB=2^{30}KB=2^{40}B$。

（3）八进制。八进制数据是用 0~7 共计 8 个数码来表示的数。它的基数为 8，标志性的字母是"O"，进位规则是"逢八进一"，借位规则是"借一当八"。八进制数每一位的权重都不同，从小数点位置开始区分，小数点左边，从右向左的权重分别是 8^0、8^1、8^2、8^3……；小数点右边，从左向右的权重分别是 8^{-1}、8^{-2}、8^{-3}、8^{-4}……，以此类推。

（4）十六进制。十六进制数据是用 0~F 共计 16 个数码来表示的数，这里需要特别说明，十六进制需要用 16 个数码来表示，0~9 只有 10 个数字，剩下的 6 个字符分别用大写的 A、B、C、D、E、F 来表示对应的 10、11、12、13、14、15。它的基数为 16，标志性的字母是"H"，进位规则是"逢十六进一"，借位规则是"借一当十六"。十六进制数每一位的权重都不同，从小数点位置开始区分，小数点左边，从右向左的权重分别是 16^0、16^1、16^2、16^3……；小数点右边，从左向右的权重分别是 16^{-1}、16^{-2}、16^{-3}、16^{-4}……，以此类推。

2.2.2　进制之间的换算

（1）二进制和十进制的换算。

1）二进制数转换成十进制数的方法：将二进制数的每一位数乘以它的权，然后相加，即可求得对应的十进制数值。

例如：1011（二进制）=$1×2^3+0×2^2+1×2^1+1×2^0$=8+0+2+1=11（十进制）

2）十进制数转换成二进制数的方法：除 2 取余，余数部分从下到上进行排列成二进制字符码。

例如：十进制 11 转换成二进制的过程见下表。

算式	商	余数
11/2	5	1
5/2	2	1
2/2	1	0
1/2	0	1

（2）二进制和八进制的换算。

1）二进制数转换成八进制数的方法：从右向左，每三位二进制位分成一组（不足三位时在左边补 0），然后写出每一组的等值八进制数，顺序排列起来就得到所要求的八进制数。

例如：1011（二进制）=001 011=13（八进制）

2）八进制数转换成二进制数的方法：把每一位八进制转换成下表对应的三位二进制即可。

二进制	八进制
000	0
001	1
010	2
011	3
100	4
101	5
110	6
111	7

（3）二进制和十六进制的换算。

1）二进制数转换成十六进制数的方法：从右向左，每四位二进制位分成一组（不足四位时在左边补 0），然后写出每一组的等值十六进制数，顺序排列起来就得到所要求的十六进制数。

例如：11011（二进制）=0001 1011=1B（十六进制）

2）十六进制数转换成二进制数的方法：把每一位十六进制转换成下表对应的四位二进制即可。

二进制	十六进制	二进制	十六进制
0000	0	1000	8
0001	1	1001	9
0010	2	1010	A
0011	3	1011	B
0100	4	1100	C
0101	5	1101	D
0110	6	1110	E
0111	7	1111	F

（4）八进制和十六进制的换算。八进制和十六进制之间的转换可以通过二进制作为一个桥梁，因为它们的一位可以对应三位二进制或者四位二进制，通过转换成二进制后再进行二次转换，这样可以大大节约运算量，具体过程如下：

1）八进制：33，对应的二进制为：011011。

2）根据四位二进制对应一位十六进制，我们进行一下优化：0001 1011。
3）优化后，对应的十六进制为：1B。
以上过程简化如下：33（八进制）=011011=0001 1011=1B（十六进制）。
同样，十六进制和八进制的转换通过就是上述过程的逆过程，大家可以自己总结学习一下。

2.2.3 码制

为了便于运算，带符号的机器数可采用原码、反码和补码、移码等不同的编码方法。

（1）原码：数值 X 的原码记为$[X]_原$，如果机器字长为 n（即采用 n 个二进制位表示数据），则最高位是符号位，0 表示正号，1 表示负号，其余的 $n-1$ 位表示数值。

数值 0 的原码表示有两种形式：$[+0]_原$=0000 0000，$[-0]_原$=1000 0000。

字长为 n 的原码表示的取值范围为：$-(2^{n-1}-1) \sim +(2^{n-1}-1)$。

如果 $n=8$，则原码可以表示的数值的范围为：[1111 1111, 0111 1111]，即：[-127, 127]。

（2）反码：数值 X 的反码记为$[X]_反$，如果机器字长为 n（即采用 n 个二进制位表示数据），则最高位是符号位，0 表示正号，1 表示负号，其余的 $n-1$ 位表示数值。正数的反码与原码相同，负数的反码则是其绝对值按位求反。

数值 0 的反码表示有两种形式：

$[+0]_反$=0000 0000，$[-0]_反$=1111 1111。

字长为 n 的反码表示的取值范围为：$-(2^{n-1}-1) \sim +(2^{n-1}-1)$。

如果 $n=8$，则反码可以表示的数值的范围为：[1000 0000, 0111 1111]，即：[-127, 127]。

（3）补码：数值 X 的补码记为$[X]_补$，如果机器字长为 n（即采用 n 个二进制位表示数据），则最高位是符号位，0 表示正号，1 表示负号，其余的 $n-1$ 位表示数值。正数的补码与原码相同，负数的补码则是其反码的末尾加 1。

数值 0 的补码表示有唯一的形式：$[+0]_补$=00000000，$[-0]_补$= 00000000。

字长为 n 的补码表示的取值范围为：$-(2^{n-1}) \sim +(2^{n-1}-1)$。

如果 $n=8$，则补码可以表示的数值的范围为：[1000 0000, 0111 1111]，即：[-128, 127]。

注意，相对于原码和反码表示，n 位补码表示法有一个例外，当符号位为 1 而数值位全部为 0 时，它表示整数 2^{n-1}，即此时符号位的 1 既表示负数又表示数值。

计算机内部采用补码表示，好处是可以让符号位作为数值直接参加运算，而最后仍然可以得到正确的结果。

（4）移码：数值 X 的移码记为$[X]_移$，移码表示法是在数 X 上增加一个偏移量来定义的，常用于表示浮点数中的阶码。如果机器字长为 n，在偏移量为 2^{n-1} 时，只要将补码的符号位取反便可获得相应的移码表示。移码在考试中出现的概率不高，大概了解一下即可。

数值 0 的移码表示有唯一的形式：$[+0]_移$=1000 0000，$[-0]_移$= 1000 0000。

字长为 n 的移码表示的取值范围为：$-(2^{n-1}) \sim +(2^{n-1}-1)$。

如果 $n=8$，则移码可以表示的数值的范围为：[0000 0000, 1111 1111]，即：[-128, 127]。

2.2.4 定点数和浮点数

(1) 定点数。定点数是表示数据时,小数点的位置固定不变,小数点隐含表示从而不占位置。小数点的位置通常有两种约定方式。

1)定点整数:纯整数,小数点在最低有效数值位之后。
2)定点小数:纯小数,小数点在最高有效数值位之前。

设机器字长为 n,各种码制表示下的带符号数的范围见下表。

码制	定点整数	定点小数
原码	$-(2^{n-1}-1) \sim +(2^{n-1}-1)$	$-(1-2^{-(n-1)}) \sim +(1-2^{-(n-1)})$
反码	$-(2^{n-1}-1) \sim +(2^{n-1}-1)$	$-(1-2^{-(n-1)}) \sim +(1-2^{-(n-1)})$
补码	$-2^{n-1} \sim +(2^{n-1}-1)$	$-1 \sim +(1-2^{-(n-1)})$
移码	$-2^{n-1} \sim +(2^{n-1}-1)$	$-1 \sim +(1-2^{-(n-1)})$

(2) 浮点数。浮点数是小数点位置不固定的数,它能表示更大范围的数。一个含小数点的二进制数 N 可以表示为一般的形式:$N = 2^E \times F$。其中 E 称为阶码,F 为尾数,这种表示数的方法称为浮点表示法。

在浮点表示法中,阶码通常为带符号的纯整数,尾数为带符号的纯小数。浮点数的表示格式如下:

阶符	阶码	数符	尾数

浮点数所能表示的数值范围主要由阶码决定,所表示数值的精度则由尾数决定。若不对浮点数的表示作出明确规定,同一个浮点数的表示就不是唯一的。

浮点数的运算过程要经过对阶、求尾数和(差)、结果规格化并判溢出、舍入处理和溢出判别等步骤。

1)浮点数相乘:其积的阶码等于两乘数的阶码相加,积的尾数等于两乘数的尾数相乘。
2)浮点数相除:其商的阶码等于被除数的阶码减去除数的阶码,商的尾数等于被除数的尾数除以除数的尾数。

乘除运算的结果都需要进行规格化处理并判断阶码是否溢出。

2.3 校验码

2.3.1 奇偶校验码

通过在编码中增加一个校验位来使编码中 1 的个数为奇数(奇校验)或者偶数(偶校验),从而使码距变为 2。码距指一个编码系统中任意两个合法编码之间至少有多少个二进制位不同,即整个编码系统中任意两个码字的最小距离就是该编码系统的码距。

对于奇偶校验，它可以检测代码中奇数位出错的编码，但不能发现偶数位出错的情况，即当合法编码中奇数位发生了错误，也就是编码中的 1 变成 0 或 0 变成 1，则该编码中 1 的个数的奇偶性就发生了变化，从而可以发现错误。奇偶校验码只能发现错误，而不能矫正错误。

常用的奇偶检验码有以下三种：

（1）水平奇偶校验码：对每一个数据的编码添加校验位，使信息位与校验位处于同一行。

（2）垂直奇偶校验码：把数据分成若干组，一组数据占一行，排列整齐，再加一行校验码，针对每一列采用奇校验或偶校验。

（3）水平垂直奇偶校验码：在垂直校验码的基础上，对每个数据再增加一位水平校验位，便构成水平垂直校验码。

2.3.2 海明码

海明码是利用奇偶性来检错和纠错的校验方法。海明码的构成方法是：在数据位之间插入 k 个校验位，通过扩大码距来实现检错和纠错。例如，对于 8 位的数据位，进行海明校验需要 4 个校验位。令数据位为 A_7、A_6、A_5、A_4、A_3、A_2、A_1、A_0，校验位为 B_4、B_3、B_2、B_1，形成的海明码为 C_{12}、C_{11}、…、C_3、C_2、C_1，则编码过程为：

（1）首先确定数据位与校验位在海明码中的位置，i 从 0 开始，校验位设置在 2^i 位置，因此 B_1 对应 C_1，B_2 对应 C_2，B_3 对应 C_4，B_4 对应 C_8。

（2）通过校验关系，确定各校验位的值。

（3）检测错误。

因此最终的对应关系见下表。

C_{12}	C_{11}	C_{10}	C_9	C_8	C_7	C_6	C_5	C_4	C_3	C_2	C_1
A_7	A_6	A_5	A_4	B_4	A_3	A_2	A_1	B_3	A_0	B_2	B_1

从表中可以看出，每个校验位只校验数据位中位置号的二进制编码和自身位置号的二进制编码相匹配的数据位。例如 A_3（C_7）的位置号为 7（即 4+2+1），因此该数据位由 B_1、B_2 和 B_3 校验。

2.3.3 循环冗余校验码

循环冗余校验码简称为 CRC，利用生成多项式为 k 个数据位产生 r 个校验位来进行编码，其编码长度为 $k+r$。在求 CRC 编码时，采用的是模 2 运算。循环冗余校验码由两部分组成，左边为数据信息码，右边为校验码。假设 n 为 CRC 码的字长，若信息码占 k 位，则校验码就占 $n-k$ 位，所以 CRC 码又称为(n,k)码。校验码是由数据信息码产生的，校验码位数越长，该代码的校验能力就越强。

2.4 逻辑运算

2.4.1 与运算

与运算又称为逻辑乘,其运算符号常用 AND、∩、∧ 或·表示,该运算符号有时也可以省略。设 A 和 B 为两个逻辑变量,当且仅当 A 和 B 的取值都为"真"时,A"与"B 的值为"真";否则 A"与"B 的值为"假",见下表。

A	B	A·B
0	0	0
0	1	0
1	0	0
1	1	1

2.4.2 或运算

或运算又称为逻辑加,其运算符号常用 OR、∪、∨ 或+表示。设 A 和 B 为两个逻辑变量,当且仅当 A 和 B 的取值都为"假"时,A"或"B 的值为"假";否则 A"或"B 的值为"真",见下表。

A	B	A+B
0	0	0
0	1	1
1	0	1
1	1	1

2.4.3 非运算

非运算又称为逻辑求反运算,常用 $\overline{A}$ 表示对变量 A 的值求反。运算规则见下表。

A	$\overline{A}$
0	1
1	0

2.4.4 异或运算

异或运算又称为半加运算,其运算符号常用 XOR 或 ⊕ 表示。设 A 和 B 为两个逻辑变量,当且仅当 A、B 的值不同时,A"异或"B 为真。A"异或"B 的运算可由前三种基本运算表示,即 A⊕B=$\overline{A}$·B+A·$\overline{B}$,见下表。

A	B	A⊕B
0	0	0
0	1	1
1	0	1
1	1	0

2.4.5 真值表

常用表格来描述一个逻辑表达式与其变量之间的关系,也就是把变量和表达式的各种取值都一一对应列举出来,称之为真值表。例如:A+AB=A 对应的真值表见下表。

A	B	AB	A+AB
0	0	0	0
0	1	0	0
1	0	0	1
1	1	1	1

逻辑表达式就是用逻辑运算符把逻辑变量(或常量)连接在一起表示某种逻辑关系的表达式。从表中可以看出,无论 B 取何值,表达式的值和 A 的值都是相等的,所以等式成立。在考试中经常使用真值表来快速解决逻辑运算的题目,这个方法在第一场考试的选择题中非常实用,大家要引起重视。

2.5 指令系统的基础知识

2.5.1 指令概述

CPU 所能完成的操作是由其执行的指令决定的,这些指令称为机器指令。CPU 能执行的所有机器指令的集合称为该 CPU 的指令系统。指令系统设计的好坏、功能的强弱,会对整个计算机产生很大的影响,指令系统是计算机中硬件与软件之间的接口。指令是指挥计算机完成各种操作的基本命令。一般来说,一条指令包括两个基本组成部分:操作码和地址码。基本格式如下:

| 操作码字段OP | 操作数地址码字段Addr |

操作码说明指令的功能及操作性质,地址码用来指出指令的操作对象,它指出操作数或操作数的地址及指令执行结果的地址。操作码用二进制编码来表示,该字段越长,所能表示的指令就越多。若操作码的长度为 n,则可表示的指令为 2^n 条。

2.5.2 寻址方式

寻址方式就是如何对指令中的地址字段进行解释,以获得操作数的方法或获得程序转移地址的方法,操作数的位置可能在指令中、寄存器中、存储器中或 IO 端口中。在考试中常考的寻址方式有立即寻址、直接寻址、寄存器寻址、寄存器间接寻址等。常见的选址方式如下：

（1）**直接寻址**：在直接寻址中，指令中地址码字段给出的地址 A 就是操作数的有效地址，即形式地址等于有效地址。

（2）**间接寻址**：间接寻址意味着指令中给出的地址 A 不是操作数的地址，而是存放操作数地址的主存单元的地址，简称操作数地址的地址。

（3）**立即寻址**：是一种特殊的寻址方式，指令中在操作码字段后面的部分不是通常意义上的操作数地址，而是操作数本身，也就是说数据就包含在指令中，只要取出指令，也就取出了可以立即使用的操作数。立即寻址是获取操作数最快的方式。

（4）**寄存器寻址**：寄存器寻址指令的地址码部分给出了某一个通用寄存器的编号 Ri，这个指定的寄存器中存放着操作数。

（5）**寄存器间接寻址**：与寄存器寻址方式的区别在于：指令格式中的寄存器内容不是操作数，而是操作数的地址，该地址指明的操作数在内存中。

（6）**基址寻址**：操作数存放在内存单元中。指令中操作数地址码给出基址寄存器和一个偏移量（可正可负），操作数的有效地址为基址寄存器的内容加上偏移量。

（7）**相对寻址**：这是基址寻址的一种变通，由程序计数器提供基准地址，指令中的地址码字段作为位移量 D，两者相加后得到操作数的有效地址，即 EA=(PC)+D。

（8）**变址寻址**：操作数存放在内存单元中，操作数的有效地址等于变址寄存器的内容加偏移量。

（9）**隐含寻址**：这种类型的指令，不是明显地给出操作数的地址，而是在指令中隐含着操作数的地址。

2.5.3　CISC 和 RISC

现代计算机按照处理器的指令集架构主要可以分为两种：

（1）**CISC**：全称是复杂指令集计算机，基本思想是进一步增强原有指令的功能，用更为复杂的新指令取代原先由软件子程序完成的功能，实现软件功能的硬化，导致机器的指令系统越来越庞大、复杂。

（2）**RISC**：全称是精简指令集计算机，基本思想是通过减少指令总数和简化指令功能降低硬件设计的复杂度，使指令能单周期执行，并通过优化编译提高指令的执行速度，采用硬布线控制逻辑优化编译程序。RISC 所有指令的格式都是一致的，所有指令的指令周期也是相同的。

两者的区别如下：

1）CISC 的指令能力强，但多数指令使用率低却增加了 CPU 的复杂度，指令是可变长格式；RISC 的指令大部分为单周期指令，指令长度固定，操作寄存器，只有 Load/Store 操作内存。

2）CISC 支持多种寻址方式；RISC 支持方式少。

3）CISC 通过微程序控制技术实现；RISC 增加了通用寄存器，硬布线逻辑控制为主，采用流水线技术。

4）CISC 的研制周期长；RISC 优化编译，有效支持高级语言。

2.5.4 指令的流水线方式处理

流水线方式是指在程序执行时,多条指令重叠进行操作的一种准并行处理实现技术。对指令的处理一般有以下三个步骤:

流水线指令运行时间计算公式如下:

$$\sum_{t=1}^{m}\Delta t_i + (n-1)\Delta t_j$$

其中,n 表示有 n 条指令;m 表示流水线由 m 段组成;Δt_i 表示指令流中组成的每一段所用的时间,其中 i 从 1 开始,最大值为 m;Δt_j 表示指令流中最长耗时的一段。简而言之,n 条指令使用流水线方式所需的总时间就是:一条指令使用流水线方式执行完 m 段所需的完整时间+$(n-1)$乘以指令流 m 段中所需时间最长的那段的耗时。

这个公式建议大家要记住,可以结合考试中的题目来进行练习和巩固。

2.6 存储系统的基础知识

2.6.1 存储器的层次

不同特点的存储器通过适当的硬件、软件有机地组合在一起形成计算机的存储体系结构。其中,Cache 和主存之间的交互功能全部由硬件实现,而主存与外存之间的交互功能可由硬件和软件结合起来实现。有关存储器的层次如下图所示,其中存储器的访问速度从上到下依次变慢,价格从上到下依次降低,即存取速度:寄存器＞Cache＞内存＞外存。

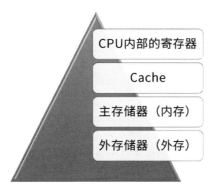

2.6.2 存储器的分类

存储器的分类方式如下：

（1）按存储器所处的位置可分为如下两种：

1）内存：也称为主存，设在主机内或主机板上，用来存放机器当前运行所需要的程序和数据，以便向 CPU 提供信息。相对于外存，其特点是容量小、速度快。

2）外存：也称为辅存，如磁盘、磁带和光盘等，用来存放当前不参加运行的大量信息，而在需要时调入内存。

（2）按存储器的构成材料可分为如下三种：

1）磁存储器：用磁性介质做成的，如磁芯、磁泡、磁膜、磁鼓、磁带及磁盘等。

2）半导体存储器：根据所用元件可分为双极型和 MOS 型；根据数据是否需要刷新又可分为静态和动态两类。

3）光存储器：利用光学方法读/写数据的存储器，如光盘。

（3）按存储器的工作方式可分为如下两种：

1）读/写存储器（RAM）：指既能读取数据也能存入数据的存储器。

2）只读存储器（ROM）：指工作过程中仅能读取的存储器，根据数据的写入方式，这种存储器又可细分为 ROM、PROM、EPROM 和 EEPROM 等类型。

（4）按访问方式可分为按地址访问的存储器和按内容访问的存储器。

2.6.3 存储器数据的存取方式

存储器数据的存取方式如下：

（1）顺序存取：访问数据所需要的时间与数据所在的存储位置相关，磁带是典型的顺序存储器。

（2）随机存取：访问任何一个存储单元所需的时间是相同的，例如主存储器，也就是内存。

（3）直接存取：介于随机存取和顺序存取之间的一种寻址方式，磁盘是一种直接存取存储器，它对磁道的寻址是随机的，而在一个磁道内则是顺序寻址。

（4）相联存取：一种随机存取的方式，但选择某一单元进行读写取决于其内容而不是地址，Cache 通常采用相联存取方式。

2.6.4 Cache

Cache 即高速缓冲存储器，简称为高速缓存，用于对存储在主存中、即将使用的数据进行临时复制。Cache 是为了解决 CPU 和主存之间速度不匹配的问题。

（1）Cache 特点如下：

1）Cache 位于 CPU 和主存之间，容量较小。

2）速度一般比主存快 5～10 倍，由快速半导体存储器制成。

3）其内容是主存内容的副本，对程序员来说是透明的。

（2）Cache 主要组成部分如下：

1）存储器部分：用来存放主存的部分拷贝（副本）信息。

2）控制部分：其功能是判断 CPU 要访问的数据是否在 Cache 存储器中。

2.6.5 主存储器的性能指标

（1）内存容量： 内存容量常以字节数表示，计算机系统中常见的容量单位为 KB、MB、GB、TB 等。

（2）存储时间： 存储时间是指存储器从接到读或写的命令起，到读写操作完成为止所需要的时间。

（3）带宽： 指存储器的数据传送速率，即每秒传送的数据位数，记作 B。假设存储器传送的数据宽度为 W 位（即一个存储周期中读取或写入的位数），那么 B=W/T（位/秒）。

（4）可靠性： 存储器的可靠性用平均故障间隔时间 MTBF 来衡量。MTBF 可以理解为两次故障之间的平均时间间隔。MTBF 越长，表示可靠性越高，即保持正确工作的能力越强。

2.6.6 常见的外存储器

外存储器用来存放暂时不用的程序和数据，外存上的信息以文件的形式存储，相对于内存，外存的容量大、速度慢。CPU 不能直接访问外存中的程序和数据，只有将其以文件为单位调入主存方可访问。外存储器主要由磁表面存储器（如磁盘、磁带）及光盘存储器构成，常见的外存储器如下：

（1）磁盘存储器：在磁表面存储器中，磁盘的存取速度较快，且具有较大的存储容量，是目前广泛使用的外存储器。

（2）硬盘：常见的硬盘有固态硬盘（SSD）、机械硬盘（HDD）和混合硬盘。SSD 采用闪存颗粒来存储，HDD 采用磁性碟片来存储；混合硬盘是把磁性硬盘和闪存集成到一起的一种硬盘。

（3）光盘存储器：是一种采用聚焦激光束在盘式介质上非接触地记录高密度信息的新型存储装置。根据性能和用途，光盘存储器可分为只读型光盘（CD-ROM）、只写一次型光盘（WORM）和可擦除型光盘。

（4）移动硬盘：容量大，支持热插拔，即插即用，可像使用本地硬盘一样存取文件。当工作完成后，停止设备，拔下数据线即可。

（5）USB 闪存盘：又称为 U 盘，是使用闪存作为存储介质的一种半导体存储设备，采用 USB 接口标准。闪存盘具备容量更大、速度更快、体积更小、寿命更长等优点，而且容量不断增加、价格不断下降。

（6）云存储：是一种服务，是在云计算概念上延伸和发展出来的，是指通过集群应用、网格技术或分布式文件系统等功能,将网络中大量各种不同类型的存储设备通过应用软件集合起来协同工作，共同对外提供数据存储和业务访问功能的一个系统。

2.6.7 虚拟存储器

虚拟存储技术使主存和外存密切配合来构成虚拟存储器。虚拟存储技术是把很大的程序（数据）分成许多较小的块，全部存储在辅存中。运行时，把要用到的程序（数据）块先调入主存，并且把马上就要用到的程序块从主存调入高速缓存。这样，一边运行程序，一边进行所需程序（数据）块的调进/调出。只要及时供应所需处理的程序与数据，程序就能顺利而高速地运行下去。因此，对于应用程序员来说就好像有一个比实际主存大得多且可以放下整个程序的虚拟主存空间。当辅存中的程序块调入主存时，必须使程序在主存中定位，该工作由系统自动完成，应用程序员不用考虑如何把程序地址映像和变换成实际主存的物理地址，因此，虚存技术对于应用程序员来说是透明的。

2.7 输入输出的基础知识

2.7.1 输入输出技术概述

输入输出技术简称 I/O 技术，输入输出系统是计算机与外界进行数据交换的通道。这里还要提到接口的概念，接口广义上讲是指两个相对独立子系统之间的相连部分，也常被称为界面。由于主机与各种 I/O 设备的相对独立性，它们一般是无法直接相连的，必须经过一个转换机构，用于连接主机与 I/O 设备的这个转换机构就是 I/O 接口，如下图所示。

2.7.2 CPU 与外设之间交换数据的方式

CPU 与外设之间交换数据的方式一般有如下四种：

（1）直接程序控制：指外设数据的输入/输出过程是在 CPU 执行程序的控制下完成的。这种方式又可以分为：

1）无条件传送方式：又称为立即程序传送方式，在这种方式下，I/O 接口总是准备好接收来自主机的数据，或随时准备向主机输入数据，CPU 无须查看接口的状态，就执行输入/输出指令进行数据传送。

2）程序查询方式：在这种方式下，CPU 通过执行程序查询外设的状态，判断外设是否准备好接收数据或准备好了向 CPU 输入数据。根据这种状态，CPU 有针对性地为外设的输入/输出服务。程序查询方式的缺点有：①降低了 CPU 的效率；②对外部的突发事件无法做出实时响应。

（2）中断方式：在 CPU 执行程序的过程中，由于某一个外部的或 CPU 内部事件的发生，使 CPU 暂时中止正在执行的程序，转去处理这一事件，当事件处理完毕后又回到原先被中止的程序，接着中止前的状态继续向下执行,这一过程就称为中断。引起中断的事件称为中断源,若中断是由 CPU 内部发生的事件引起的,这类中断源就称为内部中断源;若中断是由 CPU 外部的事件引起的,则称为外部中断源。中断包括软件中断(不可屏蔽)和硬件中断。硬件中断又分为外部中断(可屏蔽)和内部中断(不可屏蔽)。外部中断为一般外设请求;内部中断包括硬件出错(掉电、校验、传输)和运算出错(非法数据、地址、越界、溢出等)。

典型的不可屏蔽中断源的例子是电源掉电,一旦出现,必须立即无条件地响应,否则进行其他任何工作都是没有意义的。典型的可屏蔽中断源的例子是打印机中断,CPU 对打印机中断请求的响应可以快一些,也可以慢一些,因为让打印机等待是完全可以的。打印机中断属于可屏蔽的外部中断。对于可屏蔽中断源的请求,CPU 可以响应,也可以不响应。采用中断方式管理 I/O 设备,CPU 和外设可以并行地工作。

(3)直接存储器存取方式:简称 DMA 方式,基本思想是通过硬件控制实现主存与 I/O 设备间的直接数据传送,数据的传送过程由 DMA 控制器(DMAC)进行控制,不需要 CPU 的干预。

在 DMA 方式下,数据在内存与 I/O 设备间的直接成块传送,即在内存与 I/O 设备间传送一个数据块的过程中,不需要 CPU 的任何干涉,只需要 CPU 在过程开始启动(即向设备发出"传送一块数据"的命令)与过程结束时的处理,实际操作由 DMA 硬件直接执行完成,CPU 在此传送过程中可做别的事情。这个知识点在考试中经常出现,需要特别注意。

(4)通道控制方式:通道是一种专用控制器,它通过执行通道程序进行 I/O 操作的管理,为主机与 I/O 设备提供一种数据传输通道。用通道指令编制的程序存放在存储器中,当需要进行 I/O 操作时,CPU 只要按约定格式准备好命令和数据,然后启动通道即可,通道则执行相应的通道程序,完成所要求的操作。

2.8 总线的基础知识

总线概述

总线的英文是 Bus,是连接多个设备的信息传送通道,实际上是一组信号线。广义地讲,任何连接两个以上电子元器件的导线都可以称为总线。总线通常分为如下图所示的几类。

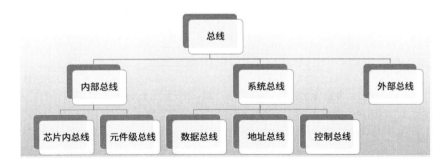

（1）内部总线：用于芯片一级的互联，分为芯片内总线和元件级总线。芯片内总线用于集成电路芯片内部各部分的连接，元件级总线用于一块电路板内各元器件的连接。

（2）系统总线：有时也称为内总线（这个要区分于内部总线）。其性能直接影响到计算机的性能。

系统总线分为以下三种：

1）数据总线：用来传送数据信息，是双向的。CPU 既可通过数据总线从内存或输入设备读入数据，也可通过数据总线将内部数据送至内存或输出设备。数据总线的宽度决定了 CPU 和计算机其他设备之间每次交换数据的位数。

2）地址总线：用于传送 CPU 发出的地址信息，是单向的。传送地址信息的目的是指明与 CPU 交换信息的内存单元或 I/O 设备。存储器是按地址访问的，所以每个存储单元都有一个固定地址，地址总线的宽度决定了 CPU 的最大寻址能力。

3）控制总线：用来传送控制信号、时序信号和状态信息等。其中有的信号是 CPU 向内存或外部设备发出的信息，有的是内存或外部设备向 CPU 发出的信息。显然控制总线中的每一条线的信息传送方向是单方向且确定的，但控制总线作为一个整体则是双向的。所以在各种结构框图中，凡涉及到控制总线均是以双向线表示。

系统总线的性能指标包括以下三种：

1）带宽：指的是单位时间内总线上传送的数据量，即每秒钟传送的最大稳态数据传输率。

2）位宽：指的是总线能同时传送的二进制数据的位数，或数据总线的位数，即 32 位、64 位等总线宽度的概念。总线的位宽越宽，每秒钟数据传输率越大，总线的带宽越宽。

3）工作时钟频率：以 MHz 为单位，工作频率越高，总线工作速度越快，总线带宽越宽。

以上三种性能指标之间的关系是：

$$总线的带宽=总线的工作频率×总线的位宽÷8$$

这里之所以要除以 8，是因为单位变了，也就是比特和字节之间的转换。常见的传统系统总线有 ISA、EISA、 PCI/AGP 等。

（3）外部总线：又称通信总线，用于设备一级的互联，通过该总线和其他设备进行信息与数据交换。常见的外部总线包括 RS-232C、RS-485、SCSI 和通用串行总线 USB 等。

2.9　计算机的性能评价指标

计算机的性能评价指标概述

无论是生产计算机的厂商还是使用计算机的用户，都需要有某种方法来衡量计算机的性能，常见的计算机性能评价指标如下：

（1）时钟频率：又称为主频，指计算机 CPU 在单位时间内发出的脉冲数，时钟频率在一定程度上反映了机器的运算速度，单位是 Hz。一般来讲，主频越高，速度越快。但是，相同频率、不同体系结构的机器，其速度可能会相差很多，因此还需要用其他方法来测定机器性能。

（2）**指令执行速度**：一般用计算机加法指令的运算速度来衡量计算机的速度，指令执行速度是计算机的主要性能指标之一。加法指令的运算速度大体上可反映出乘法、除法等其他算术运算的速度，而且逻辑运算、转移指令等简单指令的执行时间往往被设计成与加法指令相同。

（3）**数据处理速率（PDR）法**：采用计算 PDR 值的方法来衡量机器性能，PDR 值越大，机器性能越好。PDR 与每条指令和每个操作数的平均位数以及每条指令的平均运算速度有关。

（4）**运算精度**：字长标志着运算精度，字长越长，运算精度越高，指令的直接导址能力也就越强。字长也称为机器字长，是指 CPU 一次能处理数据的位数。为了更灵活地表达和处理信息，计算机通常以字节（Byte）为基本单位，用大写字母 B 表示。我们通常说的计算机是多少位的，指的就是机器字长。例如 64 位就是一次可以处理 64 位的数据。

（5）**内存容量**：指内存储器中能存储信息的总字节数。一般来说，内存容量越大，计算机的处理速度越快。

（6）**核心程序法**：核心程序法把应用程序中用得最频繁的那部分核心程序作为评价计算机性能的标准程序，在不同的机器上运行，测得其执行时间，作为各类机器性能评价的依据。

2.10 章节练习题

1．CPU 是计算机工作的核心部件，用于控制并协调各个部件，以下选项中（　　）不属于其基本功能。

　　A．指令控制　　　　　　　　　　B．操作控制
　　C．时序控制　　　　　　　　　　D．网络控制

2．运算器是数据加工处理部件，用于完成计算机的各种算术和逻辑运算。以下选项中（　　）不属于运算器的组成部件。

　　A．累加器　　　　　　　　　　　B．算术逻辑单元
　　C．程序计数器　　　　　　　　　D．数据缓冲寄存器

3．在 CPU 各个组成部件中，（　　）用于控制整个 CPU 的工作，它决定了计算机运行过程的自动化。

　　A．运算器　　　B．控制器　　　C．寄存器组　　　D．内部总线

4．十六进制 EFH 用二进制可以表示为（　　）。

　　A．1111 1111　　B．1110 1111　　C．1111 1110　　D．1010 1011

5．为了便于运算，带符号的机器数可采用原码、反码和补码、移码等不同的编码方法。其中计算机内部一般采用（　　）表示。

　　A．原码　　　　B．反码　　　　C．补码　　　　D．移码

6．浮点数是小数点位置不固定的数，浮点数所能表示的数值的精度由（　　）决定。

　　A．尾数　　　　B．阶符　　　　C．数符　　　　D．阶码

7. 以下对常见的校验码的叙述中，不正确的是（ ）。
   A．奇偶校验码只能发现错误，而不能矫正错误
   B．海明码也是利用奇偶性来检错和纠错的校验方法
   C．循环冗余校验码简称为 CRC
   D．奇偶校验码采用的是模 2 运算
8. 设 A 和 B 为两个逻辑变量，当且仅当 A、B 的值不同时，取值为真，则描述的是（ ）操作。
   A．逻辑与   B．逻辑或
   C．逻辑非   D．逻辑异或
9. 寻址方式就是如何对指令中的地址字段进行解释，以获得操作数的方法或获得程序转移地址的方法，其中（ ）不是明显地给出操作数的地址，而是在指令中隐含着操作数的地址。
   A．直接寻址   B．间接寻址   C．隐含寻址   D．寄存器寻址
10. 在存储器数据的存取方式中，（ ）方式选择某一单元进行读写取决于其内容而不是地址。
    A．相联存取   B．直接存取   C．随机存取   D．顺序存取
11. 以下有关 CPU 与外设之间交换数据方式的叙述中，不正确的是（ ）。
    A．直接程序控制是指外设数据的输入/输出过程是在 CPU 执行程序的控制下完成的
    B．引起中断的事件称为中断源
    C．在 DMA 方式下，在内存与 I/O 设备间传送一个数据块的过程中，不需要 CPU 的任何干涉
    D．可屏蔽中断源一旦提出请求，CPU 必须无条件响应
12. 系统总线有时也称为内总线，其性能直接影响到计算机的性能。以下选项不属于系统总线的是（ ）。
    A．数据总线   B．外部总线   C．地址总线   D．控制总线

2.11　练习题参考答案

1. **参考答案：D**

   解析：本题考查 CPU 基本功能的基础知识。CPU 基本功能如下：
   （1）指令控制。CPU 通过执行指令来控制程序的执行顺序，这是 CPU 的重要职能。
   （2）操作控制。一条指令功能的实现需要若干操作信号来完成，CPU 产生每条指令的操作；信号并将操作信号送往不同的部件，控制相应的部件按指令的功能要求进行操作。
   （3）时序控制。CPU 通过时序电路产生的时钟信号进行定时，以控制各种操作按照指定的时序进行。
   （4）数据处理。在 CPU 的控制下完成对数据的加工处理是其最根本的任务。

2. **参考答案：C**

解析：本题考查运算器的基础知识。程序计数器是控制器的重要组成部件之一。

3．参考答案：B

解析：本题考查控制器的基础知识。运算器只能完成运算，而控制器用于控制整个 CPU 的工作，它决定了计算机运行过程的自动化。它不仅要保证程序的正确执行，而且要能够处理异常事件。

4．参考答案：B

解析：本题考查二进制的基础知识。十六进制数转换成二进制数的方法：把每一位十六进制转换成下表对应的四位二进制即可。

二进制	十六进制	二进制	十六进制
0000	0	1000	8
0001	1	1001	9
0010	2	1010	A
0011	3	1011	B
0100	4	1100	C
0101	5	1101	D
0110	6	1110	E
0111	7	1111	F

5．参考答案：C

解析：本题考查码制的基础知识。计算机内部采用补码表示，好处是可以让符号位作为数值直接参加运算，而最后仍然可以得到正确的结果。

6．参考答案：A

解析：本题考查浮点数的基础知识。浮点数所能表示的数值范围主要由阶码决定，所表示数值的精度则由尾数决定。

7．参考答案：D

解析：本题考查校验码的基础知识。循环冗余校验码简称为 CRC，利用生成多项式为 k 个数据位产生 r 个校验位来进行编码，其编码长度为 $k+r$。在求 CRC 编码时，采用的是模 2 运算。

8．参考答案：D

解析：本题考查逻辑运算的基础知识。异或运算又称为半加运算，其运算符号常用 XOR 或 $\oplus$ 表示。设 A 和 B 为两个逻辑变量，当且仅当 A、B 的值不同时，A"异或"B 为真。

9．参考答案：C

解析：本题考查寻址方式的基础知识。隐含寻址这种类型的指令，不是明显地给出操作数的地址，而是在指令中隐含着操作数的地址。

10．参考答案：A

解析：本题考查存储系统的基础知识。

（1）顺序存取：访问数据所需要的时间与数据所在的存储位置相关，磁带是典型的顺序存储器。

（2）随机存取：访问任何一个存储单元所需的时间是相同的，例如主存储器。

（3）直接存取：介于随机存取和顺序存取之间的一种寻址方式，磁盘是一种直接存取存储器，它对磁道的寻址是随机的，而在一个磁道内则是顺序寻址。

（4）相联存取：是一种随机存取的方式，但选择某一单元进行读写取决于其内容而不是地址，Cache 通常采用相联存取方式。

11．**参考答案：D**

解析：本题考查 I/O 技术的基础知识。引起中断的事件称为中断源。若中断是由 CPU 内部发生的事件引起的，这类中断源称为内部中断源；若中断是由 CPU 外部的事件引起的，则称为外部中断源。

不可屏蔽中断源一旦提出请求，CPU 必须无条件响应，而对于可屏蔽中断源的请求，CPU 可以响应，也可以不响应。

12．**参考答案：B**

解析：本题考查系统总线的基础知识。总线通常分为内部总线、系统总线和外部总线。其中系统总线有时也称为内总线，其性能直接影响到计算机的性能。系统总线又分为数据总线、地址总线和控制总线。

第3章 操作系统基础知识

（1）本章重点内容概述：操作系统基本概念、处理机管理、存储管理、设备管理、文件管理和作业管理等内容。

（2）考试形式：常见题型为选择题，出现在第一场考试中，历年考试分值基本在 5 分左右。

（3）本章学习要求：结合本书内容做好笔记，重复学习重点、难点和常考知识点，加强掌握程度，通过做章节作业及历年考试题目加深知识点的记忆，及时发现还未掌握的知识点，进行重点学习（已掌握的知识点要定期温习）。

3.1 操作系统概述

3.1.1 操作系统简介

操作系统能有效地组织和管理系统中的各种软/硬件资源，合理地组织计算机系统工作流程，控制程序的执行，并且向用户提供一个良好的工作环境和友好的接口。

（1）操作系统的主要作用如下：

1）通过资源管理提高计算机系统的效率。

2）改善人机界面向用户提供友好的工作环境。

（2）操作系统有如下 4 个特征：

1）并发性：指两个或多个事件在同一时间间隔内发生，宏观上同时发生，微观上交替发生。这个区别于并行性，并行性是指两个或多个事件在同一时刻同时发生，操作系统的并发性指计算机系统中同一时间段存在多个运行着的程序。

2）共享性：指系统中的资源可供内存中多个并发执行的进程共同使用。

3）虚拟性：指把一个物理上的实体变为若干逻辑上的对应物，物理实体是实际存在的，而逻辑对应物是用户感受到的。一个程序需要放入内存，并给它分配 CPU 才能执行，如果程序同时运行的内存大于计算机内存总量，运用虚拟存储器技术就可以同时运行。假设一个单核 CPU 同时运行 3 个程序，运用虚拟处理器技术，实际上只有一个单核 CPU，在用户看来却有 3 个 CPU 同时为自己服务。

4）不确定性：又称为随机性，操作系统的运行是在一个随机的环境中，一个设备可能在任何时间向处理机发出中断请求，系统无法知道运行着的程序会在什么时候做什么事情。

（3）从资源管理的观点来看，操作系统的功能有如下 5 个部分：

1）**处理机管理**：又称为进程管理，实质上是对处理机的执行"时间"进行管理，采用多道程序等技术将 CPU 的时间合理地分配给每个任务。

2）**文件管理**：主要包括文件存储空间管理、目录管理、文件的读写管理和存取控制。

3）**存储管理**：是对主存储器的"空间"进行管理，主要包括存储分配与回收、存储保护、地址映射（变换）和主存扩充。

4）**设备管理**：实质是对硬件设备的管理，包括对输入输出设备的分配、启动、完成和回收。

5）**作业管理**：包括任务、界面管理、人机交互、图形界面、语音控制和虚拟现实等。

操作系统的 5 大部分通过相互配合、协调工作来实现对计算机系统中资源的管理，控制任务的运行。

3.1.2 操作系统的分类

操作系统分为批处理操作系统、分时操作系统、实时操作系统、网络操作系统、分布式操作系统、微机操作系统和嵌入式操作系统等，具体描述如下。

（1）批处理操作系统：分为单道批处理和多道批处理。

1）单道批处理操作系统：是一种早期的操作系统，单道是指一次只有一个作业装入内存执行。作业由用户程序、数据和作业说明书三部分组成。当一个作业运行结束后，随即自动调入同批的下一个作业，从而节省了作业之间的人工干预时间，提高了资源的利用率。

2）多道批处理操作系统：允许多个作业装入内存执行，在任意一个时刻，作业都处于开始点和终止点之间。每当运行中的一个作业由于输入/输出操作需要调用外部设备时，就把 CPU 交给另一道等待运行的作业，从而将主机与外部设备的工作由串行改变为并行，进一步避免了因主机等待外设完成任务而浪费宝贵的 CPU 时间。多道批处理系统主要有 3 个特点：多道、宏观上并行运行、微观上串行运行。

（2）分时操作系统：在分时操作系统中，一个计算机系统与多个终端设备连接。分时操作系统是将 CPU 的工作时间划分为许多很短的时间片，轮流为各个终端的用户服务。尽管各个终端上的作业是断续地运行的，但由于操作系统每次对用户程序都能做出及时的响应，因此用户感觉整个系统均归其 1 人占用。分时系统主要有 4 个特点：多路性、独立性、交互性和及时性。

（3）实时操作系统：实时是指计算机对于外来信息能够以足够快的速度进行处理，并在被控对象允许的时间范围内做出快速反应。实时系统对交互能力要求不高，但要求可靠性有保障。为了提高系统的响应时间，对随机发生的外部事件应及时做出响应并对其进行处理。实时系统分为实时控制系统和实时信息处理系统。实时控制系统主要用于生产过程的自动控制，实时信息处理系统主要用于实时信息处理。实时系统与分时系统的区别如下：

1）应用的环境不同。

2）系统的设计目标不同。分时系统是设计成一个多用户的通用系统，交互能力强；而实时系统大都是专用系统。

3）交互性的强弱不同。分时系统是多用户的通用系统，交互能力强；而实时系统是专用系统，仅允许操作并访问有限的专用程序，不能随便修改，且交互能力差。

4）响应时间的敏感程度不同。分时系统是以用户能接收的等待时间为系统的设计依据，而实时系统是以被测物体所能接受的延迟为系统设计的依据。因此实时系统对响应时间的敏感程度更强。

（4）**网络操作系统**：这种操作系统是使联网计算机能方便而有效地共享网络资源，为网络用户提供各种服务的软件和有关协议的集合。主要的网络操作系统有 UNIX、Linux 和各种版本的 Windows Server 系统。

网络操作系统的功能主要包括：

1）高效、可靠的网络通信。

2）对网络中共享资源的有效管理。

3）提供电子邮件、文件传输、共享硬盘和打印机等服务。

4）网络安全管理。

5）提供互操作能力。

（5）**分布式操作系统**：分布式计算机系统是由多个分散的计算机经连接而成的计算机系统，系统中的计算机无主、次之分，任意两台计算机可以通过通信交换信息。通常为分布式计算机系统配置的操作系统称为分布式操作系统。分布式操作系统能直接对系统中的各类资源进行动态分配和调度、任务划分、信息传输协调工作，并为用户提供一个统一的界面，标准的接口，用户通过这一界面实现所需要的操作和使用系统资源，使系统中若干台计算机相互协作完成共同的任务，有效控制和协调诸任务的并行执行，并向系统提供统一、有效的接口的软件集合。分布式操作系统是网络操作系统的更高级形式，它保持网络系统所拥有的全部功能，同时又有透明性、可靠性和高性能等特性。

（6）**微机操作系统**：微型计算机操作系统简称微机操作系统，常用的有 Windows、Mac OS 和 Linux 等。

（7）**嵌入式操作系统**：该操作系统运行在嵌入式智能芯片环境中，对整个智能芯片以及它所操作、控制的各种部件装置等资源进行统一协调、处理、指挥和控制。嵌入式操作系统的特点在考试中出现的频率较高，其特点具体如下：

1）**微型化**：从性能和成本角度考虑，希望占用资源和系统代码量少，如内存少、字长短、运行速度有限、能源少（用微小型电池）。

2）**可定制**：从减少成本和缩短研发周期考虑，要求嵌入式操作系统能运行在不同的微处理器平台上，能针对硬件变化进行结构与功能上的配置，以满足不同应用的需要。

3）实时性：嵌入式操作系统主要应用于过程控制、数据采集、传输通信、多媒体信息及关键要害领域需要迅速响应的场合，所以对实时性要求高。

4）可靠性：系统构件、模块和体系结构必须达到应有的可靠性，对关键要害应用还要提供容错和防故障措施。

5）易移植性：为了提高系统的易移植性，通常采用硬件抽象层和板级支撑包的底层设计技术。

3.2 处理机管理

3.2.1 处理机管理概述

处理机管理也称为进程管理，进程是资源分配和独立运行的基本单位，进程是程序的一次执行，该程序可以与其他程序并发执行。进程的组成如下：

1）程序：程序部分描述了进程需要完成的功能，即任务。

2）数据：数据部分包括程序执行时所需的数据及工作区。该部分只能为一个进程所专用，是进程的可修改部分。

3）进程控制块：简称 PCB，进程控制块是进程存在的唯一标志。包括进程的描述信息，控制信息，资源管理信息和 CPU 现场保护信息等，反映了进程的动态特性。PCB 描述了进程的基本情况，创建进程时，先创建 PCB，然后根据 PCB 中的信息对进程实施有效的管理和控制。当该进程完成功能后，同样先释放 PCB，进程随之消亡。

进程一般有 3 种基本状态：运行、就绪和阻塞，也称三态模型，如下图所示。

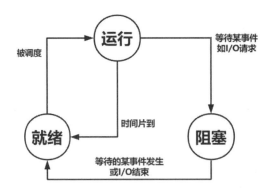

（1）运行状态：当一个进程在处理机上运行时，称该进程处于运行状态。

（2）就绪状态：一个进程获得了除处理机外的一切所需资源，一旦得到处理机即可运行，则称此进程处于就绪状态。

（3）阻塞状态：也称等待状态或睡眠状态，一个进程正在等待某一事件发生而暂时停止运行，这时即使把处理机分配给该进程，它也无法运行，故称该进程处于阻塞状态。

关于三态模型，有如下注意事项：
1）阻塞状态的进程不能直接进入执行状态。
2）就绪状态的进程不能直接进入阻塞状态。
3）在任何时刻，任何一个进程都只能处于某一种状态。

对于一个实际的系统，进程的状态及其转换将更复杂，此时可以引入新建态和终止态构成五态模型，新建态对应于进程刚刚被创建且没有被提交的状态，并等待系统完成创建进程的所有必要信息。设置终止态的目的是防止系统进行善后处理时引起资源分配不当等问题。五态模型具体如下图所示。

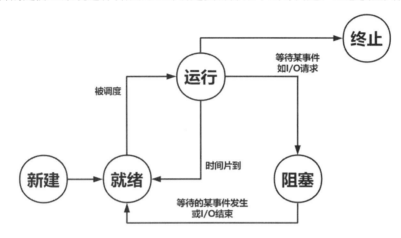

由于进程的不断创建，系统资源特别是主存资源已不能满足进程运行的要求，这时就必须将某些进程挂起，放到磁盘对换区，暂时不参加调度，以平衡系统负载。或者是系统出现故障或者是用户调试程序，也可能需要将进程挂起检查问题。下图是具有挂起状态的进程状态及其转换。

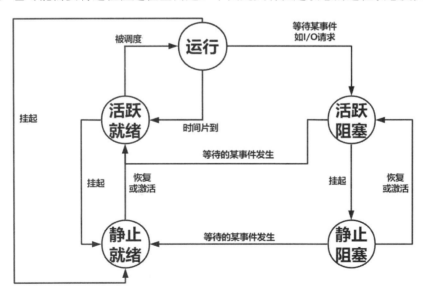

1）活跃就绪：活跃就绪是指进程在主存并且可被调度的状态。

2）静止就绪：静止就绪是指就绪进程被对换到辅存时的状态，它是不能被直接调度的状态，只有当主存中没有活跃就绪态进程，或者是挂起态进程具有更高的优先级时，系统才把挂起就绪态进程调回主存并转换为活跃就绪。

3）活跃阻塞：活跃阻塞是指进程在主存，一旦等待的事件产生便进入活跃就绪状态。

4）静止阻塞：静止阻塞是指阻塞进程对换到辅存时的状态，一旦等待的事件产生便进入静止就绪状态。

3.2.2 进程概述

在操作系统中通过设置一套控制机构对进程实施控制，其主要功能包括创建一个新进程，撤销一个已经运行完的进程，改变进程的状态，实现进程间的通信。进程控制是由操作系统内核中的原语实现的。原语是指由若干条机器指令组成的、用于完成特定功能的程序段。原语的特点是在执行时不能被分割，即原子操作要么都做，要么都不做。内核中所包含的原语主要有进程控制原语、进程通信原语、资源管理原语以及其他原语。属于进程控制方面的原语有进程创建原语、进程撤销原语、进程挂起原语、进程激活原语、进程阻塞原语以及进程唤醒原语等。不同的操作系统，内核所包含的功能不同，但大多数操作系统的内核都包含支撑功能和资源管理的功能。

进程通信是指各个进程交换信息的过程，进程通信包括同步和互斥，具体如下。

（1）进程间的同步：指多个并发执行的进程都以各自独立的、不可预知的速度向前推进，但是有时需要在某些确定点上协调相互合作进程间的工作。

（2）进程间的互斥：在多道程序系统环境中，各进程可以共享各类资源，但有些资源一次只能供一个进程使用，称为临界资源，如打印机、共享变量等。进程间的互斥是指系统中各进程互斥使用临界资源。临界区指进程中对临界资源实施操作的那段程序，对互斥临界区管理的4条原则如下：

1）有空即进：当无进程处于临界区时，允许进程进入临界区，并且只能在临界区运行有限的时间。

2）无空则等：当有一个进程在临界区时，其他需要进入临界区的进程必须等待，以保证进程互斥地访问临界资源。

3）有限等待：对要求访问临界资源的进程，应保证进程等待有限时间后进入临界区，以免陷入"饥饿"状态。

4）让权等待：当进程不能进入自己的临界区时，应立即释放处理机，以免进程陷入"忙等"状态。

信号量机制是一种有效的进程同步与互斥工具。信号量英文为 Semaphore，简写为 S，信号量分为如下两类。

1）公用信号量：实现进程间的互斥，初值为 1 或资源的数目。

2）私用信号量：实现进程间的同步，初值为 0 或某个正整数。

信号量 S 的物理意义：$S \geq 0$ 表示某资源的可用数；若 $S < 0$，则其绝对值表示阻塞队列中等待

该资源的进程数。PV 操作是实现进程同步与互斥的常用方法，P 操作和 V 操作是低级通信原语，在执行期间不可分割。其中，P 操作表示申请一个资源，V 操作表示释放一个资源。

1）P 操作的定义：S:=S-1，若 S≥0，则执行 P 操作的进程继续执行；若 S<0，则置该进程为阻塞状态，并将其插入阻塞队列。

2）V 操作的定义：S:=S+1，若 S>0，则执行 V 操作的进程继续执行；若 S≤0，则从阻塞状态唤醒一个进程，并将其插入就绪队列，然后执行 V 操作的进程继续。

在某些操作系统中，一个作业从提交到完成需要经历高、中、低三级调度。具体定义如下：

1）高级调度：又称为长调度、作业调度或接纳调度，它决定处于输入池中的哪个后备作业可以调入主系统做好运行的准备，成为一个或一组就绪进程。系统中一个作业只需经过一次高级调度。

2）中级调度：称为中程调度或对换调度，它决定处于交换区中的就绪进程哪个可以调入内存，以便直接参与对 CPU 的竞争。

3）低级调度：又称短程调度或进程调度，它决定处于内存中的就绪进程哪个可以占用 CPU，是操作系统中最活跃、最重要的调度程序，对系统的影响很大。

常用的进程调度算法有如下几种：

1）先来先服务算法：First Come First Served，简称 FCFS。FCFS 按照作业提交或进程变为就绪状态的先后次序分配 CPU，即每当进入进程调度时，总是将就绪队列队首的进程投入运行。FCFS 调度法比较有利于长作业，有利于 CPU 繁忙的作业，而不利于 I/O 繁忙的作业。FCFS 算法主要用于宏观调度。

2）时间片轮转算法：该算法主要用于微观调度，设计目标是提高资源利用率。通过时间片轮转，提高进程并发性和响应时间特性，从而提高资源利用率。

3）优先级调度算法：该算法是让每一个进程都拥有一个优先数，通常数值大的表示优先级高，系统在调度时总选择优先级高的占用 CPU。

4）多级反馈调度算法：该算法是时间片轮转算法和优先级算法的综合与发展，优点是照顾短进程以提高系统吞吐量，缩短了平均周转时间，照顾 I/O 型进程以获得较好的 I/O 设备利用率和缩短响应时间，不必估计进程的执行时间，动态调节优先级。

3.2.3 死锁

死锁是指两个以上的进程互相都要求使用对方已经占有的资源而导致无法继续运行的现象。进程推进顺序不当、同类资源分配不当、PV 操作使用不当等情况都可能造成死锁。当系统中有多个进程共享的资源不足以同时满足它们的需求时，引起这些进程对资源的竞争导致死锁。产生死锁的 4 个必要条件如下：

1）互斥条件：进程对其所要求的资源进行排他性控制，即一次只允许一个进程使用。此时若有其他进程请求该资源，则请求进程只能等待。

2）请求保持条件：之前申请了资源，还想再次申请资源，但是之前申请的资源继续占用，除非完成任务后释放，否则其他进程都不能用。

3）不可剥夺条件：进程已获得的资源在未使用完之前不能被剥夺，只能在使用完的时候由自己释放，并且只能是主动释放。

4）环路条件：又称为循环等待条件，当发生死锁时，在进程资源有向图中必然构成环路，其中每个进程占有了下一个进程申请的一个或多个资源，也就是说一定会有一个环互相等待。

在考试中考查死锁最常见的一种形式就是进程资源有向图，它由方框、圆圈和有向边三部分组成。其中方框表示资源，圆圈表示进程，资源使用的原则是先分配后申请，如下图所示。

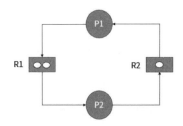

1）分配资源：方框指向圆圈，即箭头由资源指向进程。

2）请求资源：圆圈指向方框，即箭头由进程指向资源。

图中 R1 资源先分配一个资源给进程 P2，R2 资源先分配一个资源给进程 P1，此时 P1 要申请一个 R1 资源，而 R1 资源先分配给了 P2 一个资源，此时还剩下一个资源，刚好可以满足进程 P1 的申请。进程 P2 申请一个 R2 资源，但是 R2 资源已经分配给进程 P1 了，此时没有剩余资源，于是陷入了死锁状态。

在考试中还有一种考查死锁的出题形式，这里涉及到一个公式。假如系统中有 m 个资源被 n 个进程共享使用，每个进程都要求 k 个资源。假设在题目中 $m=5$，$n=3$，$k=3$，若系统采用的分配策略是轮流地为每个进程分配资源，则第一轮系统先为每个进程分配 1 个资源，还剩下 2 个资源；第二轮系统再为两个进程各分配 1 个资源，此时，系统中已无可供分配的资源，使得各个进程都处于等待状态而导致系统发生死锁。此时小鹿同学在学习的时候有一个疑问，认为只要把资源都给任意一个进程先用，然后该进程用完后马上释放给剩下的任意一个进程继续使用不就可以了吗？此时昊洋老师告诉小鹿同学，计算机在给进程分配资源时是随机的，不会像上述一样考虑，所以为了避免发生死锁，就一定要考虑临界情况，这样就使得无论在哪种情境下，都可以保证不发生死锁。此时可以总结一个公式，即要使系统不发生死锁的最小资源数的计算公式是：$m=n\times(k-1)+1$。该例中只需要分配 $3\times(3-1)+1=7$ 个资源，就可以使系统不发生死锁，即使系统不发生死锁的最小资源数为 7。该公式是经过多次考试总出来结的，在考试中非常实用，建议通过做题进行巩固。

3.2.4 线程

进程有两个基本属性，一是拥有资源，二是可以独立调度和分配资源。由于在进程的创建、撤销和切换中，系统必须为之付出较大的开销，因此在系统中设置的进程数目不宜过多，进程切换的频率不宜太高，这就限制了并发程度的提高。此时就引入了线程，可以将传统进程的两个基本属性分开，线程作为调度和分配资源的基本单位，而进程作为独立分配资源的单位。用户可以通过创建线程来完成任务，以减少程序并发执行时付出的时空开销。此时对拥有资源的基本单位不用频繁对其切换，进一步提高了系统中各程序的并发程度。

要注意的是，线程是进程中的一个实体，是被系统独立分配和调度的基本单位。线程基本上不拥有资源，只拥有一点运行中必不可少的资源，例如程序计数器、一组寄存器和栈等。它可与同属一个进程的其他线程共享进程所拥有的全部资源。线程可创建另一个线程，同一个进程中的多个线程可并发执行，线程也具有就绪、运行和阻塞3种基本状态。

3.3 存储管理

存储器管理概述

一般存储器的结构有"寄存器—主存—外存"结构和"寄存器—缓存—主存—外存"结构。

我们把程序中由相对地址组成的空间称为逻辑地址空间，相对地址空间通过地址再定位机构转换到绝对地址空间，绝对地址空间也称为物理地址空间。逻辑地址空间是逻辑地址的集合；物理地址空间简称存储空间，是物理地址的集合。将逻辑地址转换成主存物理地址的过程称为地址重定位。在可执行文件装入时，需要解决可执行文件中地址（指令和数据）与主存地址的对应关系，由操作系统中的装入程序和地址重定位机构来完成。

存储管理的主要目的是解决多个用户使用主存的问题。其管理方案主要包括分区存储管理、分页存储管理、分段存储管理、段页式存储管理以及虚拟存储管理等，具体介绍如下。

（1）分区存储管理：该方案的基本思想是把主存的用户区划分成若干个区域，每个区域分配给一个用户作业使用，并限定它们只能在自己的区域中运行，这种主存分配方案就是分区存储管理方式。

（2）分页存储管理：该方案将一个进程的地址空间划分成若干个大小相等的区域，称为页。相应地将主存空间划分成与页相同大小的若干个物理块，称为块或页框。为进程分配主存时，可将进程中的若干页分别装入多个不相邻接的块中。分页存储管理在考试中出现的频率比较高，需要特别注意。其地址结构分为页号和页内地址两部分，如下图所示。

| 页号 | 页内地址 |

（3）分段存储管理：在分段存储管理方式中，作业的地址空间被划分为若干段，每段是一组完整的逻辑信息，如主程序段、子程序段、数据段及堆栈段等，每段都有自己的名字，都是从零开始编址的一段连续的地址空间，各段长度不等。逻辑地址由段号和段内地址两部分组成，结构如下图所示。

| 段号 | 段内地址 |

（4）段页式存储管理： 先将整个主存划分成大小相等的存储块（页框），将用户程序按程序的逻辑关系分为若干个段，并为每个段赋予一个段名，再将每个段划分成若干页，以页框为单位离散分配。在段页式系统中，其地址结构由段号、段内页号和页内地址三部分组成。作业地址空间的结构如下图所示。

段号	段内页号	页内地址

（5）虚拟存储管理： 一个作业的部分内容装入主存便可开始启动运行，其余部分暂时留在磁盘中，需要时再装入主存，这样可以有效地利用主存空间。从用户角度看，该系统所具有的主存容量将比实际主存容量大得多，我们把这样的存储器称为虚拟存储器。虚拟存储器是为了扩大主存容量而采用的一种设计方法，其容量是由计算机的地址结构决定的，这种管理方案称为虚拟存储管理。

3.4 设备管理

3.4.1 设备管理概述

设备是计算机与外界交互的工具，具体负责计算机与外部的输入输出工作，称为外部设备。设备管理的目标主要是如何提高设备的利用率，为用户提供方便统一的界面。在多道程序环境下，当多个进程竞争使用设备时，按一定策略分配和管理各种设备，控制设备的各种操作，完成 I/O 设备与主存之间的数据交换。设备管理的主要功能是动态地掌握并记录设备的状态、设备分配和释放、缓冲区管理、实现物理 I/O 设备的操作、提供设备使用的用户接口和设备的访问与控制。提高设备的利用率就是提高 CPU 与输入输出设备之间的并行操作程度，采用的技术主要包括中断技术、DMA 技术、通道技术和缓冲技术等，DMA 技术在考试中出现的频率较高。

（1）通道技术： CPU 只需向通道发出输入输出命令，通道收到命令后，从内存中取出本次输入输出要执行的通道程序加以执行，当通道完成输入输出任务后，才向 CPU 发出中断信号。

（2）DMA 技术： DMA 是指直接内存存取，是指数据在内存与输入输出设备之间实现直接成块传送，不需要 CPU 的任何干涉。即在内存与输入输出设备之间传送一个数据块的过程中无需 CPU 中转，只需要 CPU 在开始与结束时进行处理，实际操作过程由 DMA 硬件直接执行完成，CPU 在此传送过程中可执行别的任务，不需参与。

（3）缓冲技术： 是为了协调吞吐速度相差很大的设备之间数据传送而采用的技术。缓冲技术用到了缓冲区，而缓冲区的引入是为了缓和 CPU 和 I/O 设备的不匹配，减少对 CPU 的中断频率，提高 CPU 和 I/O 设备的并行性。缓冲技术可提高外设利用率，尽可能使外设处于忙状态。缓冲技术可以采用硬件缓冲和软件缓冲。硬件缓冲是利用专门的硬件寄存器作为缓冲，软件缓冲通过操作系统来管理。

（4）Spooling 技术： Spooling 是指外部设备联机并行操作，是关于慢速字符设备如何与计算机主机交换信息的一种技术，通常称为"假脱机技术"。Spooling 技术用一类物理设备模拟另一类物理设备，使独占使用的设备变成多台虚拟设备，它也是一种速度匹配技术。

3.4.2 磁盘调度

磁盘是可被多个进程共享的设备，当有多个进程请求访问磁盘时，为了保证信息的安全，系统每一时刻只允许一个进程启动磁盘进行 I/O 操作，其余的进程只能等待。因此操作系统应采用一种适当的调度算法，使各进程对磁盘的平均访问时间最小。磁盘调度分为两类：移臂调度和旋转调度。系统先进行移臂调度，然后进行旋转调度。由于访问磁盘最耗时的是寻道时间，因此磁盘调度的目标是使磁盘的平均寻道时间最少。常用的磁盘调度算法有以下 4 种：

（1）先来先服务算法：First Come First Served，简称 FCFS 算法，是最简单的磁盘调度算法，它根据进程请求访问磁盘的先后次序进行调度。此算法的优点是公平、简单，且每个进程的请求都能依次得到处理，不会出现某进程的请求长期得不到满足的情况。

（2）最短寻道时间优先算法：简称 SSTF 算法，在选择进程时，要求其访问的磁道与当前磁头所在的磁道距离最近，使得每次的寻道时间最短，但这种调度算法却不能保证平均寻道时间最短。

（3）扫描算法：简称 SCAN 算法，该算法不仅考虑到要访问的磁道与当前磁道的距离，更优先考虑的是磁头的当前移动方向。这种算法中磁头移动的规律颇似电梯的运行，故又常称为电梯调度算法。

（4）单向扫描调度算法：简称 CSCAN 算法，对扫描调度算法进行了改进，该算法规定磁头只做单向移动。

3.5 文件管理

3.5.1 文件概述

文件的英文名是 File，文件是具有符号名的、在逻辑上具有完整意义的一组相关信息项的集合。信息项是构成文件内容的基本单位，可以是一个字符，也可以是一个记录，记录可以等长，也可以不等长。文件的存取方法是指读写文件存储器上的一个物理块的方法，通常分为顺序存取和随机存取。顺序存取是指对文件中的信息按顺序依次读写的方式；随机存取是指可以按任意的次序随机地读写文件中的信息。文件按照性质和用途、保存期限和保护方式等通常可进行如下分类。

1）按文件性质和用途可将文件分为系统文件、库文件和用户文件。
2）按信息保存期限可将文件分为临时文件、档案文件和永久文件。
3）按文件的保护方式可将文件分为只读文件、读写文件、可执行文件和不保护文件。
4）UNIX 系统将文件分为普通文件、目录文件和设备文件（也称特殊文件）。

文件分类的目的是对不同文件进行管理，提高系统效率以及用户界面友好性。文件系统是操作系统中实现文件统一管理的一组软件和相关数据的集合，专门负责管理和存取文件信息的软件机构。文件的结构是指文件的组织形式。从用户角度看到的文件组织形式称为文件的逻辑结构，文件系统的用户只要知道所需文件的文件名，而无须知道这些文件究竟存放在什么地方，就可存取文件中的信息。从实现的角度看文件在文件存储器中的存放方式，称为文件的物理结构。

（1）文件的逻辑结构：文件的逻辑结构可分为两大类，一类是有结构的记录式文件，它是由一个以上的记录构成的文件，故又称为记录式文件；另一类是无结构的流式文件，它是由一串顺序字符流构成的文件。

（2）文件的物理结构：文件的物理结构是指文件的内部组织形式，即文件在物理存储设备中的存放方法。由于文件的物理结构决定了文件在存储设备中的存放位置，所以文件的逻辑块号到物理块号的转换也是由文件的物理结构决定的。

3.5.2 文件目录和存储空间管理

文件目录是由文件控制块（FCB）组成的，专门用于文件检索。文件目录可以存放在文件存储器的固定位置，也可以以文件的形式存放在磁盘中，将这种特殊的文件称为目录文件。文件控制块也称为文件的说明或文件目录项。文件控制块包含以下 3 类信息：

（1）基本信息类：如文件名、文件的物理地址、文件长度和文件块数等。

（2）存取控制信息类：文件的存取权限，如读、写、执行权限等。

（3）使用信息类：如文件建立日期、最后一次修改日期、最后一次访问日期、当前使用的信息、打开文件的进程数，以及在文件中的等待队列等。

文件目录结构的组织方式直接影响文件的存取速度，关系到文件共享性和安全性，因此组织好文件的目录是设计文件系统的重要环节。常见的目录结构有 3 种：一级目录结构、二级目录结构和多级目录结构。

文件系统就是对磁盘空间进行管理，外存空闲空间管理的数据结构通常称为磁盘分配表（DAT）。常用的空闲空间的管理方法有以下 4 种：

（1）空闲区表：将外存空间上一个连续未分配的区域称为空闲区。操作系统为磁盘外存中的所有空闲区建立一张空闲表，每个表项对应一个空闲区，空闲表中包含序号、空闲区的第一块号、空闲块的块数和状态等信息。空闲区表适用于连续文件结构。

（2）位示图：简称 Bitmap，这种方法是在外存中建立一张位示图，记录文件存储器的使用情况。每一位对应文件存储器中的一个物理块，取值 0 和 1 分别表示空闲和占用。文件存储器中的物理块依次编号为 0，1，2，…，假如系统中字长为 32 位，那么在位示图中的第一个字对应文件存储器中的 0，1，2，…，31 号物理块；第二个字对应文件存储器中的 32，33，34，…，63 号物理块，以此类推。位示图的大小由磁盘空间的大小（物理块总数）决定，其描述能力很强，适合各种物理结构。位示图在考试中出现的频率较高，应该引起重视。

（3）空闲块链：这种方法要求每个空闲物理块中有指向下一个空闲物理块的指针，所有空闲物理块构成一个链表，链表的头指针放在文件存储器的特定位置中，不需要磁盘分配表，可以节省空间。每次申请空闲物理块只需根据链表的头指针取出第一个空闲物理块，根据第一个空闲物理块的指针可找到第二个空闲物理块,以此类推。

（4）**成组链接法**：将空闲块分成若干组,设定固定数量的空闲块为一组,每组的第一个空闲块登记了下一组空闲块的物理盘块号和空闲块总数,假如一个组的第一个空闲块号等于 0 的话,意味着该组是最后一组,没有下一组空闲块。

3.6 作业管理

3.6.1 作业

作业是系统为完成一个用户的计算任务（或一次事务处理）所做的工作的总和。作业由如下图所示的三部分组成。

其中,作业说明书包括作业基本情况、作业控制、作业资源要求的描述,它体现用户的控制意图。其中,作业基本情况包括用户名、作业名、编程语言和最大处理时间等;作业控制包括作业控制方式、作业步的操作顺序、作业执行出错处理;作业资源要求的描述包括处理时间、优先级、主存空间、外设类型和数量、实用程序要求等。

可以采用脱机和联机两种控制方式控制用户作业的运行。在脱机控制方式中,作业运行的过程是无须人工干预的。在联机控制方式中,操作系统向用户提供了一组联机命令,用户可以通过终端输入命令,将自己想让计算机干什么的意图告诉计算机,以控制作业的运行过程,此过程需要人工干预。

作业的状态分为 4 种：提交、后备（收容）、执行和完成,其状态及转换如下图所示。

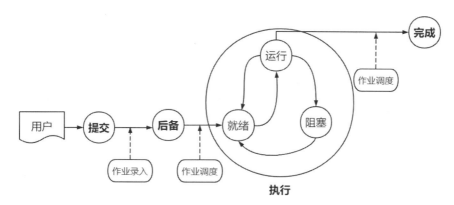

（1）提交：作业提交给计算机中心,通过输入设备送入计算机系统的过程称为提交状态。

（2）后备（收容）：通过 Spooling 系统将作业输入到计算机系统的后备存储器（磁盘）中,

随时等待作业调度程序调度时的状态。

（3）执行：一旦作业被作业调度程序选中，为其分配了必要的资源，并建立相应的进程后，该作业便进入了执行状态。

（4）完成：当作业正常结束或异常终止时，作业进入完成状态。此时，由作业调度程序对该作业进行善后处理。如撤销作业的作业控制块，收回作业所占的系统资源，将作业的执行结果形成输出文件放到输出井中，由 Spooling 系统控制输出。

3.6.2 作业调度算法

作业调度选择的算法应与系统的整个设计目标一致，常用的作业调度算法有如下 5 种：

（1）先来先服务算法：按作业到达的先后进行调度，即启动等待时间最长的作业。

（2）短作业优先算法：以要求运行时间的长短进行调度，即启动要求运行时间最短的作业。

（3）响应比高优先算法：响应比高的作业优先启动，其中作业响应时间为作业进入系统后的等候时间与作业的执行时间之和，在每次调度前都要计算所有被选作业的响应比，然后选择响应比最高的作业执行。该算法比较复杂，系统开销大。

（4）优先级调度算法：该算法的基本思想是为了照顾时间要求紧迫的作业，或者为了照顾 I/O 繁忙的作业，以充分发挥外设的效率，或者在一个兼顾分时操作和批量处理的系统中，为了照顾终端会话型作业，以便获得合理的响应时间，需要采用基于优先级的调度策略，即高优先级优先，由用户指定优先级，优先级高的作业先启动。

（5）均衡调度算法：该算法的基本思想是根据系统的运行情况和作业本身的特性对作业进行分类，作业调度程序轮流地从这些不同类别的作业中挑选作业执行。这种算法力求均衡地使用系统的各种资源，既注意发挥系统效率，又使用户满意。

3.7 章节练习题

1. 操作系统能有效地组织和管理系统中的各种软/硬件资源，以下选项中，（　　）不属于操作系统的特征。

　　A．并发性　　　　B．共享性　　　　C．虚拟性　　　　D．确定性

2. （　　）不属于嵌入式操作系统的特点。

　　A．微型化　　　　B．可定制　　　　C．不可移植　　　　D．实时性

3. 处理机管理也称进程管理，进程是资源分配和独立运行的基本单位，其中进程的组成部分不包括（　　）。

　　A．程序　　　　B．数据　　　　C．PCB　　　　D．作业

4. 假设系统有 n（$n \geq 10$）个并发进程共享资源 R，且资源 R 的可用数为 9。若采用 PV 操作，则相应的信号量 S 的取值范围应为（　　）。

　　A．0～9　　　　B．−(n−9)～9　　　　C．−9～9　　　　D．−(9−n)～9

5. 某系统中有 10 个并发进程竞争某类资源,且都需要该类资源 3 个,那么该类资源至少有(　　)个,才能保证系统不会发生死锁。

　　A．21　　　　　　B．30　　　　　　C．3　　　　　　D．10

6. 某计算机系统采用页式存储管理方案,其地址长度为 32 位,其中页号占 14 位。系统以字节（Byte）为单位进行编址,则系统中的页面大小为(　　)。

　　A．16KB　　　　B．16MB　　　　C．256KB　　　D．256MB

7. 以下选项中属于常见的输出设备的是(　　)。

　　A．显示器　　　B．扫描仪　　　C．鼠标　　　　D．键盘

8. 文件可以按照性质和用途、保存期限和保护方式等进行分类。其中(　　)不属于按文件的保护方式进行的分类。

　　A．只读文件　　B．读写文件　　C．可执行文件　D．系统文件

9. 作业是系统为完成一个用户的计算任务（或一次事务处理）所做的工作总和。作业的状态可以分为 4 种,其中(　　)不是作业的状态。

　　A．提交状态　　B．后备状态　　C．就绪状态　　D．完成状态

10. 以下有关作业调度算法的叙述中,错误的是(　　)。

　　A．选择的调度算法应与系统的整个设计目标一致

　　B．先来先服务算法按作业到达的先后进行调度,即启动等待时间最短的作业

　　C．短作业优先算法以要求运行时间的长短进行调度,即启动要求运行时间最短的作业

　　D．响应比高优先算法要求响应比高的作业优先启动

3.8　练习题参考答案

1. **参考答案**：D

解析：本题考查操作系统的特征和功能。操作系统的 4 个特征是并发性、共享性、虚拟性和不确定性。不确定性又称为随机性,操作系统的运行是在一个随机的环境中,一个设备可能在任何时间向处理机发出中断请求,系统无法知道运行着的程序会在什么时候做什么事情。

2. **参考答案**：C

解析：本题考查操作系统的分类。嵌入式操作系统运行在嵌入式智能芯片环境中,对整个智能芯片以及它所操作、控制的各种部件装置等资源进行统一协调、处理、指挥和控制。其主要特点如下：

（1）微型化：从性能和成本角度考虑,希望占用资源和系统代码量少,如内存少、字长短、运行速度有限、能源少（用微小型电池）。

（2）可定制：从减少成本和缩短研发周期考虑,要求嵌入式操作系统能运行在不同的微处理器平台上,能针对硬件变化进行结构与功能上的配置,以满足不同应用的需要。

（3）实时性：嵌入式操作系统主要应用于过程控制、数据采集、传输通信、多媒体信息及关

键要害领域需要迅速响应的场合，所以对实时性要求高。

（4）可靠性：系统构件、模块和体系结构必须达到应有的可靠性，对关键要害应用还要提供容错和防故障措施。

（5）易移植性：为了提高系统的易移植性，通常采用硬件抽象层和板级支撑包的底层设计技术。

3. 参考答案：D

解析：本题考查进程的概念和三态模型。进程由程序、数据和进程控制块 PCB 组成。进程控制块是进程存在的唯一标志，包括进程的描述信息、控制信息、资源管理信息和 CPU 现场保护信息等，反映了进程的动态特性。作业是系统为完成一个用户的计算任务（或一次事务处理）所做的工作总和，不是进程的组成部分。

4. 参考答案：B

解析：本题考查信号量机制。PV 操作与信号量的处理相关，P 表示申请资源，V 表示释放资源。信号量 $S \geq 0$ 时，S 的值表示可用资源的数量。执行一次 P 操作意味着请求分配一个单位资源，因此 S 的值减 1；当 $S<0$ 时，表示已经没有可用资源，请求者必须等待别的进程释放该类资源，它才能运行下去。而执行一个 V 操作意味着释放一个单位资源，因此 S 的值加 1；若 $S<0$，表示有某些进程正在等待该资源，因此要唤醒一个等待状态的进程，使之运行下去。初始值资源数为 9，所以信号量 S 的最大值是 9，n 个进程申请，则信号量 S 的最小值为 $9-n$，即 $-(n-9)$。

5. 参考答案：A

解析：本题考查死锁的基础知识。假如系统中有 m 个资源被 n 个进程共享使用，每个进程都要求 k 个资源。要使系统不发生死锁的最小资源数的计算公式是：$m=n \times (k-1)+1$。套用公式可得结果为 21。

6. 参考答案：C

解析：本题考查分页存储管理的基础知识。分页系统的地址结构由两部分组成：前一部分为页号，后一部分为页内地址。

根据题意，其地址长度为 32 位，其中页号占 14 位，所以页内地址占 32-14=18 位。页号占 14 位，所以系统中页面总数为 2^{14}=16K。页内地址占 18 位，以字节为单位进行编址，所以页面大小为 $2^{18}B=2^8KB=256KB$。

7. 参考答案：A

解析：本题考查设备的分类。显示器、打印机等属于常见的输出设备，剩下的选项属于常见的输入设备。

8. 参考答案：D

解析：本题考查文件的分类。文件按照性质和用途、保存期限和保护方式等通常可进行如下分类：

（1）按文件性质和用途可分为系统文件、库文件和用户文件。

（2）按信息保存期限可分为临时文件、档案文件和永久文件。

（3）按文件的保护方式可分为只读文件、读写文件、可执行文件和不保护文件。

（4）UNIX 系统将文件分为普通文件、目录文件和设备文件（也称特殊文件）。

9．**参考答案**：C

解析：本题考查作业状态及转换的基础知识。作业的状态分为 4 种：提交状态、后备（收容）状态、执行状态和完成状态。选项 C 是进程的三态之一，进程一般有 3 种基本状态：运行状态、就绪状态和阻塞状态。

10．**参考答案**：B

解析：本题考查作业调度的基础知识。先来先服务算法按作业到达的先后进行调度，即启动等待时间最长的作业。

第4章 数据库基础知识

（1）本章重点内容概述：数据库基本概念、数据模型、数据库模式、关系数据库基本概念、关系代数运算、关系数据库 SQL 语言与编程、关系数据库的规范化等内容。

（2）考试形式：常见题型为选择题，出现在第一场考试中，历年考试分值基本在 5 分左右。

（3）本章学习要求：结合本书内容做好笔记，重复学习重点、难点和常考知识点，加强掌握程度，通过做章节作业及历年考试题目加深知识点的记忆，及时发现还未掌握的知识点，进行重点学习（已掌握的知识点要定期温习）。

4.1 数据库概述

4.1.1 数据库简介

数据库简称 DB，是指长期储存在计算机内、有组织、可共享的数据集合。其中数据是描述事物的符号记录，具有多种表现形式，可以是文字、图形、图像、声音和语言等。数据库中的数据按一定的数学模型组织、描述和存储，具有较小的冗余度，较高的数据独立性和易扩展性，并可被各类用户共享。

数据库系统简称 DBS，由数据库、硬件、软件和人员四大部分组成。硬件是指计算机系统中的各种物理设备，软件包括操作系统、数据库管理系统（简称 DBMS）及应用程序。DBMS 是数据库系统中的核心软件，需要在操作系统的支持下工作，解决如何科学地组织和储存数据，高效地获取和维护数据。人员主要包括系统分析员和数据库设计人员、应用程序员、最终用户和数据库管理员等。系统分析员负责应用系统的需求分析和规范说明，他们和用户及数据库管理员一起确定系统的硬件配置，并参与数据库系统的概要设计；数据库设计人员负责数据库中数据的确定、数据库各级模式的设计；应用程序员负责编写使用数据库的应用程序，这些应用程序可对数据进行检索、建立、删除或修改；最终用户应用系统提供的接口或利用查询语言访问数据库；数据库管理员简称 DBA，负责数据库的总体信息控制。数据库管理员主要职责包括：

（1）决定数据库中的信息内容和结构。

（2）决定数据库的存储结构和存取策略。

（3）定义数据库的安全性要求和完整性约束条件。

（4）监控数据库的使用和运行。

（5）数据库的性能改进、数据库的重组和重构，以提高系统的性能。

4.1.2 数据库管理系统（DBMS）

DBMS 是数据库管理系统的简称，主要实现共享数据有效地组织、管理和存取，具体功能如下：

（1）数据定义。数据库管理系统提供数据定义语言（简称 DDL），用户可以对数据库的结构进行描述，包括外模式、模式和内模式的定义，数据库的完整性定义、安全保密定义等。这些定义存储在数据字典中，是 DBMS 运行的基本依据。

（2）数据库操作。数据库管理系统向用户提供数据操纵语言（简称 DML），实现对数据库中数据的基本操作，如检索、插入、修改和删除。

（3）数据库运行管理。数据库在运行期间，数据库管理系统的重要组成部分包括多用户环境下的并发控制、安全性检查和存取控制、完整性检查和执行、运行日志的组织管理、事务管理和自动恢复等，这些组成部分可以保证数据库系统的正常运行。其中事务包括 ACID 四个属性，具体是指数据库管理系统（DBMS）在写入或更新资料的过程中，为保证事务是正确可靠的，所必须具备的四个特性：原子性（atomicity，或称不可分割性）、一致性（consistency）、隔离性（isolation，又称独立性）、持久性（durability）。

（4）数据组织、存储和管理。数据库管理系统组织、存储和管理各种数据，包括数据字典、用户数据和存取路径等。

（5）数据库的建立和维护。数据库的建立和维护包括数据库的初始建立、数据的转换、数据库的转储和恢复、数据库的重组和重构、性能监测和分析等。

（6）其他功能。数据库管理系统的功能还有很多，除了上述主要的 5 个功能外，还包括网络通信功能，一个数据库管理系统与另一个数据库管理系统或文件系统的数据转换功能，以及异构数据库之间的互访和互操作能力等。

DBMS 通常可分为关系数据库系统、面向对象的数据库系统和对象关系数据库系统三类，通过数据库管理系统管理数据具有如下特点：

（1）数据结构化且统一管理：数据库中的数据由数据库管理系统统一管理。

（2）有较高的数据独立性：数据的独立性是指数据与程序独立，将数据的定义从程序中分离出去，由数据库管理系统负责数据的存储，应用程序关心的只是数据的逻辑结构，无须了解数据在数据库中的存储形式，从而简化了应用程序，大大减少了应用程序编制的工作量。

（3）数据控制功能：数据库管理系统提供了数据控制功能，以适应共享数据的环境。数据控制功能包括对数据库中数据的安全性、完整性、并发和恢复的控制。

共享锁和排他锁是数据库管理系统中的两种基本锁类型，它们的主要区别如下：

（1）共享锁（S 锁）：当一个事务对数据 A 加上共享锁后，其他事务可以对该数据再加共享锁，但不能加排他锁。这意味着多个事务可以同时读取同一资源，但为了保证数据的一致性和完整性，当一个事务持有共享锁时，其他事务不能获得对该数据的排他锁，从而修改数据。

（2）排他锁（X 锁）：如果一个事务对数据 A 加上排他锁，则其他事务不能再对该数据加任何类型的锁。获准排他锁的事务既能读数据，又能修改数据。这意味着只有一个事务能持有排他锁，对数据进行独占访问，其他事务必须等待当前事务释放排他锁后才能进行访问。

4.1.3 数据管理技术发展

数据处理是对各种数据进行收集、存储、加工和传播的一系列活动。数据管理是数据处理的中心问题，是对数据进行分类、组织、编码、存储检索和维护。数据管理技术发展经历了以下 3 个阶段：

（1）人工管理阶段。早期的数据处理都是通过手工进行的，当时的计算机中没有专门管理数据的软件，也没有诸如磁盘之类的设备来存储数据，这种数据处理具有以下几个特点：数据量较少、数据不保存、没有软件系统对数据进行管理等。数据对程序不具有独立性，一旦数据在存储器上改变物理地址，就需要改变相应的用户程序。手工处理数据有两个问题：一是应用程序对数据的依赖性太强；二是数据组和数据组之间可能有许多重复的数据，造成数据冗余。

（2）文件系统阶段。由于大容量的磁盘等辅助存储设备的出现，使专门管理辅助存储设备中的数据文件系统应运而生。文件系统是操作系统中的一个子系统，它按一定的规则将数据组织成为一个文件，应用程序通过文件系统对文件中的数据进行存取和加工。文件系统对数据的管理，实际上是通过应用程序和数据之间的一种接口实现的。文件系统的最大特点是解决了应用程序和数据之间的一个公共接口问题，使得应用程序采用统一的存取方法来操作数据。在文件系统阶段，数据管理的特点如下：数据可以长期保留、数据不属于某个特定的应用、文件组织形式的多样化等。但是文件系统也具有数据冗余度大、数据不一致和数据联系弱等缺点。

（3）数据库系统阶段。数据库系统是由计算机软件、硬件资源组成的系统，它实现了大量关联数据有组织地、动态地存储，方便多用户访问。数据库系统与文件系统的重要区别是数据的充分共享、交叉访问、与应用程序高度独立。数据库系统阶段，数据库系统管理的特点如下：

1）采用复杂的数据模型表示数据结构。数据模型不仅描述数据本身的特点，还描述数据之间的联系。数据不再面向某个应用，而是面向整个应用系统。数据冗余明显减少，实现了数据共享。

2）有较高的数据独立性。数据库也是以文件方式存储数据的，但它是数据的一种更高级的组织形式。在应用程序和数据库之间由 DBMS 负责数据的存取，DBMS 对数据的处理方式和文件系统不同，它把所有应用程序中使用的数据以及数据间的联系汇集在一起，以便于应用程序查询和使用。

在数据库系统中，数据库对数据的存储按照统一结构进行，不同的应用程序都可以直接操作这些数据，即对应用程序的高度独立性。数据库系统对数据的完整性、唯一性和安全性都提供一套有效的管理手段，即数据的充分共享性。数据库系统还提供管理和控制数据的各种简单操作命令，使用户编写程序时容易掌握，即操作的方便性。

除此之外还要给介绍一下大数据，这是当下非常热门的技术，大数据不仅仅是指海量的信息，更强调的是人类对信息的筛选、处理，保留有价值的信息，即让大数据更有意义，挖掘其潜在的"大价值"这才是对大数据的正确理解。大数据是指无法用现有的软件工具提取、存储、搜索、共享、分析和处理的海量的、复杂的数据集合。业界通常用 4V 来概括大数据的特征，具体如下：

（1）**大量化（Volume）**：指数据体量巨大，可称为海量、巨量乃至超量。当前典型个人计算机硬盘的容量为 TB 量级，而一些大企业的数据量已经接近 EB 量级。

（2）**多样化（Variety）**：指数据类型繁多，相对于以往便于存储的以文本为主的结构化数据，非结构化数据越来越多，包括网络日志、音频、视频、图片、地理位置信息等，这些多类型的数据对数据的处理能力提出了更高要求。

（3）**价值密度低（Value）**：指大量的不相关信息导致价值密度的高低与数据总量的大小成反比。

（4）**快速化（Velocity）**：指处理速度快。大数据时代对其时效性要求很高，这是大数据区分于传统数据挖掘的最显著特征。

4.2 数据模型

4.2.1 数据模型概述

数据模型是对现实世界数据特征的抽象，常见的航模飞机、建筑设计沙盘等都是具体的模型。数据模型的三要素如下：

（1）**数据结构**：该元素是所研究的对象类型的集合，是对系统静态特性的描述。

（2）**数据操作**：该元素是指对数据库中各种对象的实例允许执行的操作的集合，包括操作及操作规则，数据操作是对系统动态特性的描述。

（3）**数据的约束条件**：该元素是一组完整性规则的集合。即对于具体的应用数据必须遵循特定的语义约束条件，以保证数据的正确、有效和相容。

最常用的数据模型分为以下两种：

（1）**概念数据模型**：又称为信息模型，是按用户的观点对数据和信息建模，是现实世界到信息世界的第一层抽象。它强调语义表达功能，易于用户理解，是用户和数据库设计人员交流的语言，主要用于数据库设计。这类模型中最著名的是实体联系模型，即 E-R 模型。

（2）**基本数据模型**：该模型按计算机系统的观点对数据建模，是现实世界数据特征的抽象，用于数据库管理系统的实现。基本的数据模型有层次模型、网状模型、关系模型和面向对象模型等。具体介绍如下：

1）**层次模型**。该模型采用树型结构表示数据与数据间的联系，在层次模型中，每一个节点表示一个记录类型（实体），记录之间的联系用节点之间的连线表示，并且根节点以外的其他节点有且仅有一个双亲节点。上层和下一层类型的联系是 1:n 联系，当然也包括 1:1 联系。该模型的特点是记录之间的联系通过指针实现，比较简单，查询效率高。

2）网状模型。该模型采用网络结构表示实体类型及实体间的联系，这种模型允许一个以上的节点无双亲，每个节点可以多于一个的双亲。网状模型是一个比层次模型更普遍的数据结构，层次模型是网状模型的一个特例。网状模型的主要优点是能更为直接地描述现实世界，具有良好的性能，存取效率高，网状模型的主要缺点是结构复杂。

3）关系模型。该模型是目前最常用的数据模型之一，也是考试常考的，需要特别注意。关系数据库系统采用关系模型作为数据的组织方式,在关系模型中用表格结构表达实体集以及实体集之间的联系，其最大特色是描述的一致性。关系模型是由若干个关系模式组成的集合，关系模式可记为 $R(A_1,A_2,A_3,\cdots,A_n)$，其中 R 表示关系名，$A_1,A_2,A_3,\cdots,A_n$ 表示属性名。一个关系模式相当于一个记录型，对应于程序设计语言中类型定义的概念。关系是一个实例，也是一张表，对应于程序设计语言中变量的概念。变量的值随程序运行可能发生变化，类似地，当关系被更新时，关系实例的内容也随时间发生了变化。在关系模型中用主码，也就是主键或主关键字来导航数据，表格简单、直观易懂，用户只需要简单的查询语句就可以对数据库进行操作，无须涉及存储结构和访问技术等细节。

4）面向对象模型：该模型采用面向对象的方法来设计数据库，面向对象的数据库存储对象是以对象为单位，每个对象包含对象的属性和方法，具有类和继承等特点。面向对象数据模型比、层次模型、网状模型、关系模型具有更加丰富的表达能力。因为面向对象模型的丰富表达能力，模型相对复杂，实现起来较困难。

4.2.2 E-R 模型

实体联系模型简称 E-R 模型，描述现实世界到信息世界的问题，易于用户理解，是用户和数据库设计人员交流的语言。其中实体是指现实世界中可以区别于其他对象的"事件"或"物体"。每个实体由一组属性来表示，其中的某一部分属性可以唯一标识实体。实体集是具有相同属性的实体集合，考试重点考查实体间的联系和属性。

（1）实体间的联系类型有如下 4 种：

1）一对一：指实体集 E1 中的一个实体最多只与实体集 E2 中的一个实体相联系，记为：1:1。例如一个班级只有一个班主任，一个班主任只属于一个班级，这种关系就是一对一。

2）一对多：指实体集 E1 中的一个实体可与实体集 E2 中的多个实体相联系，记为：1:n。例如一个班级可以有多名学生，一名学生只能属于一个班级，班级和学生之间的关系就是一对多。

3）多对一：指实体集 E1 中的多个实体只能与实体集 E2 中的一个实体相联系，记为：n:1。例如一个班级可以有多名学生，一名学生只能属于一个班级，学生和班级之间的关系就是多对一。

4）多对多：指实体集 E1 中的多个实体可与实体集 E2 中的多个实体相联系，记为：m:n。例如一个学生可以选多门课程，一门课程也可以被多个学生选择,学生和课程之间的关系就是多对多。

（2）常见的实体的属性有以下 6 种：

1）简单属性：该属性是原子的、不可再分的，如果不特别声明，通常都是指简单属性。

2）复合属性：该属性是相对于简单属性来说的，复合属性可以细分为更小的部分，即可以划分为别的属性，如果考题考查复合属性，一般需要特别声明一下。

3）单值属性：该属性对于一个特定的实体都只有单独的一个值。

4）多值属性：该属性是相对于单值属性来说的，在某些特定情况下，一个属性可以对应一组值。

5）NULL 属性：当实体在某个属性上没有值，或属性值未知时，使用 NULL 值，表示无意义或不知道。

6）派生属性：该属性可以从其他属性得出。例如"学生"实体中有"生日"和"年龄"等属性，从"生日"可以计算出"年龄"属性的值，"年龄"属性就是派生属性。

4.3 数据库模式

4.3.1 数据库三级模式

数据库的产品很多，不同的产品可支持不同的数据模型，使用不同的数据库语言，建立在不同的操作系统上。数据的存储结构也各不相同，但体系结构基本上都具有相同的特征，采用"三级模式和两级映像"，具体如下图所示。

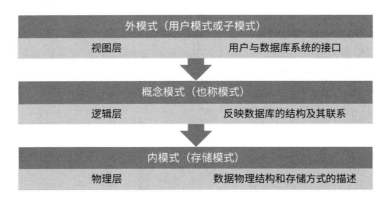

数据库系统采用三级模式结构，这是数据库管理系统内部的系统结构。数据库系统设计员可在视图层、逻辑层和物理层对数据抽象，通过外模式、概念模式和内模式来描述不同层次上的数据特性。数据按外模式的描述提供给用户，按内模式的描述存储在磁盘中，而概念模式提供了连接这两级模式的相对稳定的中间层，并使得两级中任意一级的改变都不受另一级的牵制。具体介绍如下。

（1）外模式：也称为用户模式或子模式，是用户与数据库系统的接口，是用户用到的那部分数据的描述。它由若干个外部记录类型组成。用户使用数据操纵语言对数据库进行操作，实际上是对外模式的外部记录进行操作。有了外模式后，程序员不必关心概念模式，只与外模式发生联系，按外模式的结构存储和操纵数据。

（2）**概念模式**：也称为模式，是数据库中全部数据的逻辑结构和特征的描述，它由若干个概念记录类型组成，只涉及行的描述，不涉及具体的值。概念模式的一个具体值称为模式的一个实例，同一个模式可以有很多实例。概念模式反映的是数据库的结构及其联系，所以是相对稳定的，而实例反映的是数据库某一时刻的状态，所以是相对变动的。概念模式不仅要描述概念记录类型，还要描述记录间的联系、操作、数据的完整性和安全性等要求。但概念模式不涉及存储结构、访问技术等细节，概念模式做到了"物理数据独立性"。

（3）**内模式**：也称为存储模式，是数据物理结构和存储方式的描述，是数据在数据库内部的表示方式。需要定义所有的内部记录类型、索引和文件的组织方式，以及数据控制方面的细节。内部记录并不涉及物理记录，也不涉及设备的约束。比内模式更接近于物理存储和访问的那些软件机制是操作系统的一部分即文件系统，如从磁盘中读、写数据。

4.3.2 三级模式两级映像

数据的独立性是指数据与程序独立，将数据的定义从程序中分离出去，由DBMS负责数据的存储，从而简化应用程序，大大减少了应用程序编制的工作量。数据的独立性是由DBMS的二级映像功能来保证的。数据的独立性包括数据的物理独立性和数据的逻辑独立性，具体介绍如下：

（1）**数据的物理独立性**：指当数据库的内模式发生改变时，数据的逻辑结构不变。由于应用程序处理的只是数据的逻辑结构，这样物理独立性可以保证，当数据的物理结构改变了，应用程序不用改变。但是，为了保证应用程序能够正确执行，需要修改概念模式/内模式之间的映像。

（2）**数据的逻辑独立性**：指用户的应用程序与数据库的逻辑结构是相互独立的。数据的逻辑结构发生变化后，用户程序也可以不修改。但是，为了保证应用程序能够正确执行，需要修改外模式/概念模式之间的映像。

三级模式两级映像如下图所示。

1) **概念模式/内模式的映像**：实现概念模式到内模式之间的相互转换。
2) **外模式/概念模式的映像**：实现外模式到概念模式之间的相互转换。

4.4 关系数据库

4.4.1 基本概念

关系数据库在考试中涉及到很多基本概念，常见的概念如下：

（1）**属性**：在现实世界中一个事物常常取若干特征来描述，这些特征称为属性，在关系数据库中对应列。

（2）**域**：每个属性的取值范围对应一个值的集合，称为该属性的域。

（3）**目或度**：属性个数 n 是关系的目或度，同时也是关系的元数。

（4）**元组**：是关系模式中每一组属性的具体取值，在关系数据库中对应行。

（5）**笛卡儿积**：设 $D_1,D_2,\cdots,D_i,\cdots,D_n$ 为任意集合，定义 $D_1,D_2,\cdots,D_i,\cdots,D_n$ 的笛卡儿积为 $D_1*D_2*\cdots*D_i*\cdots*D_n = \{(d_1,d_2,\cdots,d_i,\cdots,d_n)| d_i\in D_i, i=1,2,3,\cdots,n\}$。其中每一个元素 $(d_1,d_2,\cdots,d_i,\cdots,d_n)$ 称为一个 n 元组（属性的个数），元组的每一个值 d_i 称为元组的一个分量。

（6）**关系**：$D_1*D_2*\cdots*D_i*\cdots*D_n$ 的子集称为在域 $D_1,D_2,\cdots,D_i,\cdots,D_n$ 的关系，记为 R $(D_1,D_2,\cdots,D_i,\cdots,D_n)$，称关系 R 为 n 元关系，一个关系也可以用二维表来表示。关系中属性的个数称为元数，元组的个数，也就是二维表中行的个数，称为基数。

（7）**候选码**：又称为候选键，若关系中某一属性或属性组的值能唯一地标识一个元组，则称该属性或属性组为候选码。例如学生的学号和身份证号都可以唯一标识一个学生，那么学号和身份证号都可以作为学生关系模式的候选键。如果关系模型的所有属性组是这个关系模式的候选码，称为全码。

（8）**超码**：又称为超键，是指一个或多个属性的集合，这些属性的组合可以使我们在一个实体集中唯一地标识一个实体。也就是说，只要你能唯一标识出一个元组。那就是超码，很明显候选码是最小的超码。虽然超码可以唯一标识一个实体，但是可能大多数超码中含有多余的属性，所以一般选的是候选码。

（9）**主码**：又称为**主键**，若一个关系有多个候选码，则可以人为选定其中一个为主码。例如在学生关系中，学号和身份证号都可以作为主键，我们可以事先声明一下即可。包含在任何候选码中的属性称为主属性，不包含在任何候选码中的属性称为非码属性。

（10）**外码**：又称为**外键**，如果关系模式 R 中的属性或属性组不是该关系的主码，但它是其他关系的主码，那么该属性或属性组对关系模式 R 而言就是外码。例如学生关系模式中的"课程代码"属性，因为一门课程可以被多个学生选择，所以"课程代码"属性不能作为学生关系的主键，但是"课程代码"属性可以是课程关系模式的主键，此时"课程代码"属性就是学生关系模式的外键。

下面通过一个例子来巩固上面的概念，某汽车维修公司有部门、员工和顾客等实体，各实体对应的关系模式如下：

部门（部门代码，部门名称，电话）；

员工（员工代码，姓名，部门代码）；

顾客（顾客号，姓名，年龄，性别）；

维修（顾客号，故障情况，维修日期，员工代码；

假设每个部门允许有多部电话，那么电话属性就是多值属性。员工代码唯一标识员工关系的每一个元组，所以员工代码是该关系模式的候选码，可以作为主码的候选属性。若每个部门有多位员工，而每位员工只属于一个部门，则部门和员工之间是一对多的联系。一位员工同一天可为多位顾客维修车辆，而一位顾客也可由多位员工为其维修车辆，由于某一位顾客可以找同一员工多次修车的情况，因此需要再额外增加一个修车时间的属性，则维修关系模式的主码是属性组（顾客号，维修日期，员工代码）。员工关系模式的"部门代码"属性不能唯一标识一位员工，因为一个部门可以有多位员工，但是"部门代码"属性可以唯一标识一个部门，所以"部门代码"属性是部门关系模式的主码，因此它是员工关系模式的外码是部门代码。

一个基本关系具有以下一些性质：

（1）每个属性都不可分解，这是关系数据库对关系的最基本的限定，分量必须取原子值，每一个分量必须是不可再分的数据项。

（2）列是同质的，每一列中的分量必须是同一类型的数据，来自同一个域。

（3）每个关系模式中的属性必须命名，在同一模式中，属性不能重名，每列为一个属性，不同的列可来自同一个域。

（4）行列的顺序无关。即关系中的列的顺序无关紧要，行的顺序也无关紧要，因为关系是一个集合，所以不考虑元组间的顺序。

（5）任何两个元组不能完全相同，这是由主键约束来保证的。但有些数据库若用户没有定义完整性约束条件，则允许有两行以上相同的元组。

关系的 3 种类型也需要大家理解，具体如下图所示。

（1）**基本关系**：通常又称为基本表或基表，是在机器中实际存储数据的表，是实际存储数据的逻辑表示。

（2）**查询表**：查询结果对应的表，是查询的结果所对应的临时表。

（3）**视图表**：是由基本表或其他视图表导出的表。由于它本身不独立存储在数据库中，数据库中只存放它的定义，所以常称为虚表。视图表的结构和数据是建立在对表的查询基础上的，与真实的表一样，视图也包括几个被定义的数据列和多个数据行，但从本质上讲，这些数据列和数据行来源于其所引用的表。因此视图表不是真实存在的基本表，而是一个虚拟表。

4.4.2 完整性约束

约束是用来确保数据的准确性和一致性，数据的完整性约束防止的是对数据的意外破坏，完整性规则保证授权用户对数据库进行修改不会破坏数据的一致性。关系模型的完整性规则是对关系的某种约束条件，分为实体完整性、参照完整性（也称"引用完整性"）和用户定义完整性3类。

（1）**实体完整性**：规定表的每一行在表中是唯一的实体，基本关系的主属性不能取空值。

（2）**参照完整性**：存在于两个关系之间，也称引用完整性，是指两个表的主键和外键的数据应一致，保证了表之间的数据的一致性，防止了数据丢失或无意义的数据在数据库中扩散。

（3）**用户定义的完整性**：不同的关系数据库系统根据其应用环境的不同，往往还需要一些特殊的约束条件。用户定义的完整性即是针对某个特定关系数据库的约束条件，它反映某一具体应用必须满足的语义要求。也就是针对某一具体的关系数据库的约束条件，反映某一具体应用所涉及的数据必须满足的语义要求，由应用环境决定。

4.5 关系代数运算

关系代数运算的分类

关系代数运算符有4类：算术比较运算符、逻辑运算符、集合运算符和专门的关系运算符。具体如下图所示：

根据运算符的不同，关系代数运算可分为传统的集合运算和专门的关系运算。传统的集合运算是从关系的水平方向进行的，包括并、交、差及广义笛卡儿积。专门的关系运算既可以从关系的水平方向进行运算,又可以向关系的垂直方向运算,包括选择、投影、连接以及除法。关系操作的特点是操作对象和操作结果都是集合,而非关系数据模型的数据操作则为一次一个记录的方式,除法考试不考,所以不讲。

(1) **并操作**:设关系 R 与 S 具有相同的关系模式,即 R 与 S 的结构相同。关系"R 与 S 的并"由属于 R 或属于 S 的元组构成,记作 R∪S,其形式定义为 R∪S={$t|t∈R \lor t∈S$},其中 t 为元组变量。

(2) **差操作**:设关系 R 与 S 具有相同的关系模式,即 R 与 S 的结构相同。关系"R 与 S 的差"由属于 R 但不属于 S 的元组构成,记作 R-S,其形式定义为 R-S={$t|t∈R \land t∉S$},其中 t 为元组变量。

(3) **交操作**:设关系 R 与 S 具有相同的关系模式,即 R 与 S 的结构相同。关系"R 与 S 的交"由属于 R 同时又属于 S 的元组构成,记作 R∩S,其形式定义为 R∩S={$t|t∈R \land t∈S$},其中 t 为元组变量。显然,R∩S=R−(R−S),或者 R∩S=S−(S−R)。

(4) **广义笛卡儿积操作**:两个元数分别为 n 目和 m 目的关系 R 和 S 的广义笛卡儿积是一个 ($n+m$) 列的元组的集合。元组的前 n 列是关系 R 的一个元组,后 m 列是关系 S 的一个元组,记作 R×S。若 R 和 S 中有相同的属性名,可在属性名前加关系名作为限定,以示区别。若 R 有 a 个元组,S 有 b 个元组,则 R 和 S 的广义笛卡儿积有 $a×b$ 个元组。

(5) **选择操作**:选择运算从关系的水平方向进行运算,是从关系 R 中选择满足给定条件的若干个元组,记作 $\sigma_F(R)$,其形式定义为 $\sigma_F(R)=\{t|t∈R \land F(t)=True\}$。其中,F 中的运算对象是属性名(或列的序号),运算符为比较运算符(>、≥、<、≤、=、≠)和逻辑运算符(∧、∨、¬)。例如,$\sigma_{1<2}(R)$ 表示选取关系 R 中第 1 个属性值小于第 2 个属性值的元组;$\sigma_{2>'3'}(R)$ 表示选取关系 R 中第 2 个属性值大于'3'的元组。

(6) **投影操作**:投影运算从关系的垂直方向进行运算,在关系 R 中选择出若干属性列 G 组成新的关系,记作 $\pi_G(R)$,其形式定义为 $\pi_G(R)=\{t[G]|t∈R\}$。例如,$\pi_{1,2}(R)$ 表示选取关系 R 中第 1 列和第 2 列组成的新关系。

(7) **连接操作**:连接运算是从两个关系 R 和 S 的笛卡儿积中选取满足条件的元组。因此可以认为笛卡儿积是无条件连接,其他的连接操作认为是有条件连接。连接运算可分为 θ 连接、等值连接及自然连接。

1) **θ 连接**:又称为**条件连接**,从 R 与 S 的笛卡儿积中选取属性间满足一定条件的元组。记作 R⋈$_{XθY}$S,"XθY"为连接的条件,θ 是比较运算符,X 和 Y 分别为 R 和 S 上度数相等且可比的属性组。

2) **等值连接**:当 θ 为"="时,称为等值连接,记为 R⋈S。等值连接是从关系 R 与 S 的广义笛卡儿积中选取 X 和 Y 属性值相等的元组。

3) **自然连接**:这是一种特殊的等值连接,它会把重复列消除,一般用专用符号"⋈"来表示。它要求两个关系中进行比较的分量必须是相同的属性组,并且在结果集中将重复属性列去掉,关系 R 与 S 的自然连接记作 R⋈S。自然连接一定是等值连接,等值连接不一定是自然连接。等值连接和自然连接的区别如下:

①等值连接中不要求相等属性值的属性名相同,而自然连接要求相等属性值的属性名必须相同,即两个关系只有在同名属性才能进行自然连接。

②等值连接不用将重复属性去掉,而自然连接需要去掉重复属性,也就是说,自然连接是去掉重复列的等值连接。

4.6 关系数据库 SQL 语言与编程

4.6.1 SQL 语言

SQL 的全称为 Structured Query Language,是一种通用的、功能强大的关系数据库的标准语言,SQL 支持关系数据库的三级模式结构,其中,视图对应外模式、基本表对应模式、存储文件对应内模式,如下图所示。

基本表和视图都是表,不同的是基本表是实际存储在数据库中的表,视图是虚表,是从基本表或其他视图中导出的表。数据库中只存放视图的定义,不存放视图的数据。用户可用 SQL 语句对基本表和视图进行查询等操作,在用户看来,基本表和视图一样,都是关系,即表。一个基本表可以存储在 1 个或多个存储文件中,1 个存储文件也可以存储 1 个或多个基本表。一个表可以带若干索引,索引也存储在存储文件中。每个存储文件就是外部存储器上的一个物理文件,存储文件的逻辑结构组成了关系数据库的内模式。SQL 的特点如下:

(1) **综合统一**:集数据定义、数据操纵和数据控制功能于一体。
(2) **高度非过程化**:进行数据操作时,只要指出"做什么",无须指出"怎么做"。
(3) **面向集合的操作方式**:其操作对象、查找结果可以是元组的集合。
(4) **两种使用方式**:在 SQL 命令操作(自含式)和嵌入高级语言程序中使用(嵌入式)。
(5) **语言简洁,易学易用**。

SQL 语言的功能极强,只用 9 个动词表示其核心功能,如下图所示。

数据定义	• CREATE、ALTER、DROP
数据查询	• SELECT
数据操纵	• INSERT、UPDATE、DELETE
数据控制	• GRANT、REVOKE

4.6.2 数据定义

（1）创建表。语句格式如下：

```
CREATE TABLE <表名>(<列名><数据类型>[列级完整性约束条件]
[,<列名><数据类型>[列级完整性约束条件]]...
[,<表级完整性约束条件>]);
```

其中：列级完整性约束条件有 NULL（空）、UNIQUE（取值唯一），NOT NULL UNIQUE 表示取值唯一且不能取空值。

（2）修改表。语句格式如下：

```
ALTER TABLE <表名>[ADD<新列名><数据类型>[完整性约束条件]]
    [DROP<完整性约束名>]
    [MODIFY <列名><数据类型>];
```

其中：ADD 表示新增列，DROP 表示删除指定的完整性约束条件，MODIFY 表示修改某些列的数据类型。

（3）创建索引。语句格式如下：

```
CREATE [UNIQUE][CLUSTER]INDEX <索引名>
ON<表名> (<列名>[<次序>][, <列名>[<次序>]]...);
```

其中：

1）次序可选 ASC（升序）或 DESC（降序），默认值为 ASC。

2）UNIQUE 表明此索引的每一个索引值只对应唯一的数据记录。

3）CLUSTER 表明要建立的索引是聚集索引，意为索引项的顺序是与表中记录的物理顺序一致的索引组织。

（4）创建视图。语句格式如下：

```
CREATE VIEW <视图名> [(列名)[,<列名>]]
AS<子查询>
[WITH CHECK OPTION];
```

其中：

1）子查询可以是任意复杂的 SELECT 语句，但通常不允许含有 ORDER BY 子句和 DISTINCT 短语。

2）WITH CHECK OPTION 表示对 UPDATE、INSERT、DELETE 操作时保证更新、插入或删

除的行，满足视图定义中的谓词条件，即子查询中的条件表达式。

3）组成视图的属性列名或者全部省略或者全部指定。如果省略属性列名，则隐含该视图由 SELECT 子查询目标列的诸属性组成。

（5）删除表、索引和视图。

1）删除表，语句格式如下：

DROP TABLE <表名>;

2）删除索引，语句格式如下：

DROP INDEX <索引名>;

3）删除视图，语句格式如下：

DROP VIEW <视图名>;

4.6.3 数据查询–Select

语句格式如下：

SELECT [ALL | DISTINCT]<目标列表达式>[,<目标列表达式>]...
FROM <表名或视图名>[,<表名或视图名>]
[WHERE <条件表达式>]
[GROUP BY <列名 1>[HAVING<条件表达式>]]
[ORDER BY <列名 2>[ASC | DESC]...];

其中：SELECT、FROM 是必需的，DISTINCT 选项可以保证查询的结果集中不存在重复元组。GROUP BY 子句可以对元组进行分组，保留字 GROUP BY 后面跟着一个分组属性列表。HAVING 子句只能与 GROUP BY 搭配使用，假如元组在分组前按照某种方式加上限制，使得不需要的分组为空，在 GROUP BY 子句后面跟一个 HAVING 子句即可。ORDER BY 表示按指定的列排序。

4.6.4 数据更新

（1）插入语句。

语句格式 1 如下：

INSERT INTO <表名>[(字段名[,字段名] ...)]
VALUES(常量[,常量] ...);

语句格式 2 如下：

INSERT INT0 <表名> (字段名[,字段名] ...)
SELECT 查询语句;

（2）修改语句。语句格式如下：

UPDATE <表名>
SET <列名>=<值表达式>[,<列名>=<值表达式>...]
[WHERE <条件表达式>]

（3）删除语句。语句格式如下：

DELETE FROM<表名>
[WHERE 条件表达式]

4.6.5 数据控制

（1）授权语句。 语句格式如下：

GRANT <权限>[,<权限>]...
[ON <对象类型><对象名>]
TO <用户>[,<用户>]...
[WITH GRANT OPTION];

其中：接收权限的用户可以是单个或多个具体的用户，也可以是 PUBLIC，即全体用户。若指定了 WITH GRANT OPTION 子句，则获得了某种权限的用户还可以将此权限赋给其他用户。

（2）收回权限语句。 语句格式如下：

REVOKE <权限>[,<权限>]...
[ON <对象类型><对象名>]
FROM <用户>[,<用户>]...;

4.7 关系数据库的规范化

4.7.1 数据依赖

（1）定义： 设 R(U) 是属性集 U 上的关系模式，X、Y 是 U 的子集。若对 R(U) 的任何一个可能的关系 r，r 中不可能存在两个元组在 X 上的属性值相等，而在 Y 上的属性值不等，则称 X 函数决定 Y 或 Y 函数依赖于 X，记作 X→Y。

【实例】对于学生关系模式 Student(Sno，Sname，Sage，Sex，SD)，属性分别为学生学号、学生姓名、学生年龄、学生性别、该学生所在系。其中"学生学号→学生姓名"；反之，学生姓名不能决定唯一的学生学号，因为存在同名的可能。

（2）函数依赖第一种分类：

1）完全函数依赖： 在 R(U) 中，如果 X→Y，并且对于 X 的任何一个真子集 X'都有 X'不能决定 Y，则称 Y 对 X 完全函数依赖。例如常见的"（学号，课程号）→ 成绩"就是一种完全函数依赖关系。

2）部分函数依赖： 也称为局部函数依赖，在 R(U) 中，如果 X→Y，但 Y 不完全函数依赖于 X，则称 Y 对 X 部分函数依赖。例如对于（学号，姓名）→性别，学号→性别，此时学号是（学号，姓名）的子集，但是学号本身就可以决定性别，所以"（学号，姓名）→性别"是部分函数依赖。

3）传递函数依赖： 在 R(U) 中，如果 X→Y，Y∉X，Y→Z，则称 Z 对 X 传递依赖。例如在关系模式 P（学号，系名，系主任）中，学号→系名，系名→系主任，并且系名无法确定学号，所以"学号→系主任"为传递函数依赖。

（3）函数依赖第二种分类：

1）平凡的函数依赖： 如果 X→Y，但 Y⊆X，则称 X→Y 是平凡的函数依赖。例如"（学号，课程号）→ 学号"就是平凡的函数依赖。

2）非平凡的函数依赖：如果 X→Y，但 Y⊄X，则称 X→Y 是非平凡的函数依赖。例如常见的"（学号，课程号）→成绩"就是非平凡的函数依赖。

（4）函数依赖的公理系统：又称为 Armstrong 公理系统，设关系模式 R (U, F)，其中 U 为属性集，F 是 U 上的一组函数依赖，那么有以下推理规则。

1）自反律：若 Y⊆X⊆U，则 X→Y 在 R 上成立（此处 X→Y 是平凡函数依赖）。

2）增广律：若 X→Y 在 R 上成立，且 Z⊆U，则 XZ→YZ 在 R 上成立。

3）传递律：若 X→Y，Y→Z 在 R 上成立，则 X→Z 在 R 上成立。

根据上述 3 条规则又可推出下述 3 条推理规则：

1）合并规则：若 X→Y，X→Z，则 X→YZ 在 R 上成立。

2）伪传递率：若 X→Y，YW→Z，则 XW→Z 在 R 上成立。

3）分解规则：若 X→Y，Z⊆Y，则 X→Z 在 R 上成立。

4.7.2 规范化

关系数据库设计的方法之一就是设计满足适当范式的模式，通常可以通过判断分解后的模式达到第几范式来评价模式规范化的程度。满足最低要求的范式是第一范式（1NF）。在第一范式的基础上进一步满足更多要求的范式称为第二范式（2NF），其余范式以此类推。一般说来，数据库只需满足第三范式（3NF）就行了。常见的范式如下图所示。

（1）第一范式：简称 1NF，若关系模式 R 的每一个分量是不可再分的数据项，则关系模式 R 属于第一范式。也就是说数据库表的每一列都是不可分割的基本数据项，同一列中不能有多个值，即实体中的某个属性不能有多个值或者不能有重复的属性。如果出现重复的属性，就可能需要定义一个新的实体，新的实体由重复的属性构成，新实体与原实体之间为一对多关系。在第一范式中表的每一行只包含一个实例的信息，**简而言之，第一范式就是无重复的列**。第一范式本身存在很多问题，例如冗余度大、引起修改操作的不一致性（更新异常）、插入异常和删除异常等，所以一般关系模式仅仅满足第一范式是远远不够的，需要进一步优化。

（2）第二范式：简称 2NF，若关系模式 R 符合第一范式，并且每一个非主属性完全依赖于码，则关系模式 R 符合第二范式。即当第一范式消除了非主属性对码的部分函数依赖，关系模式 R 就满足了第二范式的要求。第二范式是在第一范式的基础上建立起来的，即满足第二范式必须先满足第一范式。第二范式要求数据库表中的每个实例或行必须可以被唯一地区分，为实现区分通常需要为表加上一个列，以存储各个实例的唯一标识。这个唯一属性列称为主关键字或主键、主码。第二范式要求实体的属性完全依赖于主关键字,所谓完全依赖是指不能存在仅依赖主关键字一部分的属性。如果存在,那么这个属性和主关键字的这一部分应该分离出来形成一个新的实体,新实体与原实体之间是一对多的关系。为实现区分通常需要为表加上一个列,以存储各个实例的唯一标识。**简而言之,第二范式就是非主属性完全依赖于主关键字。**

【实例】假定选课关系表为(学号,姓名,年龄,课程名称,成绩,学分),关键字为组合关键字(学号,课程名称),因为存在如下决定关系:(学号,课程名称)→(姓名,年龄,成绩,学分)。这个数据库表不满足第二范式,因为存在如下决定关系:

(学号)→(姓名,年龄);

(课程名称)→(学分);

即存在组合关键字中的字段决定非关键字的情况,由于不符合第二范式,这个选课关系表会存在如下问题:

1)数据冗余:同一门课程由 10 个学生选修,"学分"就重复 9 次;同一个学生选修了 6 门课程,"姓名"和"年龄"就重复了 5 次。

2)更新异常:若调整了某门课程的学分,数据表中所有行的"学分"值都要更新,否则会出现同一门课程学分不同的情况。

3)插入异常:假设要开设一门新的课程,暂时还没有人选修。由于还没有"学号"关键字,"课程名称"和"学分"也无法记录入数据库。

4)删除异常:假设一批学生已经完成课程的选修,这些选修记录就应该从数据库表中删除。但与此同时,"课程名称"和"学分"信息也被删除了。很显然这也会导致插入异常。

那么该如何操作才能满足第二范式呢?此时可以把选课关系表分解为如下三个表:

学生表(学号,姓名,年龄);

课程表(课程名称,学分);

选课关系表(学号,课程名称,成绩)。

这样的数据库表是符合第二范式的,此时就消除了数据冗余、更新异常、插入异常和删除异常等问题。所有单关键字的数据库表都符合第二范式,因为不可能存在组合关键字。

(3)**第三范式**:简称 **3NF**,若关系模式 R 中不存在这样的码 X、属性组 Y 及非主属性 Z (Z∉Y),使得 X→Y (Y!→X),Y→Z 成立,则关系模式 R 满足第三范式。即当第二范式消除了非主属性对码的传递函数依赖,关系模式 R 就满足了第三范式。在第二范式的基础上,数据表中如果不存在非关键字段对任一候选关键字段的传递函数依赖则符合第三范式。满足第三范式必须先满足第二范式,第三范式要求一个数据库表中不包含已在其他表中包含的非主关键字信息。例如存在一个部门信息表,其中每个部门有部门编号、部门名称、部门简介等信息。那么在员工信息表中列出部门编号后就不能再将部门名称、部门简介等与部门有关的信息加入员工信息表中。如果不存在部门信息表,则根据第三范式也应该构建它,否则就会有大量的数据冗余。**简而言之,第三范式就是属性不依赖于其他非主属性。**

【实例】假定学生关系表为(学号,姓名,年龄,所在学院,学院地点,学院电话),关键字为单一关键字"学号",存在如下决定关系:(学号)→(姓名,年龄,所在学院,学院地点,学院电话)。这个数据库是符合第二范式的,但是不符合第三范式,因为存在如下决定关系:

(学号)→(所在学院);

(所在学院)→(学院地点,学院电话)。

即存在非关键字段"学院地点,学院电话"对关键字段"学号"的传递函数依赖。那么该如何操作才能满足第三范式呢?此时可以把学生关系表分解为如下两个表:

学生表(学号,姓名,年龄,所在学院);

学院表(学院,学院地点,学院电话)。

这样操作完成后的数据库表就符合了第三范式的要求。

(4)BCNF:全称为巴斯-科德范式,在第三范式的基础上,数据库表中如果不存在任何字段对任一候选码的传递函数依赖则符合 BCNF。即 BCNF 在第三范式的基础上,进一步消除了主属性对码的传递函数依赖。

【实例】假设仓库管理关系表为(仓库编号,存储物品编号,管理员编号,数量),规定一个管理员只在一个仓库工作,一个仓库可以存储多种物品。这个数据库表中存在如下决定关系:

(仓库编号,存储物品编号)→(管理员编号,数量);

(管理员编号,存储物品编号)→(仓库编号,数量)。

所以(仓库编号,存储物品编号)和(管理员编号,存储物品编号)都是仓库管理关系表的候选关键字,表中的唯一非关键字段为"数量",它是符合第三范式的。但是,由于存在如下决定关系:

(仓库编号)→(管理员编号);

(管理员编号)→(仓库编号)。

即存在关键字段决定关键字段的情况,所以其不符合 BCNF,那么该如何操作才能满足 BCNF 呢?此时可以把仓库管理关系表分解为如下两个关系表:

仓库管理表(仓库编号,管理员编号);

仓库表(仓库编号,存储物品编号,数量)。

这样操作完成后的数据库表就符合了 BCNF 的要求。

(5)第四范式:简称 4NF,关系模式 R 符合第一范式,如果对于 R 的每个非平凡多值依赖 $X \rightarrow \rightarrow Y(Y \notin X)$,X 都含有候选码,则 R 符合第四范式。即第四范式就是限制关系模式的属性之间不允许有非平凡且非函数依赖的多值依赖。

【实例】假设课程教材关系表为(课程编号,教师编号,教材名称),规定每门课程有对应的一组教师,每门课程也有对应的一组教材,一门课程使用的教材和教师没有关系。这三个属性作为联合主键,除了主键就没有其他字段了,所以肯定满足 BCNF,但是却存在多值依赖导致的异常,即一门课程既可以对应多个教师,也同时对应多个教材。所以其不符合第四范式,那么该如何操作才能满足第四范式呢?此时可以把课程教材关系表分解为如下两个关系表:

课程教师表(课程编号,教师编号);

课程教材表(课程编号,教材名称)。

这样操作完成后的数据库表就符合了第四范式的要求。

4.8 分布式数据库

分布式数据库概述

分布式数据库系统简称 DDBS，是针对地理上分散，而管理上又需要不同程度集中管理的需求而提出的一种数据管理信息系统。分布式数据库系统首先是由多个不同节点或场地的数据库系统通过网络连接而成的，每个节点都有各自的数据库管理系统，同时还有全局数据库管理系统。局部用户是针对某一个节点而言的，局部用户只关心他所访问的节点上的数据，而全局用户则可能需要访问多个节点上的数据。每个节点的数据库管理系统响应局部用户的应用请求，全局数据库管理系统则为全局用户提供服务，全局用户可以从任意一个节点访问分布式数据库系统中的数据。

（1）分布式数据库有以下 4 个特点，如下图所示。

1）分布性：即数据存储在多个不同的节点上。
2）逻辑相关性：即数据库系统内的数据在逻辑上具有相互关联的特性。
3）场地透明性：即使用分布式数据库中的数据时不需指明数据所在的位置。
4）场地自治性：即每一个单独的节点能够执行局部的应用请求。

（2）分布式数据库的透明性有以下 4 种：

1）分片透明：指用户不必关心数据是如何分片的，它们对数据的操作在全局关系上进行，即关系如何分片对用户是透明的，因此当分片改变时应用程序可以不变。分片模式描述全局数据逻辑划分的视图，它是全局数据的逻辑结构根据某种条件的划分，每一个逻辑划分就是一个片段或称为分片。分片透明性是最高层次的透明性，如果用户能在全局关系一级操作，则数据如何分布，如何存储等细节自不必关心，其应用程序的编写与集中式数据库相同。

2）复制透明：指用户不用关心数据库在网络中各个节点的复制情况，被复制的数据的更新都由系统自动完成。在分布式数据库系统中，可以把一个场地的数据复制到其他场地存放，应用程序可以使用复制到本地的数据在本地完成分布式操作，避免通过网络传输数据，提高了系统的运行和查询效率。

3）位置透明：指用户不必知道所操作的数据放在何处，即数据分配到哪些站点存储对用户是透明的。

4）逻辑透明：又称为局部映像透明性，是最低层次的透明性，该透明性提供数据到局部数据库的映像，即用户不必关心局部 DBMS 支持哪种数据模型、使用哪种数据操作语言，数据模型和操作语言的转换是由系统完成的。

4.9　章节练习题

1. 数据库管理员（DBA）负责数据库的总体信息控制，其主要职责不包括（　　）。
   A．决定数据库中的信息内容和结构　　B．决定数据库的存储结构和存取策略
   C．设计和开发数据库管理系统　　　　D．监控数据库的使用和运行
2. DBMS 主要实现共享数据有效地组织、管理和存取，以下选项中，（　　）不属于 DBMS 的主要功能。
   A．数据定义　　　　　　　　　　　　B．数据库操作
   C．数据库运行管理　　　　　　　　　D．数据库的性能测试
3. 数据模型是对现实世界数据特征的抽象，其中（　　）不是数据模型的三要素之一。
   A．数据结构　　B．数据算法　　C．数据操作　　D．数据的约束条件
4. 如果一个班级可以有多名学生，一名学生只能属于一个班级，在 E-R 模型中，班级和学生之间的关系是（　　）。
   A．一对一　　　B．一对多　　　C．多对一　　　D．多对多
5. 数据库系统采用三级模式结构，这是数据库管理系统内部的系统结构。其中（　　）也称用户模式或子模式。
   A．外模式　　　B．概念模式　　C．内模式　　　D．存储模式
6. 正在关系数据库中，（　　）是指关系模式中每一组属性的具体取值，在关系数据库中对应行。
   A．属性　　　　B．域　　　　　C．度　　　　　D．元组
7. 完整性规则保证授权用户对数据库进行修改不会破坏数据的一致性。其中（　　）是针对某一具体的关系数据库的约束条件，反映某一具体应用所涉及的数据必须满足的语义要求，由应用环境决定。
   A．实体完整性　　　　　　　　　　　B．参照完整性
   C．用户定义的完整性　　　　　　　　D．引用完整性
8. 两个元数分别为 n 目和 m 目的关系 R 和 S 的广义笛卡儿积是一个（　　）列的元组的集合。
   A．n　　　　　B．m　　　　C．$n \times m$　　D．$n+m$
9. 以下有关数据库关系代数运算的说法中，不正确的是（　　）。
   A．自然连接是一种特殊的等值连接
   B．等值连接要求两个关系中进行比较的分量必须是相同的属性组
   C．投影运算从关系的垂直方向进行运算，在关系中选择出若干属性列组成新的关系
   D．选择运算从关系的水平方向进行运算，是从关系中选择满足给定条件的若干个元组
10. 在 SQL 语言中，用于授权语句的关键词是（　　）。
    A．SELECT　　　B．ALTER　　　C．UPDATE　　　D．GRANT

11. 设关系模式 R (U, F)，其中 U 为属性集，F 是 U 上的一组函数依赖，以下对于函数依赖的公理系统的描述中，错误的是（   ）。

    A．若 X→Y，Z⊆Y，则 X→Z 在 R 上成立

    B．若 X→Y 在 R 上成立，且 Z⊆U，则 XZ→YZ 在 R 上成立

    C．若 X→Y，Y→Z 在 R 上成立，则 X→Z 在 R 上成立

    D．若 X→Y，X→Z，则 YZ→X 在 R 上成立

12. 关系模式 R 符合第一范式，如果对于 R 的每个非平凡多值依赖 X→→Y(Y⊄X)，X 都含有候选码，则 R 符合的最高范式是（   ）。

    A．4NF   B．3NF   C．BCNF   D．2NF

4.10 练习题参考答案

1．参考答案：C

解析：本题考查数据系统的基础知识。数据库管理员（Database Administrator，DBA）负责数据库的总体信息控制。其主要职责包括：

（1）决定数据库中的信息内容和结构。

（2）决定数据库的存储结构和存取策略。

（3）定义数据库的安全性要求和完整性约束条件。

（4）监控数据库的使用和运行。

（5）数据库的性能改进、数据库的重组和重构，以提高系统的性能。

2．参考答案：D

解析：本题考查 DBMS 的功能。DBMS 主要实现共享数据有效地组织、管理和存取，因此 DBMS 应具有如下 6 个方面的功能：

（1）数据定义。

（2）数据库操作。

（3）数据库运行管理。

（4）数据组织、存储和管理。

（5）数据库的建立和维护。

（6）其他功能。包括 DBMS 的网络通信功能，一个 DBMS 与另一个 DBMAS 或文件系统的数据转换功能，以及异构数据库之间的互访和互操作能力等。

3．参考答案：B

解析：本题考查数据模型的三要素。数据模型的三要素是指数据结构、数据操作和数据的约束条件。

（1）数据结构是所研究的对象类型的集合，是对系统静态特性的描述。

（2）数据操作是指对数据库中各种对象（型）的实例（值）允许执行的操作的集合，包括操

作及操作规则。

（3）数据的约束条件是一组完整性规则的集合。

4．参考答案：B

解析：本题考查 E-R 模型。由于一个班级可以有多名学生，一名学生只能属于一个班级，所以班级和学生实体之间的联系是一对多。

5．参考答案：A

解析：本题考查数据库三级模式两级映像。数据库三级模式分别为：

（1）外模式：也称用户模式或子模式，是用户与数据库系统的接口，是用户用到的那部分数据的描述。

（2）概念模式：也称模式，是数据库中全部数据的逻辑结构和特征的描述，它由若干个概念记录类型组成，只涉及行的描述，不涉及具体的值。

（3）内模式：也称存储模式，是数据物理结构和存储方式的描述，是数据在数据库内部的表示方式。

6．参考答案：D

解析：本题考查关系数据库的基本概念。在现实世界中一个事物常常取若干特征来描述，这些特征称为属性，在关系数据库中对应列。

每个属性的取值范围对应一个值的集合，称为该属性的域。

属性个数 n 是关系的目或度，同时也是关系的"元数"。

元组是指关系模式中每一组属性的具体取值，在关系数据库中对应行。

7．参考答案：C

解析：本题考查完整性约束。完整性规则保证授权用户对数据库进行修改不会破坏数据的一致性。关系模型的完整性规则是对关系的某种约束条件，分为实体完整性、参照完整性（也称引用完整性）和用户定义完整性 3 类。

（1）实体完整性规定基本关系 R 的主属性 A 不能取空值。

（2）参照完整性存在于两个关系之间，也称引用完整性，用于描述关系模型中实体及实体间的联系。

（3）用户定义的完整性就是针对某一具体的关系数据库的约束条件，反映某一具体应用所涉及的数据必须满足的语义要求，由应用环境决定。

8．参考答案：D

解析：本题考查笛卡儿积运算。两个元数分别为 n 目和 m 目的关系 R 和 S 的广义笛卡儿积是一个（$n+m$）列的元组的集合。元组的前 n 列是关系 R 的一个元组，后 m 列是关系 S 的一个元组，记作 R×S。

9．参考答案：B

解析：本题考查关系代数运算。自然连接是一种特殊的等值连接，要求两个关系中进行比较的分量必须是相同的属性组，并且在结果集中将重复属性列去掉。

10．**参考答案**：D

解析：本题考查 SQL 的访问控制。在 SQL 语言中，用于授权的关键词是 GRANT，用于收回权限的关键词是 REVOKE。

11．**参考答案**：D

解析：本题考查函数依赖的基础知识。D 选项错误，这是考查合并规则，正确的描述是：若 X→Y，X→Z，则 X→YZ 在 R 上成立。

12．**参考答案**：A

解析：本题考查范式的基础知识。关系模式 R 符合第一范式，如果对于 R 的每个非平凡多值依赖 X→→Y(Y∉X)，X 都含有候选码，则 R 符合第四范式。即：4NF 就是限制关系模式的属性之间不允许有非平凡且非函数依赖的多值依赖。

第5章 中间件基础知识

（1）本章重点内容概述：了解中间件基本概念即可。
（2）考试形式：本章涉及到的内容基本不考，即使考也是选择题，出现在第一场考试中。
（3）本章学习要求：了解本章中涉及到的基本概念即可。

5.1 中间件概述

中间件简介

中间件有以下两个常见的定义。
定义1：在一个分布式系统环境中处于操作系统和应用程序之间的软件。
定义2：中间件是一种独立的系统软件或服务程序，分布式应用软件借助这种软件在不同的技术之间共享资源，中间件位于客户机服务器的操作系统之上，管理计算资源和网络通信。

中间件有以下三大发展趋势，如下图所示。

（1）**规范化**：对于不同类型的中间件，目前都有一些规范可以遵循，这些规范的建立极大地促进了中间件技术的发展，同时保证了系统的扩展性、开放性和互操作。

（2）**构件化和松耦合**：除了已经得到较为普遍应用的构件技术外，随着企业业务流程整合和电子商务应用的发展，中间件技术朝着面向Web、松散耦合的方式发展。基于XML和Web服务的中间件技术，使得不同系统之间、不同应用之间的交互建立在非常灵活的基础上。XML技术非常适合于异构系统间的数据交换,因此在国际上已经被普遍采纳为电子商务的数据标准。而 Web 服务作为基于 Web 技术的构件,在流程中间件的控制和集成下可以灵活、动态地被组织成为跨企业的商务应用。

(3)平台化:目前一些大的中间件厂商在已有的中间件产品基础上,都提出了完整的面向互联网的软件平台战略计划和应用解决方案。

对中间件可以通过其功能进一步深入理解,中间件常见的功能如下:

(1)负责客户机和服务器之间的连接和通信。
(2)提供客户机与应用层的高效率通信机制。
(3)提供应用层不同服务之间的互操作机制。
(4)提供应用层与数据库之间的连接和控制机制。
(5)提供一个多层结构应用开发和运行的平台。
(6)提供一个应用开发框架,支持模块化的应用开发。
(7)屏蔽硬件、操作系统、网络和数据库。
(8)提供交易管理机制,保证交易的一致性。
(9)提供应用的负载均衡和高可用性。
(10)提供应用的安全机制和管理功能。
(11)提供一组通用的服务去执行不同的功能,主要是为了避免重复的工作和使应用之间可以协作。

中间件的任务是使应用程序开发变得更容易,通过提供统一的程序抽象,隐藏异构系统和分布式系统下低级别编程的复杂度。从中间件的层次上来划分,可分为 3 种,如下图所示。

中间件根据具体使用场景又可以有如下图所示的分类。

中间件在历年考试中没怎么出过题目,大概了解一下即可,不用深入研究。

5.2 章节练习题

1. 中间件是一种独立的系统软件或服务程序，分布式应用软件借助这种软件在不同的技术之间共享资源，中间件位于客户机/服务器的操作系统之上，管理计算资源和网络通信。中间件的发展趋势不包括（　　）。
   A．规范化　　　　B．构件化　　　　C．紧耦合　　　　D．平台化

2. 中间件是在一个分布式系统环境中处于操作系统和应用程序之间的软件。以下选项中不属于中间件的是（　　）。
   A．JDBC　　　　B．ODBC　　　　C．CORBA　　　　D．BugFree

5.3 练习题参考答案

1. **参考答案**：C
   解析：本题考查中间件的定义。中间件发展的趋势是松耦合，不是紧耦合。
2. **参考答案**：D
   解析：本题考查中间件的分类。BugFree属于一种测试平台，不属于中间件。

第6章 计算机网络基础知识

（1）本章重点内容概述：包括计算机网络基本概念、网络体系结构和协议、常用的网络设备、IP 地址、Internet 基础知识和应用、网络管理等内容。

（2）考试形式：常见题型为选择题，出现在第一场考试中，历年考试分值基本在 5 分左右。

（3）本章学习要求：结合本章内容做好笔记，重复学习重点、难点和常考知识点，加强掌握程度，通过做章节作业及历年考试题目加深知识点的记忆，及时发现还未掌握的知识点，进行重点学习（已掌握的知识点要定期温习）。

6.1 计算机网络概述

6.1.1 计算机网络的功能和分类

计算机网络是计算机技术与通信技术日益发展和密切结合的产物，它实现了远程通信、远程信息处理和资源共享。计算机网络提供的功能主要有如下 4 种：

（1）数据通信： 用于在计算机系统之间传送各种信息。利用该功能，地理位置分散的生产单位和业务部门可通过计算机网络连接在一起进行集中控制和管理，也可以通过计算机网络传送电子邮件，发布新闻消息及进行电子数据交换，极大地方便了用户，提高了工作效率。

（2）资源共享： 是计算机网络最有吸引力的功能。通过资源共享，可使网络中分散在异地的各种资源互通有无，分工协作，从而大大提高系统资源的利用率。资源共享包括软件资源共享和硬件资源共享。

（3）负载均衡： 在计算机网络中可进行数据的集中处理或分布式处理，一方面，可以通过计算机网络将不同地点的主机或外设采集到的数据信息送往一台指定的计算机，在此计算机上对数据进行集中和综合处理，通过网络在各计算机之间传送原始数据和计算结果；另一方面，当网络中的某台计算机任务过重时,可将任务分派给其他空闲的多台计算机,使多台计算机相互协作,均衡负载,共同完成任务。

（4）**高可靠性**：指在计算机网络中的各台计算机可以通过网络彼此互为后备机,一旦某台计算机出现故障,故障机的任务就可由其他计算机代为处理,从而提高系统的可靠性。并且避免了单机无后备使用的情况下计算机出现故障而导致系统瘫痪的现象,大大提高了系统的可靠性。

计算机网络的分类方式很多,按照不同的分类原则,可以得到各种不同类型的计算机网络。根据计算机网络的覆盖范围和通信终端之间相隔的距离不同可将其分为3类,见下表。

网络分类	缩写	分布距离	分布范围	传输速率
局域网	LAN	10～1000m	房间、楼寓、校园	4Mb/s～1GMb/s
城域网	MAN	10km	城市	50kb/s～100Mb/s
广域网	WAN	100km以上	国家、全球	9.6kb/s～45Mb/s

局域网是指传输距离有限、传输速度较高、以共享网络资源为目的的网络系统。局域网的特点如下：

（1）分布范围有限。

（2）有较高的通信带宽,数据传输率高。

（3）数据传输可靠,误码率低。

（4）通常采用同轴电缆或双绞线作为传输介质,跨楼宇时使用光纤。

（5）拓扑结构简单、简洁,大多采用总线型、星型和环型等,系统容易配置和管理。

（6）网络的控制一般趋向于分布式,从而减少了对某个节点的依赖,避免并减小了一个节点故障对整个网络的影响。

（7）通常网络归单一组织所拥有和使用,不受任何公共网络管理机构的规定约束,容易进行设备的更新和新技术的应用,以不断增强网络功能。

广域网又称远程网,它是指覆盖范围广、传输速率相对较低、以数据通信为主要目的的数据通信网。广域网的特点如下：

（1）分布范围广。

（2）数据传输率低。

（3）数据传输的可靠性随着传输介质的不同而不同。

（4）广域网常常借用传统的公共传输网来实现,因为单独建造一个广域网极其昂贵。

（5）拓扑结构较为复杂,大多采用分布式网络,即所有计算机都与交换节点相连,从而实现网络中的任何两台计算机都可以进行通信。

6.1.2 计算机网络拓扑结构

网络拓扑结构是指网络中通信线路和节点的几何排序,用于表示整个网络的结构外貌,反映各节点之间的结构关系。常用的网络拓扑结构有5种,如下图所示。

（1）总线型结构只有一条双向通路，便于进行广播式传送信息，如下图所示。

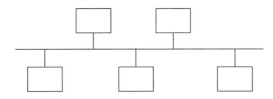

（2）在星型结构中，使用中央交换单元以放射状连接到网中的各个节点，如下图所示。

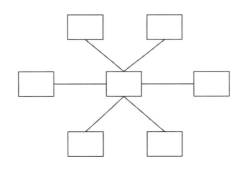

（3）环型结构的信息传输线路构成一个封闭的环型，各节点通过中继器连入网内，各中继器间首尾相接，信息单向沿环路逐点传送，如下图所示。

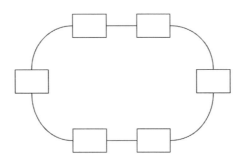

（4）树型结构是总线型结构的扩充形式，传输介质是不封闭的分支电缆，如下图所示。

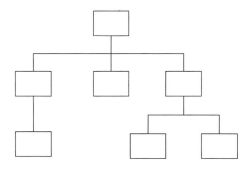

（5）分布式结构无严格的布点规定和形状，各节点之间有多条线路相连，如下图所示。

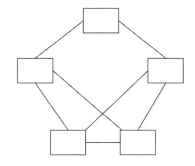

6.2 网络体系结构和协议

6.2.1 ISO/OSI 网络体系结构

国际标准化组织（ISO）提出了一个网络体系结构模型，称为开放系统互联参考模型（OSI）。OSI 共有七层，见下表。

ISO/OSI网络体系结构		主要的网络协议
资源子网层	应用层	FTP、Telnet、SMTP、POP3、HTTP、HTTPS、NFS、DHCP、DNS、SNMP等协议
	表示层	JPEG、MPEG、GIF、MIDI等协议
	会话层	RPC、SQL、NFS等协议
	传输层	TCP、UDP、SPX等协议
通信子网层	网络层	IP、ICMP、ARP、RARP、X.25等协议
	数据链路层	PPP、ATM、FR、Ethernet、Token-Ring、FDDI、X.25等协议
	物理层	FDDI、X.25等协议

（1）物理层：其任务就是为它的上一层提供一个物理连接，以及它们的机械、电气、功能和过程特性。例如规定使用电缆和接头的类型，传送信号的电压等。在这一层，数据还没有被组织，仅作为原始的位流或电气电压处理，单位是位（bit）。

（2）数据链路层：负责在两个相邻节点间的线路上无差错地传送以帧为单位的数据，并进行流量控制。数据链路层要负责建立、维持和释放数据链路的连接。

（3）网络层：其任务就是选择合适的网间路由和交换节点，确保数据及时传送。网络层将数据链路层提供的帧组成数据包，包中封装有网络层包头，其中含有逻辑地址信息，即源站点和目的站点的网络地址。

（4）传输层：根据通信子网的特性最佳地利用网络资源，为两个端系统（也就是源站和目的站）的会话层之间提供建立、维护和取消传输连接的功能，并以可靠和经济的方式传输数据。在这一层，信息的传送单位是报文。

（5）会话层：为彼此合作的表示层实体提供建立、维护和结束会话连接的功能；完成通信进程的逻辑名字与物理名字间的对应；提供会话管理服务。在会话层及以上的高层中，数据传送的单位不再另外命名，统称为报文。

（6）表示层：为应用层进程提供能解释所交换信息含义的一组服务，即将要交换的数据从适合于某一用户的抽象语法转换为适合于 OSI 系统内部使用的传送语法；提供格式化的表示和转换数据服务。数据的压缩、解压缩、加密和解密等工作都由表示层负责。

（7）应用层：提供 OSI 用户服务，即确定进程之间通信的性质，以满足用户需要以及提供网络与用户应用软件之间的接口服务。

协议指的是网络中的计算机与计算机进行通信时，为了能够实现数据的正常发送与接收必须要遵循的一些事先约定好的规则（标准或约定）。常见的局域网和广域网协议见下表。

局域网协议	广域网协议
Ethernet：以太网(IEEE 802.3标准)	PPP（点对点协议）
Token-Ring：令牌环网(IEEE 802.5标准)	xDSL（数字用户线）
FDDI（光纤分布式数据接口）协议	DDN（数字专线）
	FR（帧中继）
无线局域网(CSMA/CA)	ATM（异步传输模式）
	X.25协议

6.2.2 TCP/IP 分层模型

TCP/IP 包含了多种协议。ISO/OSI 模型和 TCP/IP 的分层模型对比见下表。

ISO/OSI 模型	TCP/IP的分层模型
应用层	应用层
表示层	
会话层	
传输层	传输层
网络层	网际层
数据链路层	网络接口层
物理层	硬件层（如果分为5层才有该层）

（1）应用层：处在分层模型的最高层，用户调用应用程序来访问TCP/IP互联网络，以享受网络上提供的各种服务。

（2）传输层：其基本任务是提供应用程序之间的通信服务，这种通信又称端到端的通信。传输层既要系统地管理数据信息的流动，还要提供可靠的传输服务，以确保数据准确而有序地到达目的地。

（3）网际层：又称IP层，主要处理机器之间的通信问题。它接收传输层请求，传送某个具有目的地址信息的分组。

（4）网络接口层：又称数据链路层，处于TCP/IP协议层之下，负责接收IP数据报，并把数据报通过选定的网络发送出去。

常见的协议如下：

（1）IP协议：是网络层定义的协议，其主要功能是将上层数据（如TCP、UDP数据）或同层的其他数据（如ICMP数据）封装到IP数据报中；将IP数据报传送到最终目的地；为了使数据能够在链路层上进行传输，对数据进行分段；确定数据报到达其他网络中的目的地的路径。

（2）ARP协议：即地址解析协议，是驻留在网络层中的重要协议。其作用是将IP地址转换为物理地址（MAC地址）。

（3）RARP协议：即反地址解析协议，也是驻留在网络层中的重要协议。其作用是将物理地址（MAC地址）转换为IP地址。

（4）ICMP协议：Internet控制信息协议是网络层的协议，由于IP是一种尽力传送的通信协议，即传送的数据报可能丢失、重复、延迟或乱序，因此IP需要一种避免差错并在发生差错时报告的机制，ICMP就是一个专门用于发送差错报文的协议。ICMP是让IP更加稳固、有效的一种协议，它使得IP传送机制变得更加可靠。而且ICMP还可以用于测试因特网，以得到一些有用的网络维护和排错的信息。

（5）TCP协议：传输控制协议，在IP提供的不可靠数据服务的基础上为应用程序提供了一个可靠的、面向连接的、全双工的数据传输服务。TCP采用了重发技术，在TCP传输过程中，发送方启动一个定时器，然后将数据包发出，当接收方收到这个信息时就给发送方一个确认信息。如果发送方在定时器到点之前没有收到这个确认信息，就重新发送这个数据包。利用TCP在源主机和目的主机之间建立和关闭连接操作时，均需要通过三次握手来确认建立和关闭是否成功。

（6）UDP协议：用户数据报协议，是一种不可靠的、无连接的协议，可以保证应用程序进程间的通信。与同样处在传输层的面向连接的 TCP 相比，UDP 是一种无连接的协议，它的错误检测功能要弱得多。TCP 有助于提供可靠性；而 UDP 有助于提高传输的高速率性。TCP 虽然提供了一个可靠的数据传输服务，但它是以牺牲通信量来实现的。为了完成同样一个任务，TCP 需要更多的时间和通信量。

6.3 常用的网络设备

6.3.1 网络设备分类

在网络互联时，一般不能简单地直接相联，而是通过一个中间设备来实现。按照 ISO/OSI 的分层原则，这个中间设备要实现不同网络之间的协议转换功能，根据它们工作的协议层不同可以有如下图所示的分类。

（1）中继器：可以"延长"网络的距离，在网络数据传输中起到放大信号的作用，不仅起到扩展网络距离的作用，还可以将不同传输介质的网络联接在一起。

（2）集线器：是中继器的一种，区别仅在于集线器能够提供更多的端口服务，所以集线器又称为多口中继器。

（3）网桥：当一个单位有多个 LAN，或一个 LAN 由于通信距离受限无法覆盖所有的节点而不得不使用多个局域网时，需要将这些局域网互联起来，以实现局域网之间的通信，使用网桥可扩展局域网的范围。使用网桥扩大了物理范围，也增加了整个局域网上工作站的最大数目，提高了可靠性。但网桥只适合于用户数不太多和通信量不太大的局域网，有时会产生较大的广播风暴。

（4）交换机：是一个具有简化、低价、高性能和高端口密集特点的交换产品，它是按每一个包中的 MAC 地址相对简单地决策信息转发，而这种转发决策一般不考虑包中隐藏的更深的其他信息。交换机转发数据的延迟很小，操作接近单个局域网性能，远远超过了普通桥接的转发性能。

（5）路由器：是网络层互联设备，用于联接多个逻辑上分开的网络。逻辑网络是指一个单独的网络或一个子网，当数据从一个子网传输到另一个子网时，可通过路由器来完成。路由器具有很强的异种网互联能力，互联网络的最低两层协议可以互不相同，通过驱动软件接口到第三层而得到统一。由于路由器工作在网络的更高层，所以可以减少其对特定网络技术的依赖性，扩大了路由器的适用范围。另外，路由器具有广播包抑制和子网隔离功能，而网桥没有。

（6）网关：在一个计算机网络中，当联接不同类型且协议差别较大的网络时，则要选用网关设备。网关的功能体现在 OSI 模型的最高层，它将协议进行转换，将数据重新分组，以便在两个不同类型的网络系统之间进行通信。由于网关的传输更复杂，它们传输数据的速度要比网桥或路由器低一些。正是由于网关较慢，所以它们有造成网络堵塞的可能。

6.3.2 网络的传输介质

常用的网络传输媒介可分为有线介质和无线介质，具体有分类如下图所示。

（1）有线介质。

1）双绞线：是现在最普通的传输介质，由两条导线按一定扭距相互绞合在一起的类似于电话线的传输媒体，每根线加绝缘层并用颜色来标记。成对线的扭绞旨在减少电磁辐射和外部电磁干扰。

2）同轴电缆：也像双绞线那样由一对导体组成。同轴电缆绝缘效果佳，频带较宽，数据传输稳定，价格适中，性价比高。同轴电缆中央是一根内导体铜质芯线，外面依次包有绝缘层、网状编织的外导体屏蔽层和塑料保护外层。

3）光纤：光导纤维简称光纤，它重量轻、体积小。光纤是新一代的传输介质，与铜质介质相比，光纤具有一些明显的优势。因为光纤不会向外界辐射电子信号，所以使用光纤介质的网络无论是在安全性、可靠性还是在传输速率等网络性能方面都有了很大的提高。

（2）无线介质。在很多场合下使用缆线连接很不方便，利用无线电波在空间自由地传播，可以进行多种通信。无线传输介质都不需要架设或铺埋电缆或光纤，而是通过大气传输，典型的无线介质目前有如下几种：

1）微波：在对流层视线距离范围内利用无线电波进行传输的一种通信方式，频率范围为 2～40GHz。微波通信的传输质量比较稳定，影响质量的主要因素是雨雪天气对微波产生的吸收损耗，不利地形或环境对微波所造成的衰减现象。

2）红外线和激光：红外通信和激光通信也像微波通信一样，有很强的方向性，都是沿直线传播的。所不同的是，红外通信和激光通信把要传输的信号分别转换为红外光信号和激光信号，直接在空间传播。

3）卫星通信：以人造卫星为微波中继站，它是微波通信的特殊形式。卫星接收来自地面发送站发出的电磁波信号后，再以广播方式用不同的频率发回地面，被地面工作站接收。卫星通信的优点是容量大、距离远，缺点是传播延迟时间长。

6.4 IP 地址

6.4.1 IP 地址概述

每台计算机或路由器都有一个由授权机构分配的号码，称为 IP 地址。IP 地址由网络号+主机号构成，其中网络号用来标识一个逻辑网络，主机号用来标识网络中的一台主机。IP 地址的表示方法有以下两种：

（1）二进制表示法：直接用二进制表示，例如一个常见的 32 位的 IP 地址 10001010 00001011 00000011 00011111。

（2）点分十进制表示法：将 32 位二进制码划分为 4 个字节，每个字节转换成相应的十进制数，字节之间用"."分隔。例如上面的 IP 地址可以记为 138.11.3.31。

IP 地址中网络号相同的主机可以直接互相访问，网络号不同的主机需通过路由器才可以互相访问。在 IP 地址中，全 0 代表的是网络，全 1 代表的是广播。TCP/IP 协议规定，根据网络规模的大小将 IP 地址分为 5 类，见下表。

IP地址分类	规模	网络号	主机号	识别编号
A类地址	大型规模网络	前8位为网络号，且第一位固定为0	后24位表示主机号	000~127
B类地址	中等规模网络	前16位为网络号，且前两位固定为10	后16位表示主机号	128~191
C类地址	小型规模网络	前24位为网络号，且前三位固定为110	后8位表示主机号	192~223
D类地址	前四位固定为1110，是多播地址，也叫作组播地址			224~239
E类地址	前四位固定为1111，实验保留使用			240~255

（1）A 类地址：第一个字节用做网络号，且最高位为 0，这样只有 7 位可以表示网络号，能够表示的网络号有 128（2^7）个，A 类网络地址第一个字节的十进制值为 000~127。因为全 0 和全 1 在地址中有特殊用途，所以去掉后就只能表示 126 个网络号，范围是 1~126，127.0.0.1 被保留作为本机回送地址。后三个字节用做主机号，有 24 位可表示主机号，能够表示的主机号有 $2^{24}-2$ 个，约为 1600 万台主机，A 类 IP 地址常用于大型的网络。

（2）B 类地址：前两个字节用做网络号，后两个字节用做主机号，且最高位为 10，最大网络数为 $2^{14}-2=16382$，B 类网络地址第一个字节的十进制值为 128~191。可以容纳的主机数为 $2^{16}-2$ 个，约等于 6 万多台主机，B 类 IP 地址通常用于中等规模的网络。

（3）C 类地址：前三个字节用做网络号，最后一个字节用做主机号，且最高位为 110，最大网络数为 $2^{21}-2$，约等于 200 多万，C 类网络地址第一个字节的十进制值为 192~223，可以容纳的主机数为 2^8-2 个，等于 254 台主机。C 类 IP 地址通常用于小型的网络，是最通用的 Internet 地址。

（4）D 类地址：最高位为 1110，是组播地址，主要留给 Internet 体系结构委员会使用。D 类网络地址第一个字节的十进制值为 224~239。

（5）**E 类地址**：最高位为 11110，保留在今后使用。E 类网络地址第一个字节的十进制值为 240～255。

6.4.2 子网掩码

子网掩码又称网络掩码、地址掩码，是一个应用于 TCP/IP 网络的 32 位二进制值，每节 8 位，必须结合 IP 地址一起对应使用。子网掩码 32 位与 IP 地址 32 位对应，如果某位是网络地址，则子网掩码为 1，否则为 0。只有通过子网掩码，才能表明一台主机所在的子网与其他子网的关系，使网络正常工作。表示方法有以下两种：

（1）**点分十进制表示法**。例如子网掩码二进制为 11111111.11111111.11111111.00000000，则使用点分十进制表示为：255.255.255.0。

（2）**CIDR 斜线记法**。IP 地址/n（n 为 1～32 的数字，表示子网掩码中网络号的长度）。例如 192.168.1.100/24，其子网掩码表示为 255.255.255.0，二进制表示为 11111111.11111111.11111111.00000000。

默认子网掩码，即未划分子网，对应的网络号的位都置 1，主机号都置 0。未做子网划分的 IP 地址：网络号＋主机号。

1）A 类网络默认子网掩码：255.0.0.0，用 CIDR 表示为/8。
2）B 类网络默认子网掩码：255.255.0.0，用 CIDR 表示为/16。
3）C 类网络默认子网掩码：255.255.255.0，用 CIDR 表示为/24。

自定义子网掩码：将一个网络划分子网后，把原本的主机号位置的一部分给了子网号，余下的才是给了子网的主机号。其形式为：网络号＋子网号＋子网主机号。

例如：192.168.1.100/25，其子网掩码表示：255.255.255.128。意思就是将 192.168.1.0 这个网段的主机位的最高 1 位划分为了子网。

（3）子网划分。将网络进一步划分为若干子网，以避免主机过多而拥堵或过少而造成 IP 浪费。子网是指一个 IP 地址上生成的逻辑网络，它可以让一个网络地址跨越多个物理网络，即一个网络地址代表多个网络，这样做可以节省 IP 地址。

例如：一个大学有 4 个机房，每个机房有 60 台电脑，网管需要给这些电脑配置 IP 地址和子网掩码，此时该如何做？

如果每个机房一个 C 类地址，则需要申请 4 个 C 类地址，但是此时就出现了 IP 地址的浪费，因为一个 C 类地址可以提供 254 个 IP 地址（主机位全为 0 时表示本网络的网络地址，主机位全为 1 时表示本网络的广播地址，这是两个特殊地址，需要排除），每一个 C 类地址都浪费了 254-60=194 个 IP 地址。

IPv6 是 IETF 设计的用于替代现行版本 IP 协议（IPv4）的下一代 IP 协议。与 IPv4 相比，IPv6 的特点如下：

1）IPv6 具有更大的地址空间，**IPv6 中 IP 地址的长度为 128**。
2）IPv6 使用更小的路由表。

3）IPv6 增加了增强的组播支持以及对流的支持。

4）IPv6 加入了对自动配置的支持。

5）IPv6 具有更高的安全性。

6.5 Internet 基础知识及其应用

Internet 服务

Internet 为全球的网络用户提供了极其丰富的信息资源和最先进的信息交流手段，网络上的各种内容均由 Internet 服务来提供。使用 TCP 和 UDP 协议时，Internet 可支持 65535 种服务，这些服务是通过各个端口到名字实现的逻辑连接。端口分两类：

（1）已知端口或称公认端口，编号为 0～1023。

（2）需要在 IANA（互联网数字分配机构）注册登记的端口号，编号为 1024～65535。

Internet 常见的服务有如下应用：

（1）**DNS 服务**：即域名服务，计算机网络中利用 IP 地址唯一标识一台计算机，但是一组 IP 地址的数字形式不容易记忆，因此为网上的服务器取一个有意义又容易记忆的符号名字，称为"域名"。DNS 所用的是 UDP 端口，端口号为 53。

域名的结构：一台主机的主机名由它所属各级域的域名和分配给该主机的名字共同构成。书写的时候，按照由小到大的顺序，顶级域名放在最右面，分配给主机的名字放在最左面，各级名字之间用"."隔开。常见的顶级域名见下表。

组织模式顶级域名	含义	地理模式顶级域名	含义
com	商业组织	cn	中国
edu	教育部门	hk	中国香港
gov	政府部门	mo	中国澳门
mil	军事部门	tw	中国台湾
net	网络服务机构	us	美国
org	非营利性组织	uk	英国
int	国际组织	jp	日本

（2）**Telnet 服务**：即远程登录服务，是在 Telnet 协议的支持下，将用户计算机与远程主机联接起来，在远程计算机上运行程序，将相应的屏幕显示传送到本地机器，并将本地的输入送给远程计算机。Telnet 所用的是 TCP 端口，端口号为 23。

（3）**E-mail 服务**：即电子邮件服务，是一种通过计算机网络与其他用户进行联系的快速、简便、高效、价廉的现代化通信手段，是最广泛的一种服务。E-mail 系统基于客户端/服务器模式，整个系统由 E-mail 客户软件、E-mail 服务器和通信协议三部分组成。在 TCP/IP 网络上的大多数邮件管理程序使用 SMTP 协议来发送信息，且采用 POP3 协议来保管用户未能及时取走的邮件。简单邮件传送协议（SMTP）和用于接收邮件的 POP3 协议均要利用 TCP 端口。SMTP 所用的端口号是 25，POP3 所用的端口号是 110。

电子邮件地址的一般格式：**用户名@主机名**。例如 ruankao@163.com，其中"ruankao"是用户名，163.com 是主机名。

（4）**WWW 服务**：即万维网服务，是一种交互式图形界面的 Internet 服务，具有强大的信息连接功能，该服务使用一个 TCP 端口，其端口号为 80。万维网是基于客户端/服务器模式的信息发送技术和超文本技术的综合，WWW 服务器把信息组织为分布的超文本，这些信息节点可以是文本、子目录或信息指针。WWW 浏览程序为用户提供基于 HTTP 协议的用户界面，WWW 服务器的数据文件由 HTML 描述，HTML 利用统一资源定位器（URL）实现超媒体链接，在文本内指向其他网络资源。

URL 的格式：protocol ://hostname[: port]/path/filename。其中，protocol 指定使用的传输协议；hostname 指主机名，即存放资源的服务域名或者 IP 地址；port 指各种传输协议所使用的端口号，path 指路径，也称为目录名；filename 指文件名，该选项用于指定需要打开的文件名称。

（5）**FTP 服务**：即文件传输协议，用来在计算机之间传输文件。FTP 是基于客户端/服务器模式的服务系统，它由客户端软件、服务器软件和 FTP 通信协议 3 个部分组成。FTP 客户端软件运行在用户计算机上，在用户装入 FTP 客户端软件后，便可以通过使用 FTP 内部命令与远程 FTP 服务器采用 FTP 通信协议建立连接或文件传送；FTP 服务器软件运行在远程主机上，并设置一个名为 anonymous 的公共用户账号，向公众开放。

FTP 在客户端与服务器的内部建立两条 TCP 连接：一条是控制连接，主要用于传输命令和参数（端口号为 21）；另一条是数据连接，主要用于传送文件（端口号为 20）。

6.6 网络管理

6.6.1 网络管理概述

根据 OSI 网络管理标准的定义，网络管理包括 5 个基本功能，如下图所示。

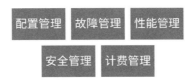

保障网络安全的基本目标就是要具备安全保护能力、隐患发现能力、应急反应能力和信息对抗

能力。Internet 架构委员会（IAB）成立了相应的工作组负责制定网络管理协议，先后推出了一系列的网络管理协议，如下图所示。

- SNMP：简单网络管理协议，应用层协议
- CMIS/CMIP：公共管理信息服务/公共管理信息协议，应用层协议
- CMOT：基于TCP/IP的公共管理信息服务与协议，应用层协议
- LMMP：局域网个人管理协议，数据链路层协议

6.6.2 防火墙

防火墙简称 Firewall，是建立在内、外网络边界上的过滤封锁机制，它认为内部网络是安全和可信赖的，而外部网络是不安全和不可信赖的。防火墙的作用是防止不希望的、未经授权地进出被保护的内部网络，通过边界控制强化内部网络的安全策略。但是防火墙不具有查病毒功能和漏洞扫描功能。防火墙的发展阶段如下图所示。

包过滤防火墙 → 应用代理网关防火墙 → 状态检测防火墙

（1）包过滤防火墙。优点如下：

1）防火墙对每条传入和传出网络的包实行低水平控制。

2）每个 IP 包的字段都被检查，例如源地址、目的地址、协议和端口等。

3）防火墙可以识别和丢弃带欺骗性源 IP 地址的包。当一个信息包被创建并通过互联网传送时，存在无限期地从一个路由器传递到另一个路由器的风险。为避免这种风险，IP 报文首部中定义了 TTL 字段。TTL 即存活时间，指一个数据包在经过一个路由器时，可传递的最长距离（跃点数）。

4）包过滤防火墙是两个网络之间访问的唯一来源。

5）包过滤通常被包含在路由器数据包中，所以不必额外的系统来处理这个特征。

缺点如下：

1）不能防范黑客攻击，因为网管不可能区分出可信网络与不可信网络的界限。

2）不支持应用层协议，因为它不认识数据包中的应用层协议，访问控制粒度太粗糙。

3）不能处理新的安全威胁。

（2）应用代理网关防火墙。应用代理网关防火墙彻底隔断内网与外网的直接通信，内网用户对外网的访问变成防火墙对外网的访问，然后再由防火墙转发给内网用户。所有通信都必须经应用层代理软件转发，访问者在任何时候都不能与服务器建立直接的 TCP 连接，应用层的协议会话过程必须符合代理的安全策略要求。

优点：可以检查应用层、传输层和网络层的协议特征，对数据包的检测能力比较强。

缺点：①难于配置；②处理速度非常慢。

（3）状态检测防火墙。状态检测防火墙结合了代理防火墙的安全性和包过滤防火墙的高速度等优点，在不损失安全性的基础上将代理防火墙的性能提高了 10 倍。Internet 上使用的是 TCP/IP，数据包并不是独立的，而是前后之间有着密切的状态联系，基于这种状态变化，引出了状态检测技术。

状态检测防火墙摒弃了包过滤防火墙仅考查数据包的 IP 地址等几个参数，而不关心数据包连接状态变化的缺点，在防火墙的核心部分建立状态连接表，并将进出网络的数据当成一个个会话，利用状态表跟踪每一个会话的状态。采用了一系列优化技术，使防火墙性能大幅度提升，能应用在各类网络环境中，尤其是在一些规则复杂的大型网络上。

6.7 章节练习题

1．以下有关局域网的特征描述中，不正确的是（　　）。
   A．分布范围有限
   B．有较高的通信带宽，但是数据传输率低
   C．数据传输可靠，误码率低
   D．通常采用同轴电缆或双绞线作为传输介质，跨楼寓时使用光纤

2．网络拓扑结构是指网络中通信线路和节点的几何排序，用于表示整个网络的结构外貌，反映各节点之间的结构关系。其中（　　）无严格的布点规定和形状，各节点之间有多条线路相连。
   A．总线型　　　　B．星型　　　　C．环型　　　　D．分布式结构

3．国际标准化组织（ISO）提出了一个网络体系结构模型，称为开放系统互联参考模型（OSI）。其中在会话层和网络层之间的是（　　）。
   A．应用层　　　　B．传输层　　　　C．表示层　　　　D．数据链路层

4．HTTP 协议在开放系统互联参考模型的（　　）。
   A．应用层　　　　B．网络层　　　　C．表示层　　　　D．传输层

5．在 TCP/IP 协议中，（　　）协议的作用是将 IP 地址转换为物理地址。
   A．UDP　　　　B．TCP　　　　C．ARP　　　　D．RARP

6．在网络互联时，一般不能简单地直接相连，而是通过一个中间设备来实现。其中（　　）设备工作在网络层。
   A．中继器　　　　B．网关　　　　C．交换机　　　　D．路由器

7．常用的网络传输媒介可分为有线介质和无线介质，以下属于无线介质的是（　　）。
   A．微波　　　　B．双绞线　　　　C．同轴电缆　　　　D．光纤

8．给定一个 IP 地址 123.45.67.89，则该 IP 地址属于（　　）地址。
   A．A 类　　　　B．B 类　　　　C．C 类　　　　D．D 类

9. 电子邮件是一种通过计算机网络与其他用户进行联系的快速、简便、高效、价廉的现代化通信手段，是最广泛的一种服务。其中接收邮件所用的协议是（　　）。

　　A．SMTP　　　　B．POP3　　　　C．Telnet　　　　D．FTP

10. 防火墙是建立在内、外网络边界上的过滤封锁机制，它认为内部网络是安全和可信赖的，而外部网络是不安全和不可信赖的。以下叙述中不正确的是（　　）。

　　A．包过滤防火墙对每条传入和传出网络的包实行低水平控制

　　B．防火墙能进行漏洞扫描和防范黑客攻击

　　C．应用代理网关防火墙彻底隔断内网与外网的直接通信，内网用户对外网的访问变成防火墙对外网的访问，然后再由防火墙转发给内网用户

　　D．状态检测防火墙采用了一系列优化技术，使防火墙性能大幅度提升，能应用在各类网络环境中，尤其是在一些规则复杂的大型网络上

6.8　练习题参考答案

1．参考答案：B

解析：本题考查局域网的特点。局域网是指传输距离有限、传输速度较高、以共享网络资源为目的的网络系统。局域网的特点如下：

（1）分布范围有限。

（2）有较高的通信带宽，数据传输率高。

（3）数据传输可靠，误码率低。

（4）通常采用同轴电缆或双绞线作为传输介质，跨楼宇时使用光纤。

（5）拓扑结构简单、简洁，大多采用总线、星型和环型等结构，系统容易配置和管理。

（6）网络的控制一般趋向于分布式，从而减少了对某个节点的依赖，避免并减小了一个节点故障对整个网络的影响。

（7）通常网络归单一组织所拥有和使用，不受任何公共网络管理机构的规定约束，容易进行设备的更新和新技术的应用，以不断增强网络功能。

2．参考答案：D

解析：本题考查计算机网络的拓扑结构。分布式结构无严格的布点规定和形状，各节点之间有多条线路相连，其特点为有较高的可靠性，当一条线路有故障时，不会影响整个系统工作；资源共享方便，网络响应时间短；由于节点与多个节点连接，故节点的路由选择和流量控制难度大，管理软件复杂；硬件成本高。

3．参考答案：B

解析：本题考查 ISO/OSI 参考模型。国际标准化组织（ISO）于 1978 年提出了一个网络体系结构模型，称为开放系统互联参考模型（OSI）。OSI 有 7 层，从低到高依次为物理层、数据链路层、网络层、传输层、会话层、表示层和应用层。

4．参考答案：A

解析：应用层常见的协议包括 FTP、Telnet、SMTP、POP3、HTTP、HTTPS、NFS、DHCP、DNS、SNMP 等。

5．参考答案：C

解析：ARP（地址解析协议）的作用是将 IP 地址转换为物理地址，RARP（反地址解析协议）的作用是将物理地址转换为 IP 地址。这是两个驻留在网络层中的重要协议。

TCP 协议：传输控制协议，在 IP 提供的不可靠数据服务的基础上为应用程序提供了一个可靠的、面向连接的、全双工的数据传输服务。

UDP 协议：用户数据报协议，是一种不可靠的、无连接的协议，可以保证应用程序进程间的通信。

6．参考答案：D

解析：本题考查计算机网络互联设备。路由器（Router）是网络层互联设备，用于联接多个逻辑上分开的网络。中继器工作在物理层，网关工作在应用层，交换机工作在数据链路层。

7．参考答案：A

解析：本题考查计算机网络传输媒体。常见的无线介质包括微波、红外线、激光和卫星通信等。

8．参考答案：A

解析：本题考查 IP 地址的分类。

A 类网络地址第一个字节的十进制值区间为 000～127。

B 类网络地址第一个字节的十进制值区间为 128～191。

C 类网络地址第一个字节的十进制值区间为 192～223。

D 类网络地址第一个字节的十进制值区间为 224～239。

9．参考答案：B

解析：本题考查 E-mail 服务。

E-mail 系统基于客户端/服务器模式，整个系统由 E-mail 客户软件、E-mail 服务器和通信协议三部分组成。在 TCP/IP 网络上的大多数邮件管理程序使用 SMTP 协议来发送信息，且采用 POP3 协议来保管用户未能及时取走的邮件。简单邮件传送协议（SMTP）和用于接收邮件的 POP3 协议均要利用 TCP 端口。

10．参考答案：B

解析：本题考查防火墙的基础知识。防火墙不能防范黑客攻击，因为网络管理员不可能区分出可信网络与不可信网络的界限。

第7章 程序设计语言基础知识

（1）本章重点内容概述：汇编、编译与解释系统基础知识、程序设计语言的基本概念、面向对象程序设计、C语言以及C++语言程序设计基础知识、数据结构和算法等内容。

（2）考试形式：常见题型为选择题，出现在第一场考试中，历年考试分值基本在12分左右，本章涉及到的内容在考试中占比很高，需要花费较多时间重点掌握。

（3）本章学习要求：结合本章内容做好笔记，重复学习重点、难点、常考知识点，加强掌握程度，通过做章节作业及历年考试题目加深知识点的记忆，及时发现还未掌握的知识点，进行重点学习（已掌握的知识点要定期温习）。

7.1 汇编、编译与解释系统基础知识

7.1.1 低级语言和高级语言

计算机硬件只能识别由0、1字符序列组成的机器指令，因此机器指令是最基本的计算机语言。

低级语言
- 机器语言：由0、1字符序列组成的机器指令。
- 汇编语言：用容易记忆的符号代替0、1序列，来表示机器指令中的操作码和操作数。

高级语言
- C语言、C++、Java、C#、Python、PHP等。

尽管可以借助高级语言与计算机进行交互，但是计算机仍然只能理解和执行由0、1序列构成的机器语言，因此高级程序设计语言需要翻译，担负这一任务的程序称为"语言处理程序"。由于应用的不同，程序语言的翻译也是多种多样的，可分为三种，如下图所示。

（1）汇编语言。汇编语言是为特定计算机设计的面向机器的符号化程序设计语言，用汇编语言编写的程序称为汇编语言源程序。因为计算机不能直接识别和运行符号语言程序，所以要用专门的汇编程序进行翻译。用汇编语言编写程序要遵循所用语言的规范和约定。汇编语言源程序由若干条语句组成，一个程序中可以有如下三类语句：

1）指令语句。指令语句又称为机器指令语句，将其汇编后能产生相应的机器代码，这些代码能被 CPU 直接识别并执行相应的操作。基本的指令如 ADD、SUB 和 AND 等，书写指令语句时必须遵循相应的格式要求。指令语句可分为传送指令、算术运算指令、逻辑运算指令、移位指令、转移指令和处理机控制指令等类型。

2）伪指令语句。伪指令语句指示汇编程序在汇编源程序时完成某些工作，例如给变量分配存储单元地址，给某个符号赋一个值等。伪指令语句与指令语句的区别是：伪指令语句经汇编后不产生机器代码，而指令语句经汇编后要产生相应的机器代码。另外，伪指令语句所指示的操作是在源程序被汇编时完成，而指令语句的操作必须是在程序运行时完成。

3）宏指令语句。在汇编语言中，还允许用户将多次重复使用的程序段定义为宏。宏的定义必须按照相应的规定进行，每个宏都有相应的宏名。在程序的任意位置，若需要使用这段程序，只要在相应的位置使用宏名，就相当于使用了这段程序。因此，宏指令语句就是宏的引用。

（2）编译程序。编译程序的功能是把某高级语言书写的源程序翻译成与之等价的目标程序。编译程序的工作过程可以分为 6 个阶段，如下图所示。

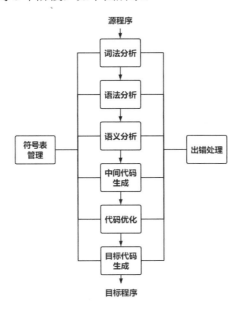

其中，符号表管理和出错处理贯穿编译工作的始终。

1）词法分析：该阶段是编译过程的第一阶段，这个阶段的任务是对源程序从前到后（从左到右）逐个字符地扫描，从中识别出一个个"单词"符号。

2）语法分析：任务是在词法分析的基础上，根据语言的语法规则将单词符号序列分解成各类语法单位，如"表达式""语句""程序"等。

3）语义分析：该阶段主要分析程序中各种语法结构的语义信息，包括检查源程序是否包含静态语义错误，并收集类型信息供后面的代码生成阶段使用。

4）中间代码生成：该阶段的工作是根据语义分析的输出生成中间代码。

5）代码优化：生成的中间代码往往在计算时间上和存储空间上有很大的浪费，当需要生成高效的目标代码时，就必须进行优化。

6）目标代码生成：把中间代码变换成特定机器上的绝对指令代码、可重定位的指令代码或汇编指令代码，这个阶段的工作与具体的机器密切相关。

7）符号表管理：符号表的作用是记录源程序中各个符号的必要信息，以辅助语义的正确性检查和代码生成，在编译过程中需要对符号表进行快速有效地查找、插入、修改和删除等操作。

8）出错处理：用户编写的源程序不可避免地会有一些错误，这些错误大致可分为静态错误和动态错误。动态错误也称动态语义错误，它们发生在程序运行时，例如变量取零时作除数、引用数组元素下标越界等错误；静态错误是指编译时所发现的程序错误，可分为语法错误和静态语义错误，如单词拼写错误、标点符号错误、表达式中缺少操作数、括号不匹配等有关语言结构上的错误称为语法错误；而语义分析时发现的运算符与运算对象类型不合法等错误属于静态语义错误。

（3）解释程序。解释程序是另一种语言处理程序，在词法、语法和语义分析方面与编译程序的工作原理基本相同，但是在运行用户程序时，它直接执行源程序或源程序的内部形式。因此，解释程序不产生源程序的目标程序，这是它和编译程序的主要区别。下图显示了以解释方式实现高级语言的3种方式。

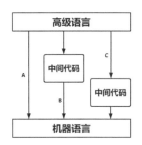

基本结构：这类系统通常可以分成如下两部分。

（1）分析部分：包括与编译过程相同的词法分析、语法分析和语义分析程序，经语义分析后把源程序翻译成中间代码。

（2）解释部分：用来对第一部分产生的中间代码进行解释执行。

编译方式和解释方式的比较：

（1）效率：编译方式比解释方式可能取得更高的效率。

（2）灵活性：解释方式够比编译方式更灵活。

（3）可移植性：解释方式可移植性更好。

7.1.2 正规式

正规式是在编译程序词法分析时用于描述词法规则的表达式，它产生的集合是语言基本字符集∑（字母表）上的字符串的一个子集，称为正规集。

对于字母表∑，其上的正规式及其表示的正规集可以递归定义如下：

（1）ε是一个正规式，它表示集合 L(ε)= {ε}。

（2）若 a 是∑上的字符，则 a 是一个正规式，它所表示的正规集为 L(a)= {a}。

（3）若正规式 r 和 s 分别表示正规集 L(r)和 L(s)，则：

1）r|s 是正规式，表示集合 L(r)∪L(s)。

2）r·s 是正规式，表示集合 L(r)L(s)。

3）r*是正规式，表示集合(L(r))*。

4）(r)是正规式，表示集合 L(r)。

仅由有限次地使用上述三个步骤定义的表达式才是∑上的正规式。

运算符"|""·""*"分别称为"或""连接"和"闭包"。在正规式的书写中，连接运算符"·"可省略。运算符的优先级从高到低顺序排列为"*""·""|"。

设∑={a,b}，在下表中列出了∑上的一些正规式和相应的正规集。

正规式	正规集
ab	符号串ab构成的集合
a|b	符号串a、b构成的集合
a*	由0个或多个a构成的符号串集合
(a|b)*	所有由字符a和b构成的符号串集合
a(a|b)*	以a为首字符的a、b字符串的集合
(a|b)*abb	以abb结尾的a、b字符串的集合

7.1.3 有限自动机

有限自动机是一种识别装置的抽象概念，它能准确地识别正规集，有限自动机分为确定的有限自动机和不确定的有限自动机。

（1）确定的有限自动机：简称 DFA。一个确定的有限自动机是个五元组：(S,∑,f,s0,Z)，其中：

1）S 是一个有限集合，它的每个元素称为一个状态。

2）∑是一个有穷字母表，它的每个元素称为一个输入字符。

3）f 是 S×∑→S 上的单值部分映像。f(A, a)=Q 表示当前状态为 A、输入为 a 时，将转换到下一状态 Q。称 Q 为 A 的一个后继状态。

4）s0∈S，是唯一的一个开始状态。

5）Z 是非空的终止状态集合，Z⊆S。

确定的有限自动机的表示：

1）状态转换图：简称为转换图，是一个有向图。DFA 中的每个状态对应转换图中的一个节点，DFA 中的每个转换函数对应图中的一条有向弧，若转换函数为 f(A,a)=Q，则该有向弧从节点 A 出发，进入节点 Q，字符 a 是弧上的标记。

2）状态转换矩阵：就是用一个二维数组表示确定的有限自动机。

（2）不确定的有限自动机：简称 NFA。一个不确定的有限自动机也是一个五元组(S,∑,f,s0,Z)，它与确定有限自动机的区别如下：

1）f 是 SX∑→S 的幂集上的映像。对于 S 中的一个给定状态及输入符号，返回一个状态的集合。即当前状态的后继状态不一定是唯一确定的。

2）有向弧上的标记可以是 ε。

7.2 程序设计语言的基本概念

7.2.1 程序设计语言

程序设计语言的定义涉及以下三个方面：

（1）语法：是指由程序设计语言基本符号组成程序中的各个语法成分（包括程序）的一组规则，其中由基本字符构成的符号（单词）书写规则称为词法规则，由符号（单词）构成语法成分的规则称为语法规则。程序设计语言的语法可通过形式语言进行描述。

（2）语义：是程序设计语言中按语法规则构成的各个语法成分的含义，可分为静态语义和动态语义。静态语义是指编译时可以确定的语法成分的含义，而运行时刻才能确定的含义是动态语义。一个程序的执行效果说明了该程序的语义，它取决于构成程序的各个组成部分的语义。

（3）语用：表示了构成语言的各个记号和使用者的关系，涉及符号的来源、使用和影响。

语言的实现还涉及语境问题。语境是指理解和实现程序设计语言的环境，这种环境包括编译环境和运行环境。

程序设计语言的分类没有统一的标准，从不同的角度可以进行不同的划分。根据程序设计的方法将程序设计语言大致分为如下四类：

（1）命令式程序设计语言：基于动作的语言，在这种语言中，计算被看成动作的序列。FORTRAN、ALGOL、COBOL、**C 语言**和 **Pascal** 等都是命令式程序设计语言。

（2）面向对象的程序设计语言：**C++**、**Java** 和 **Smalltalk** 都是面向对象程序设计语言，封装、继承和多态是面向对象编程的基本特征。

（3）函数式程序设计语言：是一类以 λ-演算为基础的语言，其基本概念来自于 LISP，这是一个在 1958 年为了人工智能应用而设计的语言。

（4）逻辑型程序设计语言：是一类以形式逻辑为基础的语言，其代表是建立在关系理论和一阶谓词理论基础上的 PROLOG。

其中 C 语言是嵌入式系统开发中最常用的编程语言之一，它具有高效、低层次的特点，能够充分利用嵌入式系统有限的资源。C++语言是在 C 语言基础上发展起来的，它保留了 C 语言的高效性，同时引入了面向对象的特性。对于大型嵌入式系统的开发，C++可以提供更好的代码组织结构和可维护性。

程序设计语言的基本成分包括如下四种：

（1）数据成分：程序中的数据对象总是对应着应用系统中某些有意义的东西，数据表示则指示了程序中值的组织形式。数据类型用于描述数据对象，还用于在基础机器中完成对值的布局，同时还可用于检查表达式中对运算的应用是否正确。数据是程序操作的对象，具有类型、名称、作用域、存储类别和生存期等属性，在程序运行过程中要为它分配内存空间。从不同角度可将数据进行不同的划分。

1）常量和变量：按照程序运行时数据的值能否改变，将数据分为常量和变量。程序中的数据对象可以具有左值和（或）右值。左值指存储单元（或地址、容器），右值是值（或内容）。变量具有左值和右值，在程序运行的过程中其右值可以改变；常量只有右值，在程序运行的过程中其右值不能改变。

2）全局变量和局部变量：按作用域可将变量分为全局变量和局部变量。一般情况下，系统为全局变量分配的存储空间在程序运行的过程中一般是不改变的,而为局部变量分配的存储单元是动态改变的。

3）数据类型：按照数据组织形式的不同可将数据分为基本类型、用户定义类型、构造类型及其他类型。

（2）运算成分：程序设计语言的运算成分指允许使用的运算符号及运算规则。大多数高级程序设计语言的基本运算可以分成算术运算、关系运算和逻辑运算等类型。

（3）控制成分：程序设计语言的控制成分指语言允许表述的控制结构，程序员使用控制成分来构造程序中的控制逻辑。理论上已经证明，可计算问题的程序都可以用顺序、选择和循环这 3 种控制结构来描述。

1）控制成分指明语言允许表述的控制结构，程序员使用控制成分来构造程序中的控制逻辑。理论上已经证明，可计算问题的程序都可以用顺序、选择和循环这 3 种控制结构来描述。

2）分支结构：if、if…else…、if…else　if…else…、switch 多分支结构等。

3）循环结构：for 循环、while 循环（和 for 循环控制流图类似）、do...while 循环等。

4）if 语句的一般形式为：

if(表达式)　语句 1;
else　语句 2;

当语句 2 为空语句时，可以简化为：

if(表达式)　语句 1;

使用 if 语句时，需要注意 if 和 else 的匹配关系，else 总是与离它最近的尚没有 else 的 if 相匹配。

5）while 语句的一般形式为：

while (条件表达式)　循环体语句;

6）do...while 语句的一般形式为：

do
循环体语句;
while (条件表达式);

7）for 语句的一般形式为：

for(表达式 1;表达式 2;表达式 3)　循环体语句;

for 语句的使用很灵活，其内部的 3 个表达式都可以省略，但用于分隔三个表达式的分号";"不能省略。

（4）传输成分：程序设计语言的传输成分指语言允许的数据传输方式，如赋值处理、数据的输入和输出等。

常见的中断语句如下图所示：

- **break**：直接结束一个循环，跳出循环体。break 以后的循环体中的语句不会继续执行，循环体外面的语句会执行，也就是说 break 只能跳出所在的一层循环体。
- **continue**：中止本次循环，继续下次循环。continue 以后的循环体中的语句不会继续执行，下次循环继续执行。
- **return**：该语句的功能是结束一个方法。一旦在循环体内执行 return，将会结束该方法，循环自然也随之结束。与 continue 和 break 不同的是，return 直接结束整个方法，不管这个 return 处于多少层循环之内。

7.2.2 函数

函数定义：函数的定义描述了函数做什么和怎么做，包括函数首部和函数体两部分。函数定义的一般格式为：

返回值的类型　函数名(形式参数表)　　//函数首部
{
函数体;
}

函数声明：函数应该先声明后引用，如果程序中对一个函数的调用在该函数的定义之前进行，则应该在调用前对被调用函数进行声明。函数声明的一般形式为：

返回值类型 函数名(参数类型表);

函数调用：当在一个函数中需要使用另一个函数实现的功能时，便以名字进行调用，称为函数调用。函数调用的一般形式为：

函数名 (实参表);

传值调用：若实现函数调用时实参向形参传递相应类型的值，则称为是传值调用。

引用调用：当形参为引用类型时，函数中对形参的访问和修改实际上就是针对相应实参所作的访问和改变，引用调用时会在形式参数前面加上符号"&"。

7.3 面向对象程序设计

7.3.1 面向对象的基本概念

面向对象方法以客观世界中的对象为中心，采用符合人们思维方式的分析和设计思想，分析和设计的结果与客观世界的实际情况比较接近。其中涉及到的基本概念包括：

（1）**对象**：在面向对象的系统中，对象是基本的运行时实体，它既包括数据（属性），也包括作用于数据的操作（行为）。在对象内的操作通常称为方法，一个对象通常可由对象名、属性和方法（操作）三部分组成。

（2）**消息**：对象之间进行通信的一种构造称为消息。当一个消息发送给某个对象时，包含要求接收对象去执行某些活动的信息，接收到信息的对象经过解释，然后予以响应，这种通信机制称为消息传递。发送消息的对象不需要知道接收消息的对象如何响应该请求。

（3）**类**：一个类定义了一组大体上相似的对象。一个类所包含的方法和数据描述了一组对象的共同行为和属性。类是对象之上的抽象，对象是类的具体化，是类的实例。

（4）**绑定**：是一个把过程调用和响应调用需要执行的代码加以结合的过程。绑定是在编译时进行的，称为静态绑定；绑定是在运行时进行的，称为动态绑定，动态绑定是与类的继承以及多态相联系的。

以下基本概念是面向对象程序设计的三个特性：

（1）**封装**：是一种信息隐蔽技术，其目的是使对象的使用者和生产者分离，使对象的定义和实现分开。

（2）**继承**：是父类和子类之间共享数据和方法的机制。这是类之间的一种关系，在定义和实现一个类的时候，可以在一个已经存在的类的基础上进行，把这个已经存在的类所定义的内容作为自己的内容，并加入若干新的内容。一个父类可以有多个子类，这些子类都是父类的特例，父类描述了这些子类的公共属性和方法。一个子类可以继承它的父类（或祖先类）中的属性和方法，这些属性和操作在子类中不必定义，子类中还可以定义自己的属性和方法。如果只从一个父类得到继承，称为"单重继承"。如果一个子类有两个或更多个父类，则称为"多重继承"。

（3）多态：在收到消息时，对象要予以响应。不同的对象收到同一消息可以产生完全不同的结果，这一现象称为多态。在使用多态的时候，用户可以发送一个通用的消息，而实现的细节则由接收对象自行决定。这样，同一消息就可以调用不同的方法。多态的实现受到继承的支持，利用类的继承的层次关系，把具有通用功能的消息存放在高层次，而不同的实现这一功能的行为放在较低层次，在这些低层次上生成的对象能够给通用消息以不同的响应。多态有如下不同的形式，其中，参数多态和包含多态称为通用的多态，过载多态和强制多态称为特定的多态。

1）参数多态：是应用比较广泛的多态，被称为最纯的多态，类型参数化。意思是允许在定义类、接口、方法时使用类型形参，当使用时指定具体类型，所有使用该泛型参数的地方都被统一化，保证类型一致。通俗来讲，就是声明一个模板，创建一个通用的工具。采用参数化模板，通过给出不同的类型参数，使得一个结构有多种类型，例如模板类。

2）包含多态：在许多语言中都存在，最常见的例子就是子类型化，即一个类型是另一个类型的子类型。包含多态一般需要进行运行时的类型检查。

3）过载多态：是同一个名字在不同的上下文中所代表的含义不同。是在一个类里面，方法名字相同，而参数（个数或者类型）不同。通俗来讲，就是两个函数名相同而类型不同，他们之间构成重载关系。同一个名（操作符、函数名）在不同的上下文中有不同的类型。程序设计语言中基本类型的大多数操作符都是过载多态的。

4）强制多态：编译程序通过语义操作，把操作对象的类型强行加以变换，以符合函数或操作符的要求。程序设计语言中基本类型的大多数操作符，在发生不同类型的数据进行混合运算时，编译程序一般都会进行强制多态。程序员也可以显示地进行强制多态的操作。

7.3.2 面向对象分析

面向对象分析简称 OOA，目标是完成对所理解问题的分析，确定待开发软件系统要做什么，建立系统模型。面向对象分析包含 5 个活动，如下图所示。

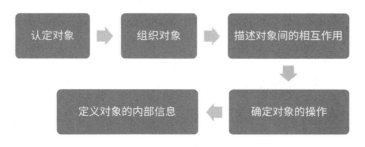

分析阶段最重要的是理解问题域的概念，其结果将影响整个工作。面向对象分析方法的一个优点是便于修改，早期阶段的修改容易提高软件的可靠性。面向对象分析需要建立系统模型，因此必须完成以下任务：

（1）在客户和软件工程师之间沟通基本的用户需求。

（2）标识类（包括定义其属性和操作）。

(3) 刻画类的层次结构。
(4) 表示类（对象）之间的关系。
(5) 为对象行为建模。
(6) 递进地重复任务（1）～任务（5），直至完成建模。

其中，任务（2）～任务（4）刻画了待开发软件系统的静态结构，任务（5）刻画了系统的动态行为。

7.3.3 面向对象设计

面向对象设计简称 OOD，是将 OOA 所创建的分析模型转化为设计模型，其目标是定义系统构造蓝图。OOD 在复用 OOA 模型的基础上，包含与 OOA 对应 5 个活动，如下图所示。

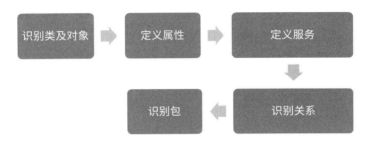

和所有其他设计活动一样，要使系统的结构好且效率高，做好相互间的平衡是困难的。分析模型已经提供了概念结构，它将试图长期保存。

7.3.4 面向对象程序设计（编程）

面向对象程序设计简称 OOP，也称为面向对象编程，是采用程序设计语言，采用对象、类及其相关概念所进行的程序设计，将设计模型转化为在特定环境中的系统，即实现系统。它的关键在于加入了类和继承性，从而进一步提高了抽象程度。

7.4 C 语言以及 C++语言程序设计基础知识

7.4.1 C 语言基本数据类型

C 语言程序是由一系列函数组成的，一个 C 语言程序必须有一个 main 函数，整个程序的执行从该函数开始。在 C 程序中，数据都具有类型，通过数据类型定义了数值范围以及可进行的运算。C 的数据类型可分为如下几类：

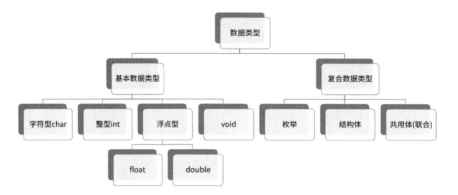

（1）枚举类型。枚举类型是一种用户定义的数据类型，就是把这种类型数据可取的值逐一列举出来。其一般定义形式为：

enum 枚举类型名{
标识符[=整型常数],
标识符[=整型常数],
…
标识符[=整型常数]
};

当枚举类型中的某个成员赋值后，其后的成员则按依次加1的规则确定其值。例如：

enum Color {e1=1,e2,e3, e4=30, e5=100, e6};

此时，e2=2，e3=3，e6=101。

（2）结构体类型。利用结构体类型可以把一个数据元素的各个不同的数据项聚合为一个整体。一个结构体变量的存储空间长度等于其所有成员所占空间长度之和。结构体类型的声明格式为：

struct 结构体名
{
    成员表列
}变量名表列;

一般情况下，对结构体变量的运算必须通过对其成员变量进行运算来完成，可以通过成员运算符"."来访问结构体变量的成员，方式为：

结构体变量名.成员名

（3）共同体类型。共用体数据类型又称为做联合数据类型，一个共用体变量的存储空间的大小等于其占用空间最大的成员的大小，所有成员变量占用同一段内存空间。类型的声明格式为：

union   共用体名 {
成员表列
}变量名表列;

不能直接引用联合类型的变量，只能引用其成员。用"."运算符引用共用体变量的成员，引用方式为：

共用体变量.成员变量名

7.4.2　C 语言概述

在 C 语言程序中使用的变量名、函数名、标号以及用户定义数据类型名等统称为标识符。C 语言的标识符一般应遵循如下的规则：

（1）标识符必须以字母 a～z、A～Z 或下划线开头，后面可跟任意个字符，这些字符可以是字母、下划线和数字，其他字符不允许出现在标识符中。

（2）标识符区分大小写字母。

（3）C 语言中的关键字（保留字）有特殊意义，不能作为标识符。

（4）标识符最好使用具有一定意义的字符串，便于记忆和理解。变量名一般用小写字母，用户自定义类型名的开头字母大写。

C 语言提供了丰富的运算符，根据运算符需要的操作数个数，可分为单目运算符、双目运算符和三目运算符。表达式由运算符和操作数组成，它规定了数据对象的运算过程。

（1）自增（++）与自减（--）运算符：作用是将数值变量的值增加 1 或减少 1。其中，++value 或--value 称为前缀方式，value++或 value--称为后缀方式，区别是：前缀式先将变量的值增 1，然后取变量的新值参与表达式的运算；后缀式先取变量的值参与表达式的运算，然后再将变量的值增加 1。

（2）赋值运算符（=）：作用是将一个表达式的值赋给一个变量，可进行组合赋值。例如：

```
a=1;        //给变量 a 赋值为 1;
a+=1;       //等价于 a=a+1;
```

（3）关系运算符：用于数值之间的比较，包含等于（==）、不等于（!=）、小于（<）、小于或等于（<=）、大于（>）、大于或等于（>＝）这 6 种，结果的值为 1（表示关系成立）或为 0（表示关系不成立）。

（4）逻辑运算符：逻辑与（&&）、逻辑或（||）、逻辑非（!）的运算结果为 1（表示 true）或为 0（表示 false）。

1）"逻辑非"是单目运算符，它将操作数的逻辑值取反。

2）"逻辑与"是双目运算符号，其含义是"当且仅当两个操作数的值都为 true 时，逻辑与运算的结果为 true"。

3）"逻辑或"是双目运算符号，其含义是"当且仅当两个操作数的值都为 false 时，逻辑或运算的结果为 false"。

（5）条件运算符：这是 C 语言中唯一的三目运算符，也称为三元运算符，它有 3 个操作数：操作数 1?操作数 2：操作数 3。操作数 1 有时候是一个表达式，结果为真则取操作数 2 的值，结果为假则取操作数 3 的值。

（6）逗号运算符：逗号运算符带两个操作数，结果是右操作数。多个表达式可以用逗号组合成一个表达式，即逗号表达式。逗号表达式的一般形式是：表达式 1,表达式 2,…,表达式 n，它的值是表达式 n 的值。例如 int i =(5,10)，最后变量 i 被赋予的值是 10，而不是 5。

（7）**位运算符**：要求操作数是整型数，并按二进制位的顺序来处理它们。C/C++提供 6 种位运算符：取反（～）、按位与（&）、按位或（|）、按位异或（|^）、按位左移（<<）、按位右移（>>）。

7.5 数据结构基础知识

数据结构描述数据元素的集合及元素间的关系和运算。按照逻辑关系的不同将数据结构分为两类，如下图所示。

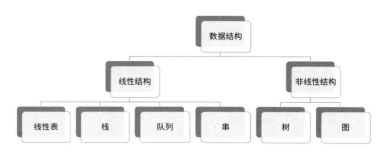

7.5.1 线性表

定义：一个线性表是 n（n≥0）个元素的有限序列，通常表示为（a1,a2,…,an）。非空线性表的特点如下：①存在唯一的一个称作"第一个"的元素；②存在唯一的一个称作"最后一个"的元素；③除第一个元素外，序列中的每个元素均只有一个直接前驱；④除最后一个元素外，序列中的每个元素均只有一个直接后继。

线性表的存储方法有以下两种：

（1）**顺序存储**：指用一组地址连续的存储单元依次存储线性表中的数据元素，从而使得逻辑上相邻的两个元素在物理位置上也相邻。在这种存储方式下，元素间的逻辑关系无须占用额外的空间来存储。线性表采用顺序存储结构的优点是可以随机存取表中的元素，缺点是插入和删除操作需要移动元素。

（2）**链式存储**：用节点来存储数据元素，基本的节点结构如下：

存储各数据元素的节点的地址并不要求是连续的，因此存储数据元素的同时必须存储元素之间的逻辑关系。另外，节点空间只有在需要的时候才申请，无须事先分配。节点之间通过指针域构成一个链表，若节点中只有一个指针域，则称为线性链表（或单链表）。当线性表采用链表作为存储结构时，不能对数据元素进行随机访问，但是插入和删除操作不需要移动元素。其他几种链表结构如下所示：

（1）双向链表：每个节点包含两个指针，分别指出当前节点元素的直接前驱和直接后继。其特点是**可以从表中任意的节点出发，从两个方向上遍历链表**。

（2）循环链表：在单向链表（或双向链表）的基础上**令表尾节点的指针指向表中的第一个节点，构成循环链表**。其特点是可以从表中任意节点开始遍历整个链表。

（3）静态链表：借助数组来描述线性表的链式存储结构，静态链表中的一个节点是数组中的一个元素。

7.5.2 栈

栈是只能通过访问它的一端来实现数据存储和检索的一种线性数据结构。栈又称为先进后出（FILO，或后进先出）的线性表。在栈中进行插入和删除操作的一端称为栈顶（top），另一端称为栈底（bottom），不含数据元素的栈称为空栈。栈的存储结构有如下两种：

（1）顺序存储：指用一组地址连续的存储单元依次存储自栈顶到栈底的数据元素，同时附设指针 top 指示栈顶元素的位置。采用顺序存储结构的栈也称为顺序栈。在顺序存储方式下，需要预先定义或申请栈的存储空间，也就是说栈空间的容量是有限的。因此在顺序栈中，当一个元素入栈时，需要判断是否栈满，若栈满，则元素入栈会发生上溢现象。

（2）链式存储：为了克服顺序存储的栈可能存在上溢的不足，可以用链表存储栈中的元素。用链表作为存储结构的栈也称为链栈。由于栈中元素的插入和删除仅在栈顶一端进行，因此不必另外设置头指针，链表的头指针就是栈顶指针。

栈的应用包括表达式求值、括号匹配等。例如计算机在处理算术表达式时，可将表达式先转换为后缀形式，然后利用栈进行计算。例如表达式"10+2*(20-5)"的后缀表达式形式为：10 2 20 5 - * +。上面后缀表达式的计算过程为：

1）依次将 10，2，20，5 压入栈中。
2）遇到"-"，取出 5，20，计算 20-5，得 15，将其压入栈中。
3）遇到"*"，取出 15，2，计算 2*15，得 30，将其压入栈中。
4）遇到"+"，取出 30，10，计算 10+30，得 40，将其压入栈中。
5）表达式结束，计算过程完成。

7.5.3 队列

队列是一种先进先出（FIFO）的线性表，它只允许在表的一端插入元素，而在表的另一端删除元素。在队列中，允许插入元素的一端称为队尾（rear），允许删除元素的一端称为队头（front）。队列的存储结构有如下两种：

（1）顺序存储：利用一组地址连续的存储单元存放队列中的元素。由于队列中元素的插入和删除限定在表的两端进行，因此设置队头指针和队尾指针，分别指出当前的队头和队尾。

在顺序队列中，为了降低运算的复杂度，元素入队时只修改队尾指针，元素出队时只修改队头指针。由于顺序队列的存储空间容量是提前设定的，所以队尾指针会有一个上限值，当队尾指针达到该上限时，就不能只通过修改队尾指针来实现新元素的入队操作了。此时，可通过整除取余运算将顺序队列假想成一个环状结构，称为循环队列。

（2）链式存储：为了便于操作，可给链队列添加一个头节点，并令头指针指向头节点。在这种情况下，队列为空的判定条件是头指针和尾指针的值相同，且均指向头节点。

队列常应用于需要排队的场合，操作系统中处理打印任务的打印队列、离散事件的计算机模拟等。

7.5.4 串

字符串简称串，是仅由字符构成的有限序列，是取值范围受限的线性表。一般记为 S='$a_1a_2\cdots a_n$'，其中 S 是串名，单引号括起来的字符序列是串值。有关的基本概念如下：

（1）串长：即串的长度，指字符串中的字符个数。长度为零的串称为空串，不包含任何字符。

（2）空格串：由一个或多个空格组成的串。

（3）子串：由串中任意长度的连续字符构成的序列称为子串。含有子串的串称为主串。

（4）串相等：指两个串长度相等且对应序号的字符也相同。

（5）串比较：两个串比较大小时以字符的 ASCII 码值（或其他字符编码集合）作为依据。实质上，比较操作从两个串的第一个字符开始进行，字符的码值大者所在的串为大；若其中一个串先结束，则以串长较大者为大。

常见的串的存储结构有以下两种：

（1）顺序存储：用一组地址连续的存储单元来存储串值的字符序列。由于串中的元素为字符，所以可通过程序语言提供的字符数组定义串的存储空间，也可以根据串长的需要动态申请字符串的空间。

（2）链式存储：字符串也可以采用链表作为存储结构，当用链表存储串中的字符时，每个节点中可以存储一个字符，也可以存储多个字符，此时要考虑存储密度问题。在链式存储结构中，节点大小的选择和顺序存储方法中数组空间大小的选择一样重要，它直接影响对串的处理效率。

7.5.5 数组

一维数组是长度固定的线性表，数组中的每个数据元素类型相同，结构一致。n 维数组是定长线性表在维数上的扩张，即线性表中的元素又是一个线性表。设有 n 维数组 $A[b_1,b_2,\cdots,b_n]$，其每一维的下界都为 1，b_i 是第 i 维的上界。从数据结构的逻辑关系角度来看，A 中的每个元素 $A[j_1,j_2,\cdots,j_n]$（$1 \leqslant j_i \leqslant b_i$）都被 n 个关系所约束。在每个关系中，除第一个和最后一个元素外，其余元素都只有一个直接后继和一个直接前驱。因此就单个关系而言，这 n 个关系仍是线性的。以二维数组 $A[m][n]$ 为例，可以把它看成是一个定长的线性表，它的每个元素也是一个定长线性表，如下所示。

$$A_{m \times n} = \begin{bmatrix} a_{11} & a_{12} & a_{13} & \cdots & a_{1n} \\ a_{21} & a_{22} & a_{23} & \cdots & a_{2n} \\ \vdots & \vdots & \vdots & \ddots & \vdots \\ a_{m1} & a_{m2} & a_{m3} & \cdots & a_{mn} \end{bmatrix}$$

在数组中,数据元素数目固定,一旦定义了一个数组结构,就不再有元素个数的变化。数据元素具有相同的类型,数据元素的下标关系具有上下界的约束且下标有序。数组一般不做插入和删除运算,一旦定义了数组,则结构中的数据元素个数和元素之间的关系就不再发生变动,因此数组适合于采用顺序存储结构。二维数组的存储结构可分为以行为主序和以列为主序的两种方法,如下图所示。

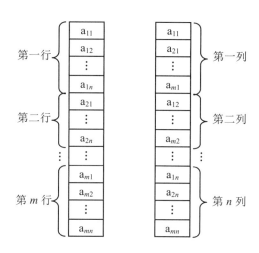

设每个数据元素占用 L 个单元,m、n 为数组的行数和列数,$Loc(a_{11})$ 表示元素 a_{11} 的地址,那么,以行为主序优先存储的地址计算公式为:$Loc(a_{ij})= Loc(a_{11})+((i-1)*n+(j-1))*L$。

同理,以列为主序优先存储的地址计算公式为:$Loc(a_{ij})= Loc(a_{11})+((j-1)*m+(i-1))*L$。

7.5.6 二叉树

树是 n($n \geq 0$)个节点的有限集合,当 $n=0$ 时称为空树。在任一非空树($n>0$)中,有且仅有一个称为根的节点;其余节点可分为 m($m \geq 0$)个互不相交的有限集 $T_1, T_2, \cdots, T_m$,其中每个集合又都是一棵树,并且称为根节点的子树。对树中的某个节点,它最多只和上一层的一个节点(即其双亲节点)有直接关系,而与其下一层的多个节点(即其子树节点)有直接关系,如图所示。通常,凡是分等级的分类方案都可以用具有严格层次关系的树结构来描述。有关树结构的概念如下:

(1)双亲、孩子和兄弟:节点的子树的根称为该节点的孩子,相应地该节点称为其子节点的双亲。具有相同双亲的节点互为兄弟。

(2)节点的度:一个节点的子树的个数记为该节点的度。

(3)叶子节点:也称为终端节点,指度为零的节点。

(4)内部节点:度不为零的节点称为分支节点或非终端节点。除根节点之外,分支节点也称为内部节点。

(5)节点的层次:根为第一层,根的孩子为第二层,以此类推,若某节点在第 i 层,则其孩子节点就在第 $i+1$ 层。

（6）树的高度：一棵树的最大层次数记为树的高度（或深度）。

（7）有序树和无序树：若将树中节点的各子树看成是从左到右有次序关系，即不能交换次序，则称该树为有序树，否则称为无序树。

（8）森林：是 m（$m \geq 0$）棵互不相交的树的集合。

二叉树是 n（$n \geq 0$）个节点的有限集合，它或者是空树（$n=0$），或者是由一个根节点及两棵不相交的、分别称为左子树和右子树的二叉树所组成。树和二叉树最主要的区别如下图所示。

1．二叉树中节点的子树要区分左子树和右子树，即使在节点只有一棵子树的情况下也要明确指出该子树是左子树还是右子树。

2．二叉树中节点的最大度为 2，而树中不限制节点的度数。

（1）满二叉树：若深度为 k 的二叉树有 2^k-1 个节点，则称其为满二叉树。如下图所示，为一棵高度为 3 的满二叉树。

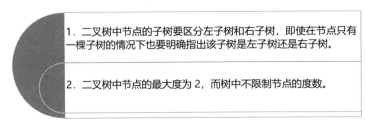

（2）完全二叉树：对满二叉树中的节点进行连续编号，约定编号从根节点起，自上而下、自左至右依次进行。深度为 k、有 n 个节点的二叉树，当且仅当其每一个节点都与深度为 k 的满二叉树中编号从 1 至 n 的节点一一对应时，称之为完全二叉树，如下图所示。

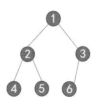

（3）大顶堆和小顶堆：其概念都是从堆的概念引申而来的，对于 n 个元素的关键字序列{$K_1,K_2,\cdots,K_n$}，当且仅当满足（$K_i \leq K_{2i}$ 且 $K_i \leq K_{2i+1}$）或者（$K_i \geq K_{2i}$ 且 $K_i \geq K_{2i+1}$）时称其为堆，其中 $2i$ 和 $2i+1$ 要求不大于 n。若将此序列对应的一维数组看成是一个完全二叉树，则堆的含义表明，完全二叉树中所有非终端节点的值均不小于（或不大于）其左、右孩子节点的值。因此，在一个堆中，堆顶元素（即完全二叉树的根节点）必为序列中的最大元素（或最小元素），并且堆中的任一棵子树也都是堆。若堆顶为最小元素，则称为小顶堆（小根堆）；若堆顶为最大元素，则称为大顶堆（大根堆）。如下图所示，左边的图不是大顶堆或小顶堆结构，而右边的图是一个大顶堆结构。

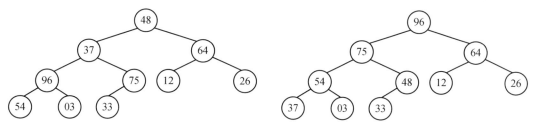

（4）**二叉排序树**：又称为二叉查找树，它或者是一棵空树，或者是具有如下性质的二叉树：
1）若它的左子树非空，则左子树上所有节点的值均小于根节点的值。
2）若它的右子树非空，则右子树上所有节点的值均大于根节点的值。
3）左、右子树本身又是两棵二叉查找树。

如下图所示，左边的图就是一棵二叉查找树，右边的图不是二叉查找树。

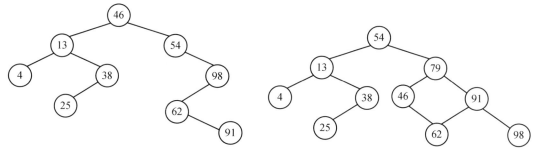

（5）**最优二叉树**：又称为哈夫曼树或者霍夫曼树，它是一类带权路径长度最短的树。路径是从树中一个节点到另一个节点之间的通路，路径上的分支数目称为路径长度。树的路径长度是从树根到每一个叶子之间的路径长度之和。节点的带权路径长度为从该节点到树根之间的路径长度与该节点权值的乘积。构造最优二叉树的哈夫曼算法如下：

1）根据给定的 n 个权值$\{w_1, w_2, \cdots, w_n\}$，构成 n 棵二叉树的集合 F= $\{T_1, T_2, \cdots, T_n\}$，其中，每棵树 T_i 中只有一个带权为 w_i 的根节点，其左、右子树均空。

2）在 F 中选取两棵权值最小的树作为左、右子树构造一棵新的二叉树，新构造二叉树的根节点的权值为其左、右子树根节点的权值之和。

3）从 F 中删除这两棵树，同时将新得到的二叉树加入到 F 中。

4）重复 2）、3）步，直到 F 中只含一棵树时为止，这棵树便是最优二叉树（哈夫曼树）。

哈夫曼编码：若对每个字符编制相同长度的二进制码，则称为等长编码。例如，英文字符集中的 26 个字符可采用 5 位二进制位串表示，按等长编码格式构造一个字符编码表。发送方按照编码表对信息原文进行编码后送出电文，接收方对接收到的二进制代码按每 5 位一组进行分割，通过查字符的编码表即可得到对应字符，实现译码。如果要设计长度不等的编码，必须满足下面的条件：任一字符的编码都不是另一个字符的编码的前缀，这种编码也称为前缀码。

对给定的字符集 D={$d_1,d_2,\cdots,d_n$} 及字符的使用频率 W={$w_1,w_2,\cdots,w_n$}，构造其最优前缀码的方法为：以 $d_1,d_2,\cdots,d_n$ 作为叶子节点，$w_1,w_2,\cdots,w_n$ 作为叶子节点的权值，构造出一棵最优二叉树，然后将树中每个节点的左分支标上 0，右分支标上 1，则每个叶子节点代表的字符的编码就是从根到叶子的路径上的 0、1 组成的串。

（6）二叉树的性质如下：

1）二叉树第 i 层（$i \geq 1$）上最多有 2^{i-1} 个节点。

2）高度为 k 的二叉树最多有 2^k-1 个节点（$k \geq 1$）。

3）对于任何一棵二叉树，若其终端节点（叶子）数为 n_0，度为 2 的节点数为 n_2，则 $n_0=n_2+1$。

（7）二叉树的存储结构有如下两种：

1）顺序存储：用一组地址连续的存储单元存储二叉树中的节点，必须把节点排成一个适当的线性序列，并且节点在这个序列中的相互位置能反映出节点之间的逻辑关系。顺序存储结构对完全二叉树而言既简单又节省空间，而对于一般二叉树则不适用。因为在顺序存储结构中，以节点在存储单元中的位置来表示节点之间的关系，因此对于一般的二叉树来说，也必须按照完全二叉树的形式存储，也就是要添上一些实际并不存在的"虚节点"，这将造成空间的浪费。因此，在考虑存储空间利用率的情况下，一般的二叉树不适合采用顺序存储。

2）链式存储：由于二叉树中节点包含有数据元素、左子树的根、右子树的根及双亲等信息，因此可以用二叉链表或三叉链表（即一个节点含有两个指针或三个指针）来存储二叉树，链表的头指针指向二叉树的根节点，如下图所示。

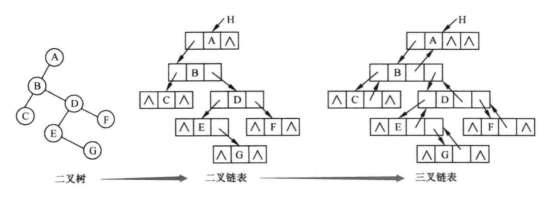

（8）二叉树的遍历。二叉树遍历的基础知识是软件评测师考试的重要考点，经常出现在客观选择题中。遍历是按某种策略访问树中的每个节点，且仅访问一次的过程。由于二叉树所具有的递归性质，一棵非空的二叉树是由根节点、左子树和右子树三部分构成的，因此若能依次遍历这三部分，也就遍历了整棵二叉树。按照先遍历左子树后遍历右子树的约定，根据访问根节点位置的不同，可得到二叉树的先序、中序和后序 3 种遍历方法。下面就该知识点并结合下图进行总结学习。

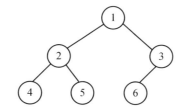

1）先序遍历：就是先遍历根节点，然后遍历左子树，最后遍历右子树。对于左子树或者右子树本身，也是符合先序遍历的顺序的，也就是遍历的递归性质；子树本身也是作为一棵单独的二叉树看待的。对于算术表达式，先序遍历后得到前缀表达式。对于上图进行先序遍历，先访问根节点，也就是 1；然后访问左子树，此时左子树本身也可以看成一棵树，也符合先序遍历的递归性质，所以左子树的先序遍历顺序为：2、4、5；最后访问右子树，此时右子树本身也可以看成一棵树，也符合先序遍历的递归性质，所以右子树的先序遍历顺序为：3、6；综上可得整个二叉树的先序遍历顺序为：1、2、4、5、3、6。

2）中序遍历：就是先遍历左子树，然后遍历根节点，最后遍历右子树。对于左子树或者右子树本身，也是符合中序遍历的顺序的，也就是遍历的递归性质；子树本身也是作为一棵单独的二叉树看待的。对于算术表达式，中序遍历后得到中缀表达式，此时需要注意的是，中缀表达式是需要根据具体情况通过添加括号来表示优先级的，也是我们看着最顺眼的一种形式。对于上图进行中序遍历，先访问左子树，此时左子树本身也可以看成一棵树，也符合中序遍历的递归性质，所以左子树的中序遍历顺序为：4、2、5；然后访问根节点，也就是 1；最后访问右子树，此时右子树本身也可以看成一棵树，也符合中序遍历的递归性质，所以右子树的中序遍历顺序为：6、3；综上可得整个二叉树的中序遍历顺序为：4、2、5、1、6、3。

3）后续遍历：就是先遍历左子树，然后遍历右子树，最后遍历根节点。对于左子树或者右子树本身，也是符合后序遍历的顺序的，也就是遍历的递归性质；子树本身也是作为一棵单独的二叉树看待的。对于算术表达式，后序遍历后得到后缀表达式，后缀表达式又称为逆波兰式。例如对于算术表达式：a+b-c*d。其后缀表达式计算过程为：

①先把字母按顺序列出来，即 abcd。

②按照计算的优先级往字母后面加符号。此时按照优先级应该先计算 c*d，所以先往 cd 后面加一个*，即：abcd*，此时 cd*就相当于和 a 一样的一个字符值。

③计算 a+b，所以往 ab 后面加一个+，即 ab+cd*，此时 ab+就相当于和 a 一样的一个字符值。

④最后计算 a+b 的结果减去 c*d 的结果，也就是往最后加一个-，即 ab+cd*-。

对于上图进行后序遍历，先访问左子树，此时左子树本身也可以看成一棵树，也符合后序遍历的递归性质，所以左子树的后序遍历顺序为：4、5、2；然后访问右子树，此时右子树本身也可以看成一棵树，也符合后序遍历的递归性质，所以右子树的后序遍历顺序为：6、3；最后访问根节点，也就是 1；综上可得整个二叉树的后序遍历顺序为：4、5、2、6、3、1。

7.5.7 图

图的定义：图 G 是由两个集合 V 和 E 构成的二元组，记作 G=(V, E)，其中 V 是图中顶点的非空有限集合，E 是图中边的有限集合。从数据结构的逻辑关系角度来看，图中任一顶点都有可能与图中其他顶点有关系，而图中所有顶点都有可能与某一顶点有关系。在图中，数据结构中的数据元素用顶点表示，数据元素之间的关系用边表示。有关图的一些概念如下所示：

（1）有向图：若图中每条边都是有方向的，则称为有向图。

（2）无向图：若图中的每条边都是无方向的，则称为无向图。

（3）完全图：若一个无向图具有 n 个顶点，而每一个顶点与其他 $n-1$ 个顶点之间都有边，则称为无向完全图。显然，含有 n 个顶点的无向完全图共有 $n(n-1)/2$ 条边。

（4）度，出度和入度：顶点的度是指关联于该顶点的边的数目，若 G 为有向图，顶点的度表示该顶点的入度和出度之和。顶点的入度是以该顶点为终点的有向边的数目，而顶点的出度指以该顶点为起点的有向边的数目。

（5）有向树：如果一个有向图恰有一个顶点的入度为 0，其余顶点的入度均为 1，则是一棵有向树。

图的存储结构如下：

（1）邻接矩阵表示法。图的邻接矩阵表示法利用一个矩阵来表示图中顶点之间的关系。对于具有 n 个顶点的图 G=(V, E)，其邻接矩阵是一个 n 阶方阵，且满足如下条件：

1）若(v_i,v_j)或$<v_i, v_j>$是 E 中的边，则 $A[i][j]=1$。

2）若(v_i,v_j)或$<v_i, v_j>$不是 E 中的边，则 $A[i][j]=0$。

具体表示如下图所示，由邻接矩阵的定义可知：无向图的邻接矩阵是对称的，而有向图的邻接矩阵则不具有该性质。

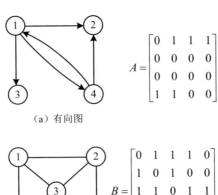

（a）有向图

（b）无向图

（2）邻接链表表示法。邻接链表指的是为图的每个顶点建立一个单链表，第 i 个单链表中的节点表示依附于顶点 v_i 的边（对于有向图是以 v_i 为尾的弧）。对于有 n 个顶点、e 条边的无向图来说，其邻接链表需要 n 个表头节点和 $2e$ 个表节点。

7.6 算法

7.6.1 算法概述

算法是问题求解过程的精确描述，它为解决某一特定类型的问题规定了一个运算过程，并具有下列特性。

（1）有穷性：一个算法必须在执行有穷步骤之后结束，且每一步都可在有穷时间内完成。
（2）确定性：算法的每一步必须是确切定义的，不能有歧义。
（3）可行性：算法应该是可行的，这意味着算法中所有要进行的运算都能够由相应的计算装置所理解和实现，并可通过有穷的次数运算完成。
（4）输入和输出：一个算法有零个或多个输入，它们是算法所需的初始量或被加工的对象的表示。一个算法必须有一个或多个输出，它们是与输入有特定关系的量。

解决同一个问题总是存在多种算法，每个算法在计算机上执行时，都要消耗时间和使用存储空间资源。因此，设计算法时需要考虑算法运行时所花费的时间和使用的空间，以时间复杂度和空间复杂度表示。

（1）时间复杂度： 计算并不是计算程序具体运行的时间，而是算法执行语句的次数。对于一个算法的时间开销 T(n)，从数量级大小考虑，当 n 增大到一定值后，T(n)计算公式中影响最大的就是 n 的幂次最高的项，其他的常数项和低幂次项都可以忽略，即采用渐进分析，表示为 T(n)=O (f(n))。其中，n 反映问题的规模，T(n)是算法运行所消耗时间的总量，O 是数学分析中常用的符号，而 f(n)是自变量为 n 的某个具体的函数表达式。例如，若 f(n)=n^2+2n+1，则时间复杂度 T(n)=O(n^2)。时间复杂度的三种形式如下：

1）最佳情况：使算法执行时间最少的输入。一般情况下，不进行算法在最佳情况下的时间复杂度分析。

2）最坏情况：使算法执行时间最多的输入。

3）平均情况：算法的平均运行时间。最佳情况时间复杂度和最坏情况时间复杂度对应的都是极端情况下的代码复杂度，发生的概率其实并不大。为了更好地表示平均情况下的时间复杂度，需要进入一个新的概念：平均情况时间复杂度。平均情况的时间复杂度要考虑每一种输入及其该输入的概率。

（2）空间复杂度：是对一个算法在运行过程中临时占用存储空间大小的度量。反映的是一个趋势，我们用 $S(n)$ 来定义。空间复杂度比较常用的有：$O(1)$、$O(n)$、$O(n^2)$等。

1）int a= 1;   int b = 2;   int c = a + b;

代码中的 a、b、c 所分配的空间都不随着处理数据量变化，因此它的空间复杂度 $S(n) = O(1)$。

2）int[ ] m = new int[n];

```
for(i=1; i<=n; ++i) {
    j = i;
    j++;
}
```

这段代码中，第一行 new 了一个数组出来，这个数据占用的大小为 n，这段代码后面虽然有 for 循环，但没有再分配新的空间，因此，这段代码的空间复杂度主要看第一行即可，即 $S(n) = O(n)$。

常用的算法描述方法有以下几种：

（1）流程图：即程序框图，也称为程序流程图，每个算法都可由若干张流程图描述。流程图给出了算法中所进行的操作以及这些操作执行的逻辑顺序。

（2）NS 盒图：是结构化程序设计出现之后，为支持这种设计方法而产生的一种描述工具。在 NS 盒图中，每个处理步骤用一个盒子表示，盒子可以嵌套。对于每个盒子，只能从上面进入，从下面走出，除此之外别无其他出入口，所以盒图限制了随意的控制转移，保证了程序的良好结构。

（3）伪代码：用伪代码描述算法的特点是借助程序语言的语法结构和自然语言叙述，使算法具有良好的结构又不拘泥于程序语言的限制。这样的算法易读易写，而且容易转换成程序。
输入 3 个数，打印输出其中最大的数。可用下表的伪代码表示。

标号	伪代码
1	Begin (算法开始)
2	输入A，B，C
3	IF A>B，则A→Max
4	否则B→Max
5	IF C>Max，则C→Max
6	Print Max
7	End (算法结束)

（4）决策表：是一种图形工具，它将比较复杂的决策问题简洁、明确、一目了然地描述出来。

（5）决策树：是一种树形结构，实现的功能与决策表类似，其中每个内部节点表示一个属性上的测试，每个分支代表一个测试输出，每个叶节点代表一种类别。

7.6.2 查找算法

查找算法是一种常用的基本运算，查找运算的效率与查找表所采用的数据结构和查找方法密切相关，查找表是指由同一类型的数据元素（或记录）构成的集合。常见的查找算法有如下三种：

顺序查找　二分查找　哈希查找

（1）**顺序查找**：从表的一端开始，逐个进行记录的关键字和给定值的比较，若找到一个记录的关键字与给定值相等，则查找成功；若整个表中的记录均比较过，仍未找到关键字等于给定值的记录，则查找失败。顺序查找的方法对于顺序存储和链式存储方式的线性表都适用。与其他查找方法相比，顺序查找方法在 n 值较大时，其平均查找长度较大，查找效率较低。但这种方法也有优点，那就是算法简单且适应面广，对查找表的结构没有要求，无论记录是否按关键字有序排列均可应用。

（2）**二分查找**：又称为折半查找，查找过程中，令处于中间位置记录的关键字和给定值比较，若相等，则查找成功；若不等，则缩小范围，直至新的查找区间中间位置记录的关键字等于给定值或者查找区间没有元素时（表明查找不成功）为止。要求待查元素表为有序表，例如按递增排序。设查找表的元素存储在一维数组 a[1...n]中，那么在表中的元素已经按关键字非递减排序的情况下，进行折半查找的方法是：首先比较 key 值与表 a 中间位置（下标为 mid）的记录的关键字，若相等，则查找成功。若 key>a[mid].key，则说明待查记录只可能在后半个子表 a[mid+1...n]中，下一步应在后半个子表中再进行折半查找；若 key<a[mid].key，说明待查记录只可能在前半个子表 a[1...mid−1]中，下一步应在表 a 的前半个子表中进行折半查找，这样通过逐步缩小范围，直到查找成功或子表为空时失败为止。针对这种查找方法，给大家举个例子。

【实例】若采用折半查找算法有序表{7，15，18，21，27，36，42，48，51，54，60，72}中寻找值为 15 和 38，分别需要进行多少次元素之间的比较？

【解析】在这道题中，一共有 12 个数字组成的有序表，首先使用 15 进行查找，第一次和 36 进行比较，因为 12/2=6，所以要和第 6 个数字进行比较，结果 15 比 36 小，那么接下来和前一个子表进行比较，第二次是和 18 进行比较，结果还是比 18 小，类似地，第三次和 7 进行比较，结果 15 比 7 大，最后和 15 比较，一共查了 4 次。

同样地，38 第一次和 36 比较，结果比 36 大，第二次和 51 比较，结果比 51 小，第三次和 42 比较，结果还是比 42 小，那么就没有更小的了，所以比较了 3 次，结果查无此元素。

（3）哈希查找。

1）**哈希表**：根据设定的哈希函数 H（key）和处理冲突的方法，将一组关键字映射到一个有限的连续的地址集（区间）上，并以关键字在地址集中的"像"作为记录在表中的存储位置，这种表称为哈希表，也称为散列表，这一映射过程称为哈希造表或散列，所得的存储位置称为哈希地址或散列地址。

2）哈希查找：在哈希表中进行查找操作时，用与存入元素时相同的哈希函数和冲突处理方法计算得到待查记录的存储地址，然后到相应的存储单元获得有关信息再判定查找是否成功。在线性探测法解决冲突的方式下，进行哈希查找有如下 3 种可能：①在某一位置上查到了关键字等于 key 的记录，查找成功；②按探测序列查不到关键字为 key 的记录而又遇到了空单元，这时表明元素不在表中，表示查找失败；③查遍全表，未查到指定关键字且符号表存储区已满，需进行溢出处理。

7.6.3 排序算法

大家在学习程序设计语言的时候，常见的排序算法有八种，这几年考试中基本上都会出题，一般出现在软件评测师的选择题中。其中常考的就是有关排序算法的时间复杂度、空间复杂度和稳定性（若相同值的两个数据，经过某排序算法后，这两个数据前后位置关系不变，则称该排序算法是稳定的，否则就是不稳定的）。常见的排序算法总结见下表。

类别	排序方法	时间复杂度			空间复杂度	稳定性
		最好情况	平均情况	最坏情况	辅助存储	
插入排序	直接插入	$O(n)$	$O(n^2)$	$O(n^2)$	$O(1)$	稳定
	Shell 排序	$O(n^{1.3})$	$O(n^{1.3})$	$O(n^2)$	$O(1)$	不稳定
选择排序	直接选择	$O(n^2)$	$O(n^2)$	$O(n^2)$	$O(1)$	不稳定
	堆排序	$O(n\log_2 n)$	$O(n\log_2 n)$	$O(n\log_2 n)$	$O(1)$	不稳定
交换排序	冒泡排序	$O(n)$	$O(n^2)$	$O(n^2)$	$O(1)$	稳定
	快速排序	$O(n\log_2 n)$	$O(n\log_2 n)$	$O(n^2)$	$O(\log_2 n)$	不稳定
归并排序		$O(n\log_2 n)$	$O(n\log_2 n)$	$O(n\log_2 n)$	$O(n)$	稳定
基数排序		$O(d(r+n))$	$O(d(r+n))$	$O(d(r+n))$	$O(r+n)$	稳定

（1）直接插入排序：在插入第 i 个记录时，$R_1,R_2,\cdots,R_{i-1}$ 已经排好序，这时将记录 R_i 的关键码 k_i 依次与关键码 $k_{i-1},k_{i-2},\cdots,k_1$ 进行比较，从而找到 R_i 应该插入的位置，插入位置及其后的记录依次向后移动。实现步骤如下：

1）从第一个元素开始，该元素可以认为已经被排序。
2）取出下一个元素，在已经排序的元素序列中从后向前扫描。
3）如果该元素（已排序）大于新元素，将该元素移到下一位置。
4）重复步骤3），直到找到已排序的元素小于或者等于新元素的位置。
5）将新元素插入到该位置后；重复步骤2）～步骤5）。

【实例】给出一个序列{20，10，50，30，100}，按照从小到大的顺序进行直接插入排序的步骤如下：

1）将{20}作为一个单独的有序序列。

2）第一趟排序：{10，20}。

3）第二趟排序：{10，20，50}。

4）第三趟排序：{10，20，30，50}。

5）第四趟排序：{10，20，30，50，100}。

至此，排序完成。

（2）Shell（希尔）排序：是对直接插入排序方法的改进。先将整个待排记录序列分割成若干子序列，然后分别进行直接插入排序，待整个序列中的记录基本有序时，再对全体记录进行一次直接插入排序。实现步骤如下：

1）取一个小于 n 的整数 d_1 作为第一个增量，将所有相距为 d_1 的记录放在同一个组中，从而把文件的全部记录分成 d_1 组，在各组内进行直接插入排序。

2）取第二个增量 d_2（$d_2<d_1$），重复上述分组和排序工作，以此类推，直至所取的增量 $d_i=1$（$d_i<d_{i-1}<\cdots<d_2<d_1$），即所有记录放在同一组进行直接插入排序，将所有记录排列有序为止。

（3）直接（简单）选择排序：是一种简单的排序方法，它的基本思想是第一次从 $R_1,R_2,\cdots,R_n$ 中选取最小值，与 R_1 交换，第二次从 $R_2,R_3,\cdots,R_n$ 中选取最小值，与 R_2 交换，$\cdots$，第 i 次从 $R_i,R_{i+1},\cdots,R_n$ 中选取最小值，与 R_i 交换，$\cdots$，第 $n-1$ 次从 R_{n-1}，R_n 中选取最小值，与 R_{n-1} 交换，总共通过 $n-1$ 次，得到一个按关键码从小到大排列的有序序列。

【实例】给出一个序列{20，30，20，5，25}，按照从小到大的顺序进行直接选择排序的步骤如下：

1）第一趟排序：{5，30，20，20，25}。

2）第二趟排序：{5，20，30，20，25}。

3）第三趟排序：{5，20，20，30，25}。

4）第四趟排序：{5，20，20，25，30}。

至此，排序完成。

（4）堆排序：是指利用堆这种数据结构所设计的一种排序算法。堆积是一个近似完全二叉树的结构，并同时满足堆积的性质：即父节点的键值总是小于（或者大于）它的子节点，称为小顶堆（或者大顶堆）。堆排序的基本思想是：对一组待排序记录的关键码，首先把它们按堆的定义排成一个序列（即建立初始堆），从而输出堆顶的最小关键码（对于小顶堆而言）。然后将剩余的关键码再调整成新堆，便得到次小的关键码，如此反复，直到全部关键码排成有序序列为止。

（5）冒泡排序：首先将第一个记录的关键码和第二个记录的关键码进行比较，若为逆序，则交换两个记录的值，然后比较第二个记录和第三个记录的关键码，以此类推，直至第 $n-1$ 个记录

和第 n 个记录的关键码比较完为止。上述过程称为一趟冒泡排序，其结果是关键码最大的记录被交换到第 n 个位置。然后进行第二趟冒泡排序，对前 $n-1$ 个记录进行同样的操作，其结果是关键码次大的记录被交换到第 $n-1$ 个位置。当进行完第 $n-1$ 趟时，所有记录有序排列。

【实例】给出一个序列{20，30，20，5，2}，按照从小到大的顺序进行冒泡排序的步骤如下：

1）第一趟排序：{20，20，5，2，30}。

2）第二趟排序：{20，5，2，20，30}。

3）第三趟排序：{5，2，20，20，30}。

4）第四趟排序：{2，5，20，20，30}。

至此，排序完成。

（6）快速排序：首先在要排序的序列 a 中选取一个"基准值"（通常是序列的第一个关键码），而后将序列分成两个部分，其中左边的部分 b 中的元素均小于或者等于"基准值"，右边的部分 c 的元素均大于或者等于"基准值"，而后通过递归调用快速排序的过程分别对两个部分进行排序，将两部分产生的结果合并即可得到最后的排序序列。

【实例】给出一个序列{20，30，20，5，2}，按照从小到大的顺序进行快速排序的步骤如下：

1）第一趟排序：{5，2}、{20}、{30，20}。

2）第二趟排序：{2}、{5}、{20}、{20}、{30}。

至此，排序完成。

（7）归并排序：是建立在归并操作基础上的一种排序方法。归并就是将两个或两个以上的有序子序列合并成为一个有序序列的过程。归并排序是将一个有 n 个元素的无序序列看成由 n 个长度为 1 的有序子序列，然后进行两两归并，得到 $\lceil n/2 \rceil$ 个长度为 2 或 1 的有序序列，再两两归并，如此重复，直至最后形成包含 n 个元素的有序序列为止。这种反复将两个有序子序列归并成一个有序序列的过程称为两路归并排序。

（8）基数排序：是一个分而治之的排序，排序思想是把位数相同的一组数依次从后往前比较其每一位上的大小，经过几轮比较使得数据达到有序的做法。比较的次数跟数据的位数有关系，假设有 n 个关键码，其中 r 表示基数，d 表示关键码的位数。

【实例】给出一个序列{20，30，20，5，2}，按照从小到大的顺序进行基数排序的步骤如下：

初始序列	个位排序	十位排序
20	20	02
30	30	05
20	20	20
05	02	20
02	05	30

不同的排序方法各有优缺点，可根据需要运用到不同的场合。选择排序算法的原则如下：

1）若待排序的记录数 n 较小时，可采用直接插入排序和简单选择排序。由于直接插入排序所需的记录移动操作比简单选择排序多，因而当记录本身信息量较大时，用简单选择排序方法较好。

2）若待排序记录按关键码基本有序，则宜采用直接插入排序或冒泡排序。

3）若 n 很大且关键字的位数较少时，采用基数排序较好。

4）若 n 较大，则应采用时间复杂度为 $O(n\log_2 n)$ 的排序方法，例如快速排序、堆排序或归并排序。

7.6.4 排序算法记忆法

有关各类算法的记忆方式，最好通过分类法来记忆。

（1）稳定性：有 4 种算法稳定，4 种算法不稳定。

1）稳定：基数归并，冒泡插入。

2）不稳定：快速选择，shell 堆。（也可以通过记住这 4 种不稳定的算法，这样剩下的 4 种就是稳定的。）

（2）空间复杂度：有 5 种算法的空间复杂度都是 $O(1)$，所以采用排除法记忆，也就是记住 3 种特殊的算法，其他算法的空间复杂度就是 $O(1)$。

1）基数排序因为涉及的因素比较多，所以最好记：$O(r+n)$。

2）归并排序较常规，也比较好记：$O(n)$。

3）快速排序涉及到对数：$O(\log_2 n)$。

那么，除此之外的算法的空间复杂度就都是 $O(1)$，是不是感觉记忆量减少了很多。

另外，对于以上几种空间复杂度的高低可进行如下排序：

$O(r+n) > O(n) > O(\log_2 n) > O(1)$

（3）时间复杂度：考得最多的还是平均情况，所以以记忆该情况为主，最好的情况和最坏的情况视个人实际情况去记忆就可以。

1）平均情况：我们发现有三种算法的平均时间复杂度为 $O(n^2)$，还有三种算法的平均时间复杂度为 $O(n\log_2 n)$，所以这种情况可以采用分类记忆。同样还是先记忆特殊的两种：

①是基数排序，最特殊的也是最好记的：$O(d(r+n))$。

②shell 排序，也是比较特殊好记：$O(n^{1.3})$。

③直接插入排序、直接选择排序和冒泡排序：$O(n^2)$。

④堆排序、快速排序和归并排序：$O(n\log_2 n)$。

对于以上几种时间复杂度的高低可进行如下排序（由于基数排序涉及到的因素太多，不确定性强，不参与排序）：$O(n^2) > O(n^{1.3}) > O(n\log_2 n)$。

最好情况和最坏情况这两种情况考得较少，就不用强制记忆了，可以根据自己的实际情况，记其中的几种。例如归并排序最特殊，基本上涉及到多个因素的时候，就是这种排序算法。另外对于考得比较多的直接插入排序、冒泡排序和堆排序等，可以单独记忆。这个根据大家刷的历年试题的情况进行考虑，只要历年试题出现过的，就要特别关注和记忆。

7.7 章节练习题

1. 正规式是在编译程序词法分析时用于描述词法规则的表达式，正规式(a|b) *表示的意思是（　　）。
   A．符号串 ab 构成的集合　　　　　B．符号串 a、b 构成的集合
   C．以 a 为首字符的 a、b 字符串的集合　　D．所有由字符 a 和 b 构成的符号串集合
2. 以下有关编译程序和解释程序的叙述中，正确的是（　　）。
   A．编译程序方式可移植性更好　　B．解释程序没有语义分析
   C．解释程序不产生源程序的目标程序　　D．解释程序没有语法分析
3. 面向对象方法以客观世界中的对象为中心，采用符合人们思维方式的分析和设计思想，分析和设计的结果与客观世界的实际情况比较接近，其中（　　）是父类和子类之间共享数据和方法的机制。
   A．封装　　　　B．继承　　　　C．多态　　　　D．实例化
4. 在某 C 程序中有下面的类型和变量定义（设字符型数据占 1 字节，整型数据占 4 字节），则运行时系统为变量 Complex 分配的空间大小为（　　）。

```
typedef struct Complex {
    int re;
    char im;
}Complex; .
```

   A．1 字节　　　B．4 字节　　　C．5 字节　　　D．8 字节
5. 在 C 程序中使用的变量名、函数名、标号以及用户定义数据类型名等统称为标识符。以下对标识符命名的规则中描述有误的是（　　）。
   A．标识符必须以字母 a~z、A~Z 或下划线开头，后面可跟任意个字符，这些字符可以是字母、下划线和数字，其他字符不允许出现在标识符中
   B．标识符不区分大小写字母
   C．C 语言中的关键字（保留字)有特殊意义，不能作为标识符
   D．标识符最好使用具有一定意义的字符串，便于记忆和理解。变量名一般用小写字母，用户自定义类型名的开头字母大写
6. 对于表达式 a=(a=3*5,a*4)，a 最终的取值是（　　）。
   A．15　　　　　B．60　　　　　C．随机值　　　D．null
7. 数据结构描述数据元素的集合及元素间的关系和运算。其中（　　）属于数据结构中的非线性结构。
   A．栈　　　　　B．队列　　　　C．串　　　　　D．图

8. 线性表可以采用顺序结构和链式结构进行存储，对于两种存储方式的描述有误的是（   ）。
   A．当线性表采用链表作为存储结构时，能对数据元素进行随机访问
   B．采用顺序存储结构在进行插入和删除操作时需要移动元素
   C．线性表的链式存储是用节点来存储数据元素
   D．采用顺序存储结构可以随机存取表中的元素

9. 对于初始为空的栈 S，入栈序列为 a、b、c、d，且每个元素进栈、出栈各 1 次。以下选项中不合法的出栈序列为（   ）。
   A．a b c d   B．d c b a   C．a c d b   D．c d a b

10. 若有字符串"Windows10"，则其长度为 4 的子串的个数为（   ）。
    A．9   B．6   C．3   D．1

11. 以下有关树和二叉树的叙述中，不正确的是（   ）。
    A．树中节点的子树要区分左子树和右子树
    B．二叉树中节点的最大度为 2，而树中不限制节点的度数
    C．叶子节点也称为终端节点，指度为 0 的节点
    D．对树中的某个节点，它最多只和上一层的一个节点有直接关系，而与其下一层的多个节点有直接关系

12. 对于一棵二叉树，若其终端节点数为 7，则该二叉树度为 2 的节点数为（   ）。
    A．7   B．6   C．8   D．0

13. 对于下图所示的一棵二叉树，对其后序遍历后的结果是（   ）。

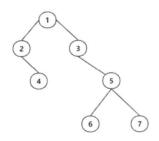

    A．1 2 3 4 5 6 7   B．1 2 4 3 5 6 7
    C．2 4 1 3 6 5 7   D．4 2 6 7 5 3 1

14. 以下有关图结构的叙述中，不正确的是（   ）。
    A．若图中每条边都是有方向的，则称为有向图
    B．若一个无向图具有 n 个顶点，而每一个顶点与其他 $n-1$ 个顶点之间都有边，则称之为无向完全图
    C．如果一个有向图恰有一个顶点的入度为 0，其余顶点的入度均为 1，则是一棵有向树
    D．对于有 n 个顶点、e 条边的无向图来说，其邻接链表需要 n 个表头节点和 e 个表节点

15. 算法是问题求解过程的精确描述，它为解决某一特定类型的问题规定了一个运算过程，其中（   ）不是算法的特性。
    A．有穷性   B．不确定性
    C．可行性   D．有输入和输出

16. （   ）不是常用的算法描述方法。
    A．流程图   B．NS 盒图
    C．C 语言   D．伪代码

17. 查找算法是一种常用的基本运算，以下有关常见的查找算法的叙述中，不正确的是（   ）。
    A．与其他查找方法相比，顺序查找方法在 n 值较大时，其平均查找长度较小，查找效率较高
    B．二分查找要求待查元素表为有序表，例如按递增排序
    C．在哈希表中进行查找操作时，用与存入元素时相同的哈希函数和冲突处理方法计算得到待查记录的存储地址，然后到相应的存储单元获得有关信息再判定查找是否成功
    D．顺序查找算法简单且适应面广，对查找表的结构没有要求，无论记录是否按关键字有序排列均可应用

18. 在以下常见的排序算法中，平均时间复杂度最低的是（   ）。
    A．直接插入排序   B．直接选择排序
    C．冒泡排序   D．归并排序

19. 在以下常见的排序算法中，其空间复杂度最高的是（   ）。
    A．Shell 排序   B．堆排序
    C．基数排序   D．冒泡排序

20. 在以下常见的排序算法中，（   ）属于不稳定的排序算法。
    A．快速排序   B．直接插入排序
    C．冒泡排序   D．归并排序

7.8　练习题参考答案

1．参考答案：D

解析： 正规式是在编译程序词法分析时用于描述词法规则的表达式，它产生的集合是语言基本字符集 Σ（字母表）上的字符串的一个子集，称为正规集。设 Σ ={a, b}，在下表中列出了 Σ 上的一些正规式和相应的正规集。

正规式	正规集
ab	符号串ab构成的集合
a|b	符号串a、b构成的集合
a*	由0个或多个a构成的符号串集合
(a|b)*	所有由字符a、b构成的符号串集合
a(a|b)*	以a为首字符的a、b字符串的集合
(a|b)*abb	以abb结尾的a、b字符串的集合

2．参考答案：C

解析：解释程序是另一种语言处理程序，在词法、语法和语义分析方面与编译程序的工作原理基本相同，但是在运行用户程序时，它直接执行源程序或源程序的内部形式。因此，解释程序不产生源程序的目标程序，这是它和编译程序的主要区别。

源程序是由解释器控制来运行的，可以提前将解释器安装在不同的机器上，从而使得在新环境下无须修改源程序使之运行。而编译方式下则需要针对新机器重新生成源程序的目标代码才能运行。所以解释方式可移植性更好。

3．参考答案：B

解析：继承是父类和子类之间共享数据和方法的机制。一个父类可以有多个子类，这些子类都是父类的特例。只从一个父类得到继承，称为单重继承。如果一个子类有多个父类，则称为多重继承。

4．参考答案：C

解析：关键字是 struct，所以是结构体类型，可以把一个数据元素的各个不同的数据项聚合为一个整体。一个结构体变量的存储空间长度等于其所有成员所占空间长度之和。

5．参考答案：B

解析：标识符区分大小写字母。

6．参考答案：B

解析：逗号运算符带两个操作数，结果是右操作数。多个表达式可以用逗号组合成一个表达式，即逗号表达式。逗号表达式的一般形式是：表达式 1,表达式 2,…,表达式 n,它的值是表达式 n 的值。a 的值在逗号表达式里一直是 15，最后被逗号表达式赋值为 60，a 的值最终为 60。

7．参考答案：D

解析：在数据结构中，元素之间的相互关系称为数据的逻辑结构。按照逻辑关系的不同将数据结构分为线性结构和非线性结构，其中，线性结构包括线性表、栈、队列、串，非线性结构主要包括树和图。

8．参考答案：A

解析：当线性表采用链表作为存储结构时，不能对数据元素进行随机访问，但是插入和删除操作不需要移动元素。

9．参考答案：D

解析：本题考查栈的基础知识。选项 D 中 c 和 d 在前面出栈，证明 a 和 b 入栈后还没有出栈，既然入栈顺序是 a、b，那么此时 b 肯定先于 a 出栈，所以该选项不合法。

10. **参考答案**：B

解析：本题考查串的基础知识。字符串简称串，是一种特殊的线性表，其数据元素为字符。字符串是仅由字符构成的有限序列，是取值范围受限的线性表。子串长度为 4，字符串 "Windows10" 共有 9 个字符，所以在本题中 "Wind" 是第一个满足要求的字串，"ws10" 是最后一个满足要求的字串，子串个数的计算公式为：字符串字符个数-子串字符个数+1=9-4+1=6，所以长度为 4 的子串共有 6 个。

11. **参考答案**：A

解析：二叉树中节点的子树要区分左子树和右子树，即使在节点只有一棵子树的情况下也要明确指出该子树是左子树还是右子树。尽管树和二叉树的概念之间有许多联系，但它们是两个不同的概念。

12. **参考答案**：B

解析：本题考查二叉树的性质，对于任何一棵二叉树，若其终端节点（叶子）数为 n_0，度为 2 的节点数为 n_2，则 $n_0=n_2+1$。

13. **参考答案**：D

解析：遍历是按某种策略访问树中的每个节点，且仅访问一次的过程。后序遍历的顺序是：左、右、根，对于子树也是同样的道理。

在该二叉树中，先遍历左子树，其中对于左子树也是按照左、右、根的顺序，结果是：4，2；然后遍历右子树，对于右子树，也是按照左、右、根的顺序，遍历结果是：6，7，5，3；最后遍历根节点 1。

合并以上的遍历结果，最后答案是 D。

14. **参考答案**：D

解析：本题考查图结构的基础知识。对于有 n 个顶点、e 条边的无向图来说，其邻接链表需要 n 个表头节点和 $2e$ 个表节点。

15. **参考答案**：B

解析：本题考查算法的基础知识。算法的每一步必须是确切定义的，不能有歧义。

16. **参考答案**：C

解析：程序设计语言代码不是算法描述的理想方式，因为如果用程序语言描述，就成了实现算法的计算机程序。

17. **参考答案**：A

解析：本题考查算法的基础知识。

与其他查找方法相比，顺序查找方法在 n 值较大时，其平均查找长度较大，查找效率较低。

18. **参考答案**：D

解析：常见的排序算法如下图所示。

类别	排序方法	时间复杂度			空间复杂度	稳定性
		最好情况	平均情况	最坏情况	辅助存储	
插入排序	直接插入	$O(n)$	$O(n^2)$	$O(n^2)$	$O(1)$	稳定
	Shell 排序	$O(n^{1.3})$	$O(n^{1.3})$	$O(n^2)$	$O(1)$	不稳定
选择排序	直接选择	$O(n^2)$	$O(n^2)$	$O(n^2)$	$O(1)$	不稳定
	堆排序	$O(n\log_2 n)$	$O(n\log_2 n)$	$O(n\log_2 n)$	$O(1)$	不稳定
交换排序	冒泡排序	$O(n)$	$O(n^2)$	$O(n^2)$	$O(1)$	稳定
	快速排序	$O(n\log_2 n)$	$O(n\log_2 n)$	$O(n^2)$	$O(\log_2 n)$	不稳定
归并排序		$O(n\log_2 n)$	$O(n\log_2 n)$	$O(n\log_2 n)$	$O(n)$	稳定
基数排序		$O(d(r+n))$	$O(d(r+n))$	$O(d(r+n))$	$O(r+n)$	稳定

19．**参考答案**：C

解析：常见的排序算法图示见第 18 题参考答案。

20．**参考答案**：A

解析：若在待排序的一个序列中，R_i 和 R_j 的关键码相同，即 $k_i=k_j$，且在排序前 R_i 领先于 R_j，那么当排序后，如果 R_i 和 R_j 的相对次序保持不变，R_i 仍领先于 R_j，则称此类排序方法是稳定的。若在排序后的序列中有可能出现 R_j 领先于 R_i 的情形，则称此类排序是不稳定的。

常见的排序算法图示见第 18 题参考答案。

第8章 标准化基础知识

（1）本章重点内容概述：了解标准化的基本概念即可。
（2）考试形式：本章涉及到的内容基本不考，即使考也是选择题，出现在第一场考试中。
（3）本章学习要求：了解本章中涉及到的基本概念即可。

8.1 标准化概述

标准化简介

标准指对重复性事物和概念所做的统一规定。标准化是在经济、技术、科学及管理等社会实践中，以改进产品、过程和服务的适用性，防止贸易壁垒，促进技术合作，促进最大社会效益为目的，对重复性事物和概念通过制定、发布和实施标准达到统一，获得最佳秩序和社会效益的过程。标准化的对象有两类：一类是标准化的具体对象，即需要制定标准的具体事物；另一类是标准化的总体对象，即各种具体对象的全体所构成的整体，通过它可以研究各种具体对象的共同属性、本质和普遍规律。

（1）标准化的过程模式：标准是标准化活动的产物，其目的和作用都是通过制定和贯彻具体的标准来体现的。标准化不是一个孤立的事物，而是一个活动过程。标准化活动过程一般包括三部分，如下图所示。

（2）标准的类别：标准宜以科学、技术的综合成果为基础，以促进最佳的共同利益为目的。按照标准制定的主体进行分类，标准可分为如下 6 种：

1）国际标准：指国际标准化组织（ISO）、国际电工委员会（IEC）和国际电信联盟（ITU）制定的标准，以及国际标准化组织确定并公布的其他国际组织制定的标准。

2）国家标准：指由国家标准机构通过并公开发布的标准。我国的国家标准是指在全国范围内需要统一的技术要求，由国务院标准化行政主管部门制定并在全国范围内实施的标准。

3）行业标准：指由行业组织通过并公开发布的标准。我国的行业标准是由国家有关行业行政主管部门公开发布的标准。

4）地方标准：指在国家的某个地区通过并公开发布的标准。

5）团体标准：指由团队按照自行规定的标准制定程序制定并发布，供团体成员或社会自愿采用的标准。

6）企业标准：指由企业制定并由企业法人代表或者其授权人批准、发布的标准，通常在制定该标准的企业内应用。相对以上标准来说，企业标准是最严格的标准。

（3）标准的代号和编号如下：

1）国际标准 ISO 的代号和编号：ISO+标准号+[杠+分标准号]+冒号+发布年号，例如，ISO 8402：1987 和 ISO 9000-1：1994，是 ISO 标准的代号和编号。

2）国家标准的代号和编号：我国强制性国家标准代号为 GB，推荐性国家标准的代号为 GB/T。国家标准的编号由国家标准的代号、标准发布顺序号和标准发布年代号组成。例如，软件开发规范 GB 8566—88 和计算机软件单元测试 GB/T 15532—95。

3）行业标准的代号和编号：行业标准的编号由行业标准代号、标准发布顺序及标准发布年代号组成。

4）地方标准的代号和编号：地方标准的编号由地方标准代号（DB 加上省、自治区、直辖市行政区划代码的前两位数字）、地方标准发布顺序号和标准发布年代号（4 位数）3 个部分组成。

5）企业标准的代号和编号：企业标准的代号由汉语大写拼音字母 Q 加斜线再加企业代号组成，企业标准的编号由企业标准代号、标准发布顺序号和标准发布年代号组成。

8.2 章节练习题

1. 标准宜以科学、技术的综合成果为基础，以促进最佳的共同利益为目的。相对而言，以下标准分类中（　　）是要求更为严格的标准。

　　A．国际标准　　　　　　　　　　　B．国家标准
　　C．行业标准　　　　　　　　　　　D．企业标准

2. 以下有关标准的代号和编号的叙述中，不正确的是（　　）。

　　A．我国强制性国家标准代号为 GB，推荐性国家标准的代号为 GB/T
　　B．企业标准的代号由汉语大写拼音字母 DB 加斜线再加企业代号组成，企业标准的编号

　　　　由企业标准代号、标准发布顺序号和标准发布年代号组成
　　C．行业标准的编号由行业标准代号、标准发布顺序及标准发布年代号组成
　　D．国家标准的编号由国家标准的代号、标准发布顺序号和标准发布年代号组成

8.3　练习题参考答案

1．参考答案：D

解析：企业标准是指由企业制定并由企业法人代表或者其授权人批准、发布的标准，通常在制定该标准的企业内应用。随着企业联盟的形成和发展，出现了由多个企业联合制定、批准、发布和实施的企业联盟标准。相对选项中其他的标准来说，企业标准是最严格的标准。

2．参考答案：B

解析：企业标准的代号由汉语大写拼音字母 Q 加斜线再加企业代号组成，企业标准的编号由企业标准代号、标准发布顺序号和标准发布年代号组成。

地方标准的编号由地方标准代号（DB 加上省、自治区、直辖市行政区划代码的前两位数字）、地方标准发布顺序号和标准发布年代号（4 位数）3 个部分组成。

第9章 信息安全基础知识

（1）本章重点内容概述：信息安全基本概念、计算机病毒及防范、网络入侵手段及防范、加密与解密机制等内容。

（2）考试形式：常见题型为选择题，出现在第一场考试中，历年考试分值基本在3分左右，并且经常与计算机网络安全和安全测试等内容结合起来考查。

（3）本章学习要求：结合本章内容做好笔记，重复学习重点、难点和常考知识点，加强掌握程度，通过做章节作业及历年考试题目加深知识点的记忆，及时发现还未掌握的知识点，进行重点学习（已掌握的知识点要定期温习）。

9.1 信息安全概述

信息安全

计算机安全是指计算机资产的安全，是要保证这些计算机资产不受自然和人为的有害因素的威胁和危害。计算机资产由系统资源和信息资源两大部分组成。系统资源包括硬件、软件、配套设备设施、有关文件资料，还可以包括有关的服务系统和业务工作人员；信息资源包括计算机系统中存储、处理和传输的大量各种各样的信息。在需要保护的计算机资产中，数据是最重要的。

1. 信息安全包括如下5个基本要素：

（1）机密性：也称为保密性，确保信息不暴露给未授权的实体或进程。保护资源免遭非授权用户"读出"，包括传输信息的加密、存储信息加密和防电磁泄露。

（2）完整性：只有得到允许的人才能修改数据，并且能够判别出数据是否已被篡改。保护资源免遭非授权用户"写入"，包括数据完整性、软件完整性、操作系统完整性、内存及磁盘完整性、信息交换的真实性和有效性。

（3）可用性：得到授权的实体在需要时可访问数据，即攻击者不能占用所有的资源而阻碍授权者的工作。保护资源免遭破坏或干扰，包括防止病毒入侵和系统瘫痪、防止信道拥塞及拒绝服务、防止系统资源被非法抢占。

（4）可控性：可以控制授权范围内的信息流向及行为方式。对非法入侵提供检测与跟踪并能干预其入侵行为。

（5）可审查性：也称为可核查性或者不可抵赖性，是对出现的信息安全问题提供调查的依据和手段。可追查安全事故的责任人，对违反安全策略的事件提供审计手段，能记录和追踪他们的活动。

2．信息使用的安全一般包括如下三个方面：

（1）用户的标识与验证：主要是限制访问系统的人员，它是访问控制的基础，是对用户身份的合法性验证。有两种方法：一是基于人的物理特征的识别，包括签名识别法、指纹识别法和语音识别法；二是基于用户所拥有特殊安全物品的识别，包括智能IC卡识别法、磁条卡识别法。

（2）用户存取权限限制：主要是限制进入系统的用户所能做的操作，存取控制是对所有的直接存取活动通过授权进行控制以保证计算机系统安全保密机制，是对处理状态下的信息进行保护。一般有两种方法：隔离控制法和限制权限法。

（3）安全问题跟踪。

3．系统安全监控：

应当建立完善的审计系统和日志管理系统，利用日志和审计功能对系统进行安全监控。

9.2　计算机病毒及其防范

9.2.1　计算机病毒概述

（1）计算机病毒的概念及特征。

计算机病毒是一段可以通过自我传播的破坏性程序或代码，其需要用户的干预来触发执行，通常使用系统的正常功能进行传播。计算机病毒的特性有如下八种：

1）传染性：也称为传播性，是指计算机病毒具有将自身感染（复制）到目标程序或目标系统的能力。

2）程序性：计算机病毒是计算机程序，需要依赖于特定的程序环境。

3）破坏性：计算机病毒一旦侵入系统就会对系统的运行造成不同程度的影响。

4）非授权性：当用户调用正常程序时，计算机病毒窃取到系统的控制权，先于正常程序执行病毒的动作，其对用户是未知的，是未经用户允许的，因此对系统而言是未授权的。

5）隐蔽性：计算机病毒程序代码简洁短小，其附着在正常程序或磁盘较隐蔽的地方，病毒取得系统控制权后，系统仍能正常运行，使用户不会感到任何异常。

6）潜伏性：大部分病毒感染系统后不会马上发作，它可长期隐藏在系统中，只有在满足其特定条件时才启动其表现模块。

7）可触发性：计算机病毒一般都有一个或者几个触发条件。如果满足其触发条件，激活病毒的传染机制进行感染，或者激活病毒的表现部分或破坏部分。

8）不可预见性：从对病毒的检测方面来看，病毒还有不可预见性。

（2）计算机病毒的生命周期。

1）潜伏阶段：该阶段病毒处于休眠状态，这些病毒最终会被某些条件（如日期；某特定程序或特定文件的出现；内存的容量超过一定范围等）所激活，并不是所有的病毒都会经历此阶段。

2）传播阶段：病毒程序将自身复制到其他程序或磁盘的某个区域中，或者传播到其他计算机中，每个被感染的程序或者计算机又因此包含了病毒的复制品，从而也就进入了传播阶段。

3）触发阶段：病毒在被激活后，会执行某一特定功能从而达到某种目的。和处于潜伏期的病毒一样，触发阶段病毒的触发条件是一些系统事件。

4）发作阶段：病毒在触发条件成熟时，即可在系统中发作。

（3）计算机病毒传播的途径：随着网络技术的快速发展和计算机的广泛普及，计算机病毒的传播途径也越来越多，大致分为如下几类：

1）通过软盘、光盘传播。

2）通过移动存储设备传播。

3）通过网络传播。

（4）计算机病毒的防范。

1）经常从软件供应商网站下载、安装安全补丁程序和升级杀毒软件。

2）定期检查敏感文件。

3）使用高强度的口令。

4）经常备份重要数据，要做到每天坚持备份。

5）选择、安装经过公安部认证的防病毒软件，并定期对整个硬盘进行病毒检测、清除工作。

6）可以在计算机和因特网之间安装防火墙，提高系统的安全性。

7）当计算机不使用时，不要接入因特网，一定要断掉连接。

8）重要的计算机系统和网络一定要严格与因特网物理隔离。

9）不要打开陌生人发来的电子邮件。

10）正确配置系统和使用病毒防治产品。

9.2.2 计算机病毒的分类

（1）网络病毒：是通过计算机网络感染可执行文件的计算机病毒。

（2）文件病毒：是主攻计算机内文件的病毒，（扩展名为.exe 或.com），当被感染的文件被执行，病毒便开始破坏电脑，这种病毒都是伪装成游戏、成人视频软件等钓鱼的形态引发用户点击后病毒便明显地或是偷偷地安装了。

（3）引导型病毒：是一种主攻感染驱动扇区和硬盘系统引导扇区的病毒。

（4）蠕虫病毒：该病毒常驻于一台或多台计算机中，它会扫描其他的计算机是否感染相同的蠕虫病毒，如果没有，就通过其内置的传播手段进行感染，以达到使计算机瘫痪的目的。通常以宿主机器为扫描源，采用垃圾邮件、漏洞两种方式传播。比较知名的蠕虫病毒有红色代码、蠕虫王、爱虫病毒、熊猫烧香等。

（5）木马：该名称来自于"特洛伊木马"的故事，木马是指表面上有用、实际目的却是危害计算机安全并导致严重破坏的计算机程序，是一种附着在正常应用程序中或者单独存在的一类恶意程序。木马与病毒不同，它不以破坏目标计算机系统为主要目的，同时在主机间没有感染性，往往以获取经济利益、政治利益为目的，具有很强的针对性。比较知名的木马有冰河、灰鸽子、蜜蜂大盗、暗黑蜘蛛侠等。

（6）脚本病毒：前缀一般是 Script，脚本病毒的共有特性是使用脚本语言编写，通过网页进行传播的病毒。脚本病毒还会有如下前缀：VBS、JS（表明是何种脚本编写的），如欢乐时光、十四日等。

（7）宏病毒：是一种使得应用软件的相关应用文档内含有被称为宏的可执行代码的病毒。其实宏病毒是也是脚本病毒的一种，由于它的特殊性，因此在这里单独算成一类。宏病毒的前缀是 Macro，第二前缀是 Word、Word97、Excel、Excel97 其中之一。该类病毒的共有特性是能感染 Office 系列文档，然后通过 Office 通用模板进行传播。一个电子表格程序可能允许用户在一个文档中嵌入"宏命令"，使得某种操作得以自动运行；同样的操作也可以将病毒嵌入电子表格来对用户的使用造成破坏。

（8）后门病毒：前缀一般是 Backdoor。该类病毒的共有特性是通过网络传播，给系统开后门，给用户计算机带来安全隐患。如 IRC 后门 Backdoor.IRCBot。

9.3 网络入侵手段及其防范

9.3.1 网络入侵手段

网络入侵手段也称为网络攻击方法，主要分为主动攻击和被动攻击，具体区别如下图所示。

- 主动攻击会导致某些数据流的篡改和虚假数据流的产生，常见的主动攻击类型有中断、篡改（例如中间人攻击）、伪造和拒绝服务等。

- 被动攻击中攻击者不对数据信息做任何修改，截取或窃听是指在未经用户同意和认可的情况下攻击者获得了信息或者相关数据。常见的被动攻击类型有窃听、流量分析、破解弱加密的数据流等攻击方式。

常见的网络入侵手段有如下几种：

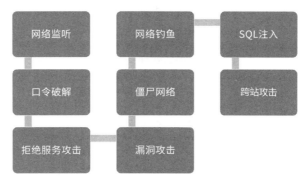

（1）网络监听：许多的网络入侵往往都伴随着以太网内网络监听行为，从而造成口令失窃、敏感数据被截获等连锁性安全事件。网络监听的目的是截获通信的内容，监听的手段是对协议进行分析。

（2）口令破解：是网络攻击最简单、最基本的一种形式，黑客攻击目标时常常把破译普通用户的口令作为攻击的开始。

（3）拒绝服务攻击：简称 DoS，主要企图是借助于网络系统或网络协议的缺陷和配置漏洞进行网络攻击，使网络拥塞、系统资源耗尽或者系统应用死锁，妨碍目标主机和网络系统对正常用户服务请求的及时响应，造成服务的性能受损甚至导致服务中断。分布式拒绝服务攻击（DDoS）是对传统 DoS 攻击的发展，攻击者首先侵入并控制一些计算机，然后控制这些计算机同时向一个特定的目标发起拒绝服务攻击。

（4）漏洞攻击：攻击者会利用一切可以利用的工具、采用一切可以采用的方法、找到一切可以找到的漏洞，并且通过对漏洞资料的分析研究，从而达到获取网站用户资料文档、添加自定义用户，甚至侵入网站获得管理员权限控制整个网站的最终目的。

（5）僵尸网络：是指采用一种或多种传播手段，将大量主机感染 bot 程序（僵尸程序），从而在控制者和被感染主机之间所形成的一个可一对多控制的网络。

（6）网络钓鱼：是通过大量发送声称来自于银行或其他知名机构的欺骗性垃圾邮件，意图引诱收信人给出敏感信息（如用户名、口令、账号 ID 或信用卡详细信息）的一种攻击方式。

（7）SQL 注入：指 Web 应用程序对用户输入数据的合法性没有判断或过滤不严，攻击者可以在 Web 应用程序中事先定义好的查询语句的结尾上添加额外的 SQL 语句，在管理员不知情的情况下实现非法操作，以此来实现欺骗数据库服务器执行非授权的任意查询，从而进一步得到相应的数据信息。

（8）跨站攻击：简称 XSS，也称为跨站点脚本攻击，是指攻击者利用网站程序对用户输入过滤不足，输入可以显示在页面上对其他用户造成影响的 HTML 代码，从而盗取用户资料、利用用户身份进行某种动作或者对访问者进行病毒侵害的一种攻击方式。

9.3.2 安全防护策略

安全防护策略是软件系统对抗攻击的主要手段，安全防护策略主要有 4 个方面，如下图所示。

（1）安全日志：日志应当记录所有用户访问系统的操作内容，包括登录用户名称、登录时间、浏览数据动作、修改数据动作、删除数据动作、退出时间、登录机器的 IP 等。通过安全日志记录非法用户的登录名称、操作时间及内容等信息，以便于发现问题并提出解决措施。安全日志仅记录相关信息，不对非法行为做出主动反应，因此属于被动防护的策略。测试人员应该根据业主要求或设计需求，对日志的完整性、正确性进行测试，测试安全日志是否包含上述全部内容，是否正确，并且对于大型应用软件来说，系统是否提供了安全日志的智能统计分析能力，是否可以按照各种特征项进行日志统计，分析潜在的安全隐患，并且及时发现非法行为。

（2）入侵检测系统：入侵检测是一种主动的网络安全防护措施，它从系统内部和各种网络资源中主动采集信息，从中分析可能的网络入侵或攻击。一般来说，入侵检测系统还应对入侵行为做出紧急响应。入侵检测被认为是防火墙之后的第二道安全闸门，在不影响网络性能的情况下能对网络进行监测，从而提供对内部攻击、外部攻击和误操作的实时保护。

（3）漏洞扫描：漏洞扫描是对软件系统及网络系统进行与安全相关的检测，以找出安全隐患和可被黑客利用的漏洞，同时漏洞扫描技术也是安全性测试的一项必要手段。

安全漏洞扫描通常都是借助于特定的漏洞扫描器完成的。漏洞扫描器是一种自动检测远程或本地主机安全性弱点的程序。通过使用漏洞扫描器，系统管理员能够发现所维护的信息系统存在的安全漏洞，从而在信息系统网络安全保卫战中做到"有的放矢"，及时修补漏洞。按常规标准，可以将漏洞扫描器分为两种类型：主机漏洞扫描器（Host Scanner）和网络漏洞扫描器（Network Scanner）。主机漏洞扫描器是指在系统本地运行检测系统漏洞的程序；网络漏洞扫描器是指基于网络远程检测目标网络和主机系统漏洞的程序。安全漏洞扫描是可以用于日常安全防护，同时可以作为对软件产品或信息系统进行测试的手段，可以在安全漏洞造成严重危害前，发现漏洞并加以防范。

（4）隔离防护：隔离防护是将系统中的安全部分与非安全部分进行隔离的措施，目前采用的技术主要有两种：隔离网闸属于近两年新兴的网络安全技术，主要目的在于实现内网和外网的物理隔离；防火墙是相对成熟的防护技术，主要用于内网和外网的逻辑隔离。

以上 4 种安全防护策略通常会结合应用，但是任何防护措施都存在局限性。软件系统的安全性与软硬件设备的安全特性、人为制定的安全防护规则等息息相关。所以安全防护策略、软硬件设备的安全特性，以及人为制定的安全防护规则都在测试的范围内。

9.4　加密与解密机制

9.4.1　数据的加密和解密

数据加密的基本过程就是对原来为明文的文件或数据按某种加密算法进行处理，使其成为不可读的一段代码，通常称为"密文"。"密文"只能在输入相应的密钥之后才能显示出原来的内容，通过这样的途径使数据不被窃取。数据加密和数据解密是一对逆过程，如下图所示。

在安全保密中，可通过适当的密钥加密技术和管理机制来保证网络信息的通信安全。密钥加密技术的密码体制分为对称密钥体制和非对称密钥体制两种。相应地，对数据加密的技术分为两类，如下图所示。

（1）对称加密技术（私钥加密技术）：对称加密采用了对称密码编码技术，其特点是文件加密和解密使用相同的密钥，这种方法在密码学中称为对称加密算法。常用的对称加密算法有 5 种，如下图所示。

1）数据加密标准算法（DES）：DES 主要采用替换和移位的方法加密。

2）三重 DES（3DES，或称 TDEA）：在 DES 的基础上采用三重 DES，其效果相当于将密钥长度加倍。

3）RC-5 算法：是在 RCF2040 中定义的，RSA 数据安全公司的很多产品都使用了 RC-5 算法。

4）国际数据加密算法（IDEA）：是在 DES 算法的基础上发展起来的，类似于三重 DES，IDEA 加密标准由 PGP 系统使用。

5）高级加密标准算法（AES）：基于排列和置换运算。

（2）非对称加密技术（公钥加密技术）：与对称加密算法不同，非对称加密算法需要两个密钥：公开密钥和私有密钥。非对称加密算法的保密性比较好，它消除了最终用户交换密钥的需要，但加密和解密花费的时间长、速度慢，不适合于对文件加密，而只适用于对少量数据进行加密。常用的非对称加密算法有 4 种，如下图所示。

1）RSA 算法：基于数论的欧拉定理，是第一个安全、实用的公钥加密算法，已成为国际标准。

2）ElGamal（厄格玛尔）算法：是基于有限域上离散对数的公钥加密体制，该体制既可以用来加密也可以用作数字签名。

3）DSA 算法：一般用于数字签名和认证。在 DSA 数字签名和认证中，发送者使用自己的私钥对文件或消息进行签名，接受者收到消息后使用发送者的公钥来验证签名的真实性。DSA 只是一种算法，和 RSA 不同之处在于它不能用作加密和解密，也不能进行密钥交换，只用于签名，它比 RSA 要快很多。

4）椭圆曲线算法（ECC）：是基于有限域 GF(p)的椭圆曲线的点集构成群，并基于离散对数的公钥加密体制。

9.4.2 常见的几种信息安全技术

（1）密钥管理：密钥是有生命周期的，它包括密钥和证书的有效时间，以及已撤销密钥和证书的维护时间等。密钥管理主要是指密钥对的安全管理，包括如下几个方面：

1）密钥产生：产生的私钥由用户保留，公钥和其他信息则交给 CA 中心进行签名，从而产生证书。CA 是证书的签发机构，负责签发证书、认证证书、管理已颁发证书。

2）密钥备份和恢复：在一个 PKI（公开密钥体系）系统中，维护密钥对的备份至关重要，如果没有这种措施，当密钥丢失后，将意味着加密数据的完全丢失，对于一些重要数据，这将是灾难性的。

3）密钥更新：对每一个由 CA 颁发的证书都会有有效期，密钥对生命周期的长短由签发证书的 CA 中心来确定，各 CA 系统的证书的有效期限有所不同，一般为 2～3 年。当用户的私钥被泄漏或证书的有效期快到时用户应该更新私钥。这时用户可以废除证书，产生新的密钥对，申请新的证书。

（2）认证技术：主要解决网络通信过程中通信双方的身份认可，认证的过程涉及加密和密钥交换。通常，加密可使用对称加密、不对称加密及两种加密方法的混合方法。认证方一般有账户名/口令认证、使用摘要算法认证和基于 PKI 的认证。PKI 是一种遵循既定标准的密钥管理平台，能够为所有网络应用提供加密和数字签名等密码服务及所必需的密钥和证书管理体系。PKI 的基础技术包括加密、数字签名、数据完整性机制、数字信封和双重数字签名等。完整的 PKI 系统必须具有权威认证机构（CA）、数字证书库、密钥备份及恢复系统、证书作废系统、应用接口（API）等基本构成部分。

（3）Hash（哈希）函数与信息摘要（Message Digest）：Hash 函数提供了这样一种计算过程：输入一个长度不固定的字符串，返回一串固定长度的字符串，又称 Hash 值，单向 Hash 函数用于产生信息摘要。信息摘要简要地描述了一份较长的信息或文件，它可以被看作一份长文件的"数字指纹"。信息摘要用于创建数字签名，对于特定的文件而言，信息摘要是唯一的。信息摘要可以被公开，它不会透露相应文件的任何内容。MD5 是由专门用于加密处理的并被广泛使用的 Hash 函数。MD5 算法具有压缩性、容易计算、抗修改性和强抗碰撞等特点。

（4）数字签名：和数字加密是不同的，区别如下：

1）数字签名使用的是发送方的密钥对，发送方用自己的私有密钥进行加密，接收方用发送方的公开密钥进行解密，这是一个一对多的关系，任何拥有发送方公开密钥的人都可以验证数字签名的正确性。数字签名只采用了非对称密钥加密算法，它能保证发送信息的完整性、身份认证和不可否认性。

2）数字加密则使用的是接收方的密钥对，这是多对一的关系，任何知道接收方公开密钥的人都可以向接收方发送加密信息，只有唯一拥有接收方私有密钥的人才能对信息解密。数字加密采用了对称密钥加密算法和非对称密钥加密算法相结合的方法，它能保证发送信息的保密性。

（5）数字时间戳技术：数字时间戳是数字签名技术的一种变种应用，在电子商务交易文件中，时间是十分重要的信息。在书面合同中，文件签署的日期和签名一样都是十分重要的防止文件被伪造和篡改的关键性内容。

9.4.3　常见的安全协议

安全协议是以密码学为基础的消息交换协议，其目的是在网络环境中提供各种安全服务。常见的安全协议如下图所示。

（1）IPSec 协议：这是一套协议而不是单个协议，在 IP 层提供数据源验证、数据完整性和数

据保密性。

（2）SSL 协议：安全套接层协议，用以保障在 Internet 上数据传输的安全，利用数据加密技术，可确保数据在网络传输过程中不会被截取及窃听。SSL 协议位于 TCP/IP 协议与各种应用层协议之间，为数据通信提供安全支持。

（3）TLS 协议：安全传输层协议，基于 SSL，使用的加密算法种类与其相似，同样独立于应用程序协议。

（4）SSH 协议：在传输层与应用层之间的加密隧道应用协议，它从几个不同的方面来加强通信的完整性和安全性。SSH 协议由三部分组成：传输层协议、用户认证协议、连接协议。

（5）S-HTTP 协议：安全超文本传输协议，在应用层运行的 HTTP 安全性扩展，是在 HTTP 基础上发展而来的。

（6）HTTPS 协议：以安全为目标的 HTTP 通道，在 HTTP 的基础上通过传输加密和身份认证保证了传输过程的安全性。HTTPS 在 HTTP 的基础下加入 SSL，HTTPS 的安全基础是 SSL，因此加密的详细内容就需要 SSL。

（7）PGP 协议：是一个基于 RSA 公钥加密体系的邮件加密软件，PGP 可以在电子邮件和文件储存应用中提供保密和认证服务，防止非授权者阅读，还能对邮件和文件加上数字签名，从而使收件人确信发送者是谁。

（8）S/MIME 协议：在 RSA 数据安全性的基础上，加强了互联网 E-mail 格式标准 MIME 的安全性。PGP 和 S/MIME 相比，S/MIME 侧重于作为商业和团体使用的工业标准，而 PGP 则倾向于为许多用户提供个人 E-mail 的安全性。

9.5 章节练习题

1. 信息安全包括 5 个基本要素，其中（　　）是指得到授权的实体在需要时可访问数据。
   A．机密性　　　　B．完整性　　　　C．可用性　　　　D．可控性

2. 《计算机信息系统安全保护等级划分准则》规定了计算机系统安全保护能力的 5 个等级，在以下选项中，（　　）安全保护级别更高。
   A．用户自主保护级　　　　　　　B．系统设计保护级
   C．安全标记保护级　　　　　　　D．访问验证保护级

3. 计算机病毒是一段可以通过自我传播的破坏性程序或代码，以下对计算机病毒的描述中，错误的是（　　）。
   A．计算机病毒是计算机程序，需要依赖于特定的程序环境
   B．病毒一旦侵入系统就会对系统的运行造成不同程度的影响
   C．大部分病毒感染系统后不会马上发作，它可长期隐藏在系统中，只有在满足其特定条件时才启动其表现模块
   D．从对病毒的检测方面来看，病毒具有可预见性

4. 以下选项中，对于计算机病毒的防范措施不正确的是（　　）。

   A．使用高强度的口令

   B．重要的计算机系统和网络一定要严格与因特网物理隔离

   C．不要打开陌生人发来的电子邮件，无论它们有多么诱人的标题或者附件，但是熟人的邮件附件可以放心打开

   D．经常从软件供应商网站下载、安装安全补丁程序和升级杀毒软件

5. 网络攻击的种类主要分为主动攻击和被动攻击，其中（　　）属于被动攻击。

   A．窃听　　　　　　B．中断　　　　　　C．篡改　　　　　　D．伪造

6. 安全防护策略是软件系统对抗攻击的主要手段，以下选项中，（　　）不属于安全防护策略。

   A．隔离防护　　　　B．入侵检测系统　　C．漏洞扫描　　　　D．安全测试

7. 对称加密采用了对称密码编码技术，其特点是文件加密和解密使用相同的密钥，这种方法在密码学中称为对称加密算法。以下选项中，（　　）属于常用的对称加密算法。

   A．RSA　　　　　　B．DES　　　　　　C．DSA　　　　　　D．ECC

8. 安全协议是以密码学为基础的消息交换协议，其目的是在网络环境中提供各种安全服务。其中（　　）不是安全协议。

   A．SSL　　　　　　B．PGP　　　　　　C．SSH　　　　　　D．HTTP

9.6　练习题参考答案

1. **参考答案**：C

   解析：信息安全包括5个基本要素：机密性、完整性、可用性、可控性与可审查性。其中可用性是指得到授权的实体在需要时可访问数据，即攻击者不能占用所有的资源而阻碍授权者的工作。

2. **参考答案**：D

   解析：公安部组织制定了《计算机信息系统　安全保护等级划分准则》（GB 17859—1999）。本标准规定了如下计算机系统安全保护能力的5个等级（安全保护级别依次递增）：

   第1级：用户自主保护级。

   第2级：系统审计保护级。

   第3级：安全标记保护级。

   第4级：结构化保护级。

   第5级：访问验证保护级。

3. **参考答案**：D

   解析：从对病毒的检测方面来看，病毒具有不可预见性。

4. **参考答案**：C

   解析：不要打开陌生人发来的电子邮件，无论它们有多么诱人的标题或者附件，同时要小心处理来自于熟人的邮件附件。

5．参考答案：A

解析：主动攻击会导致某些数据流的篡改和虚假数据流的产生，常见的主动攻击类型有中断、篡改（例如中间人攻击）、伪造和拒绝服务等。

被动攻击中攻击者不对数据信息做任何修改，截取或窃听是指在未经用户同意和认可的情况下攻击者获得了信息或者相关数据。常见的被动攻击类型有窃听、流量分析、破解弱加密的数据流等攻击方式。

6．参考答案：D

解析：安全防护策略是软件系统对抗攻击的主要手段，安全防护策略主要有安全日志、入侵检测、隔离防护、漏洞扫描等。安全测试不是安全防护策略，而是测试的一种方法。

7．参考答案：B

解析：对称加密采用了对称密码编码技术，其特点是文件加密和解密使用相同的密钥，这种方法在密码学中称为对称加密算法。常用的对称加密算法有如下几种：DES、三重 DES、RC-5、IDEA 和 AES。

8．参考答案：D

解析：超文本传输协议（Hyper Text Transfer Protocol，HTTP）是一个简单的请求、响应协议，它通常运行在 TCP 之上。HTTP 指定了客户端可能发送给服务器什么样的消息以及得到什么样的响应。HTTP 不是安全协议，但 S-HTTP 和 HTTPS 都是安全协议。

第10章 信息化基础知识

（1）本章重点内容概述：信息化基本概念、与知识产权相关的法律法规、信息系统、多媒体基础知识等内容。

（2）考试形式：常见题型为选择题，出现在第一场考试中，历年考试分值基本在 2 分左右，考试频率比较高的是与知识产权相关的法律法规等方面。

（3）本章学习要求：结合本章内容做好笔记，重复学习重点、难点和常考知识点，加强掌握程度，通过做章节作业及历年考试题目加深知识点的记忆，及时发现还未掌握的知识点，进行重点学习（已掌握的知识点要定期温习）。

10.1 信息化概述

信息化相关概念

信息（information）是客观事物状态和运动特征的一种普遍形式，客观世界中大量地存在、产生和传递着以这些方式表示出来的各种各样的信息。

（1）信息和数据的关系：数据是经过组织化的比特的集合，而信息是具有特定释义和意义的数据。信息的传输模型如下图所示。

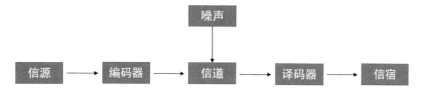

1）信源：产生信息的实体，信息产生后，由这个实体向外传播。如微信使用者，他通过录入的文字（如："在吗？"）是需要传播的信息。

2）信宿：信息的归宿或接受者，如使用微信的另一方，通过手机屏幕接收微信使用者发送的文字。

3）信道：传送信息的通道，如 TCP/IP 网络。信道可以从逻辑上理解为抽象的信道，也可以是具有物理意义的实际传送通道。TCP/IP 网络是一个逻辑上的概念，这个网络的物理通道可以是光纤、铜轴电缆、双绞线，也可以是 4G 网络，甚至是卫星或者微波。

4）编码器：在信息论中泛指所有变换信号的设备，实际上就是终端机的发送部分。编码器包括从信源到信道的所有设备，如量化器、压缩编码器、调制器等，使信源输出的信号转换成适于信道传送的信号。从信息安全的角度出发，编码器还可以包括加密设备，加密设备利用密码学的知识，对编码信息进行加密再编码。

5）译码器：是编码器的逆变换设备，把信道上送来的信号（原始信息与噪声的叠加）转换成信宿能接收的信号，可包括解调器、译码器、数模转换器等。

6）噪声：可以理解为干扰，干扰可以来自于信息系统分层结构的任何一层，当噪声携带的信息大到一定程度的时候，在信道中传输的信息可以被噪声淹没导致传输失败。

（2）信息的质量属性：信息反映的是事物或者事件确定的状态，具有客观性、普遍性等特点，由于获取信息满足了人们消除不确定性的需求，因此信息具有价值，而价值的大小取决于信息的质量，这就要求信息满足一定的质量属性，如下图所示。

1）精确性：对事物状态描述的精准程度。
2）完整性：对事物状态描述的全面程度，完整信息应包括所有重要事实。
3）可靠性：指信息的来源、采集方法、传输过程是可以信任的，符合预期。
4）及时性：指获得信息的时刻与事件发生时刻的间隔长短。昨天的天气信息不论怎样精确、完整，对指导明天的穿衣并无帮助，从这个角度出发，这个信息的价值为零。
5）经济性：指信息获取、传输带来的成本在可以接受的范围之内。
6）可验证性：指信息的主要质量属性可以被证实或者证伪的程度。
7）安全性：指在信息的生命周期中，信息可以被非授权访问的可能性，可能性越低，安全性越高。

（3）信息化（Informatization）：在不同的语境中有不同的含义，如下图所示。

用作名词
- 指现代信息技术应用，特别是促成应用对象或领域(比如政府、企业或社会)发生转变的过程。

用作动词
- 指对象或领域因信息技术的深入应用所达成的新形态或状态。

（4）信息化的层次：信息化的核心是要通过全体社会成员的共同努力，在经济和社会各个领域充分应用基于现代信息技术的先进社会生产工具，创建信息时代社会生产力，并推动生产关系和上层建筑的改革，使国家的综合实力、社会的文明素质和人民的生活质量全面提升。信息化从"小"到"大"分为5个层次，如下图所示。

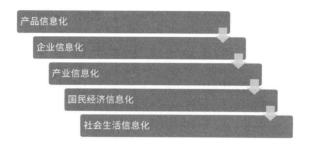

10.2 与知识产权相关的法律和法规

10.2.1 知识产权概述

知识产权是指人们基于自己的智力活动创造的成果和经营管理活动中的经验、知识而依法享有的权利。知识产权可分为如下两类：

（1）工业产权：包括专利、实用新型、工业品外观设计、商标、服务标记、厂商名称、产地标记或原产地名称、制止不正当竞争等内容。此外，商业秘密、微生物技术和遗传基因技术等也属于工业产权保护的对象。近年来，在一些国家可以通过申请专利对计算机软件进行专利保护。

（2）著作权：也称为版权，是指作者对其创作的作品享有的人身权和财产权。人身权包括发表权、署名权、修改权和保护作品完整权等；财产权包括作品的使用权和获得报酬权，即以复制、表演、播放、展览、发行、摄制电影、电视、录像或者改编、翻译、注释、编辑等方式使用作品的权利，以及许可他人以上述方式使用作品并由此获得报酬的权利。

目前我国已有比较完备的知识产权保护法律体系，保护知识产权的法律主要有《中华人民共和国著作权法》(简称《著作权法》)、《中华人民共和国专利法》(简称《专利法》)、《中华人民共和国继承法》、《中华人民共和国合同法》、《中华人民共和国商标法》、《中华人民共和国反不正当竞争法》（简称《反不正当竞争法》）和《中华人民共和国计算机软件保护条例》（简称《计算机软件保护条例》）等。其中《著作权法》和《计算机软件保护条例》是构成我国保护计算机软件著作权的两个基本法律文件。

10.2.2 计算机软件著作权

计算机软件著作权的主体指享有著作权的人。根据《著作权法》和《计算机软件保护条例》的规定，计算机软件著作权的主体包括公民、法人和其他组织。《著作权法》和《计算机软件保护条例》未规定对主体的行为能力限制，同时对外国人、无国籍人的主体资格，奉行"有条件"的国民待遇原则。

计算机软件著作权的客体指《著作权法》保护的计算机软件著作权的范围（受保护的对象）。根据《著作权法》第三条和《计算机软件保护条例》第二条的规定，《著作权法》保护的计算机软件是指计算机程序及其相关文档。《著作权法》规定对计算机软件的保护是指计算机软件的著作权人或者其受让者依法享有著作权的各项权利。

根据《计算机软件保护条例》第六条的规定，除计算机软件的程序和文档外，《著作权法》不保护计算机软件开发所用的思想、概念、发现、原理、算法、处理过程和运算方法。也就是说，利用已有的上述内容开发软件，并不构成侵权。因为开发软件时所采用的思想、概念等均属计算机软件基本理论的范围，是设计开发软件不可或缺的理论依据，属于社会公有领域，不能被个人专有。

《著作权法》规定，软件作品享有两类权利，一类是软件著作权的人身权（精神权利）；另一类是软件著作权的财产权（经济权利），具体如下图所示。

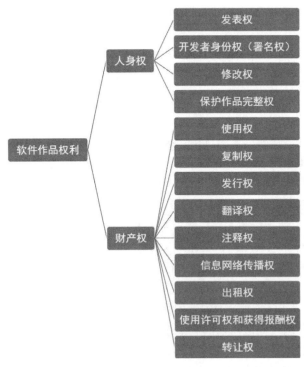

《计算机软件保护条例》规定，软件著作权人享有发表权和开发者身份权，这两项权利与软件著作权人的人身权是不可分离的。

计算机软件著作权的归属：我国著作权法对著作权的归属采取了"创作主义"原则，明确规定著作权属于作者，除非另有规定。有关于著作权的归属分为四类，如下图所示。

（1）职务开发软件著作权的归属：职务软件作品是指公民在单位任职期间为执行本单位工作任务所开发的计算机软件作品。

1）当公民作为某单位的雇员时，如其开发的软件属于执行本职工作的结果，该软件著作权应当归单位享有。

2）若开发的软件不是执行本职工作的结果，其著作权就不属于单位享有。此时需要同时符合以下三个条件：

①所开发的软件作品不是执行其本职工作的结果。

②开发的软件作品与开发者在单位中从事的工作内容无直接联系。

③开发的软件作品未使用单位的物质技术条件。

3）如果该雇员主要使用了单位的设备，按照《计算机软件保护条例》第十三条第三款的规定，该软件著作权不能属于该雇员个人享有。

（2）合作开发软件著作权的归属：合作开发软件是指两个或两个以上公民、法人或其他组织订立协议，共同参加某项计算机软件的开发并分享软件著作权的形式。对合作开发软件著作权的归属可以分为以下三个方面：

1）对于合作开发的软件，其著作权的归属一般是由各合作开发者共同享有。但如果有软件著作权的协议或签订了书面合同，则按照协议或合同确定软件著作权的归属。

2）无书面合同或者合同未作明确约定，合作开发的软件可以分割使用的，开发者对各自开发的部分可以单独享有著作权，但是行使著作权时，不得扩展到合作开发的软件整体的著作权。合作开发的软件不能分割使用的，其著作权由合作开发者共同享有，通过协商一致行使；如不能协商一致，又无正当理由，任何一方不得阻止他方行使除转让权以外的其他权利，但是所得收益应合理分配给所有合作开发者。

3）合作开发者对于软件著作权中的转让权不得单独行使。因为转让权的行使将涉及软件著作权权利主体的改变，所以软件的合作开发者在行使转让权时，必须与各合作开发者协商，在征得同意的情况下方能行使该项专有权利。

（3）委托开发软件著作权的归属：委托开发的软件作品属于《著作权法》规定的委托软件作品。委托开发软件作品著作权关系的建立，一般由委托方与受委托方订立合同而成立。其著作权的归属分为以下两个方面：

1）委托开发软件作品须根据委托方的要求，由委托方与受托方以合同确定的权利和义务的关系而进行开发的软件。因此，软件作品著作权归属应当作为合同的重要条款予以明确约定。对于当事人已经在合同中约定软件著作权归属关系的，如事后发生纠纷，软件著作权的归属仍应当根据委托开发软件的合同来确定。

2）若在委托开发软件活动中，委托者与受委托者没有签订书面协议，或者在协议中未对软件著作权归属做出明确的约定，则软件著作权属于受委托者，即属于实际完成软件的开发者。

（4）接受任务开发的软件著作权的归属：根据社会经济发展的需要，对于一些涉及国家基础项目或者重点设施的计算机软件，往往采取由政府有关部门或上级单位下达任务方式，完成软件的开发工作。对于下达任务开发的软件，其著作权的归属分为以下两个方面：

1）下达任务开发的软件著作权的归属关系，首先应以项目任务书的规定或者双方的合同约定为准。

2）下达任务的项目任务书或者双方订立的合同中未对软件著作权归属做出明确的规定或者约定的，其软件著作权属于接受并实际完成开发软件任务的单位。

计算机软件著作权的保护期：根据《著作权法》和《计算机软件保护条例》的规定，自然人的作品，其发表权、本法第十条第一款第五项至第十七项规定的权利的保护期为作者终生及其死亡后五十年，截止于作者死亡后第五十年的 12 月 31 日；如果是合作作品，截止于最后死亡的作者死亡后第五十年的 12 月 31 日。法人或者非法人组织的作品、著作权（署名权除外）由法人或者非法人组织享有的职务作品，其发表权的保护期为五十年，截止于作品创作完成后第五十年的 12 月 31 日；本法第十条第一款第五项至第十七项规定的权利的保护期为五十年，截止于作品首次发表后第五十年的 12 月 31 日，但作品自创作完成后五十年内未发表的，本法不再保护。保护期满，除开发者身份权以外，其他权利终止。其中作者的署名权、修改权、保护作品完整权的保护期不受限制，也就是永久保护。一旦计算机软件著作权超出保护期，软件就进入公有领域。计算机软件著作权人的单位终止和计算机软件著作权人的公民死亡均无合法继承人时，除开发者身份权以外，该软件的其他权利进入公有领域。软件进入公有领域后成为社会公共财富，公众可无偿使用。

10.2.3 专利权

发明创造是产生专利权的基础。发明创造是指发明、实用新型和外观设计，是我国专利法主要保护的对象，如下图所示。

> 发明：是指对产品、方法或者其改进所提出的技术方案。
>
> 实用新型：是指对产品的形状、构造或者其组合所提出的新的技术方案。
>
> 外观设计：是指对产品的形状、图案、色彩或者它们的结合所做出的富有美感的并适于工业应用的新设计。

（1）专利法不适用的对象：专利的发明创造是无形的智力创造性成果，不像有形财产那样直观可见，必须经专利主管机关依照法定程序审查确定，在未经审批以前，任何一项发明创造都不得成为专利。下列各项属于《专利法》不适用的对象，因此不授予专利权。

1）违反国家法律、社会公德或者妨害公共利益的发明创造。
2）科学发现。
3）智力活动的规则和方法。
4）疾病的诊断和治疗方法。
5）动物和植物品种，但是动物植物品种的生产方法，可以依照专利法规定授予专利权。
6）用原子核变换方法获得的物质，即用核裂变或核聚变方法获得的单质或化合物。

（2）授予专利权的条件：指一项发明创造获得专利权应当具备的实质性条件。一项发明或者实用新型获得专利权的实质条件为3项，如下图所示。

1）新颖性：是指在申请日以前没有同样的发明或实用新型在国内外出版物公开发表过，在国内公开使用过或以其他方式为公众所知，也没有同样的发明或实用新型由他人向专利局提出过申请并且记载在申请日以后公布的专利申请文件中。

2）创造性：是指同申请日以前已有的技术相比，该发明有突出的实质性特点和显著的进步，该实用新型有实质性特点和进步。

3）实用性：是指该发明或者实用新型能够制造或者使用，并且能够产生积极的效果，即不造成环境污染、能源或者资源的严重浪费，损害人体健康。

（3）专利的申请：公民、法人或者其他组织依据法律规定或者合同约定享有的就发明创造向专利局提出专利申请的权利（专利申请权）。专利申请人是指某项发明创造依法律规定或者合同约定享有专利申请权的公民、法人或者其他组织。专利申请的原则：专利申请人及其代理人在办理各种手续时都应当采用书面形式。一份专利申请文件只能就一项发明创造提出专利申请，即"一份申请一项发明"原则。两个或者两个以上的人分别就同样的发明创造申请专利的，专利权授给最先申请人。专利申请日也称关键日，是专利局或者专利局指定的专利申请受理代办处收到完整专利申请文件的日期。如果申请文件是邮寄的，以寄出的邮戳日为申请日。

专利权的归属有如下几种情况：

1）执行本单位的任务或者主要是利用本单位的物质条件所完成的职务发明创造，申请专利的权利属于该单位。申请被批准后，专利权归该单位持有（单位为专利权人）。

2）如果是非职务发明创造，申请专利的权利属于发明人或者设计人。

3）在中国境内的外资企业和中外合资经营企业的工作人员完成的职务发明创造，申请专利的权利属于该企业，申请被批准后，专利权归申请的企业或者个人所有。

4）两个以上单位协作或者一个单位接受其他单位委托的研究、设计任务所完成的发明创造，除另有协议的以外，申请专利的权利属于完成或者共同完成的单位，申请被批准后，专利权归申请的单位所有或者持有。

（4）专利权的限制：根据《中华人民共和国专利法》的规定，发明专利权的期限为20年，实用新型专利权的期限为10年，外观设计专利权的期限为15年，均自申请日起计算。专利权因某种法律事实的发生而导致其效力消灭的情形称为专利权终止。导致专利权终止的法律事实如下：

1）保护期限届满。

2）在专利权保护期限届满前，专利权人以书面形式向专利局声明放弃专利权。

3）在专利权的保护期限内，专利权人没有按照法律的规定交年费。专利权终止日应为上一年度期满日。

10.2.4 商标权

商标是指任何能够将自然人、法人或者其他组织的商品与他人的商品区别开的标志。经商标局核准注册的商标为注册商标，商标注册人享有商标专用权，受法律保护。

商标申请的原则：两个或者两个以上的商标注册申请人，在同一种商品或者类似商品上，以相同或者近似的商标申请注册的，初步审定并公告申请在先的商标；同一天申请的，初步审定并公告使用在先的商标，驳回其他人的申请，不予公告。同日使用或均未使用的，申请人之间可以协商解决，协商不成的，由各申请人抽签决定。不能够作为商标的有以下情况：

（1）与国家、政府、国际组织相同、相似的标志。

（2）一些带有民族歧视、影响社会道德等性质的标志。

（3）县级以上行政区划的地名。

商标法的使用期限：商标的使用是指将商标用于商品、包装、容器、交易文书广告宣传、展览、以及其他商业活动中。注册商标的有效期是10年，从核准通过，正式注册之日起开始计算。注册商标有效期满，需要继续使用的，商标注册人应当在期满前十二个月内按照规定办理续展手续；在此期间未能办理的，可以给予六个月的宽展期。每次续展注册的有效期为十年，自该商标上一届有效期满次日起计算。期满未办理续展手续的，注销其注册商标。商标局应当对续展注册的商标予以公告。注册商标被撤销、被宣告无效或者期满不再续展的，自撤销、宣告无效或者注销之日起一年内，商标局对与该商标相同或者近似的商标注册申请，不予核准。一年期满，没有继续办理转移手续时，任何人都可以向商标局申请注销该注册商标。

10.2.5 《反不正当竞争法》

《反不正当竞争法》中主要涉及到计算机软件的商业秘密权，《反不正当竞争法》中商业秘密定义为："指不为公众所知悉的、能为权利人带来经济利益、具有实用性并经权利人采取保密措施的技术信息和经营信息"。经营秘密和技术秘密是商业秘密的基本内容。《反不正当竞争法》保护计算机软件，是以计算机软件中是否包含"商业秘密"为必要条件的。而计算机软件是人类知识、智慧、经验和创造性劳动的成果，本身就具有商业秘密的特征，即包含着技术秘密和经营秘密。即使是软件尚未开发完成，在软件开发中所形成的知识内容也可以构成商业秘密。商业秘密的构成条件如下：

（1）商业秘密必须具有未公开性，即不为公众所知悉。
（2）商业秘密必须具有实用性，即能为权利人带来经济效益。
（3）商业秘密必须具有保密性，即采取了保密措施。

10.3 信息系统的基础知识

<u>信息系统概述</u>

系统是指由一系列相互影响、相互联系的若干组成部件，在规则的约束下构成的有机整体，这个整体具有其各个组成部件所没有的新的性质和功能，并可以和其他系统或者外部环境发生交互作用。系统的形成、发展、变化的动态过程可以分解为活动。一般而言，系统具有以下几个特点，如下图所示。

（1）目的性：定义一个系统、组成一个系统或者抽象出一个系统，都有明确的目标或者目的，目的性决定了系统的功能。

（2）可嵌套性：系统可以包括若干子系统，系统之间也能够耦合成一个更大的系统。

（3）稳定性：指受规则的约束，系统的内部结构和秩序应是可以预见的；系统的状态以及演化路径有限并能被预测；系统的功能发生作用导致的后果也是可以预估的。

（4）开放性：系统的开放性是指系统的可访问性。

（5）脆弱性：这个特性与系统的稳定性相对应，即系统可能存在着丧失结构、功能、秩序的特性，这个特性往往是隐藏不易被外界感知的。

（6）健壮性：系统具有的能够抵御出现非预期状态的特性称为健壮性，也称为鲁棒性。

信息系统是一种以处理信息为目的的专门的系统类型。信息系统的组成部件包括硬件、软件、数据库、网络、存储设备、感知设备、外设、人员以及把数据处理成信息的规程等。从信息系统工程的角度来划分，信息系统一般包括如下三个方面：

信息网络系统	▶ 指以信息技术为主要手段建立的信息处理、传输、交换和分发的计算机网络系统。
信息应用系统	▶ 指以信息技术为主要手段建立的各类业务管理的应用系统。
信息资源系统	▶ 指以信息技术为主要手段建立的信息资源采集、存储、处理的资源系统。

信息系统的生命周期包括 5 个阶段，如下图所示。

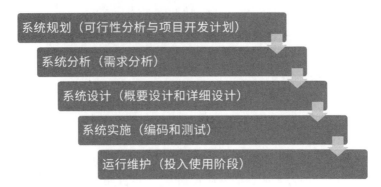

新兴的信息技术有如下图所示的几种。

（1）云计算：是指基于互联网的超级计算模式，通过互联网来提供大型计算能力和动态易扩展的虚拟化资源。云是网络、互联网的一种比喻说法。云计算是一种大集中的服务模式：服务器端可以通过网格计算，将大量低端计算机和存储资源整合在一起，提供高性能的计算能力、存储服务、应用和安全管理等;客户端可以根据需要，动态申请计算、存储和应用服务，在降低硬件、开发和运维成本的同时，大大拓展了客户端的处理能力。用一句话概括云计算就是通过网络提供可动态伸缩的廉价计算能力。

（2）物联网（IoT）：即"物物相联之网"，指通过射频识别（RFID）、红外感应器、全球定位系统、激光扫描器等信息传感设备，按约定的协议，把物与物、人与物进行智能化连接，进行信息交换和通信，以实现智能化识别、定位、跟踪、监控和管理的一种新兴网络。物联网不是一种物理上独立存在的完整网络，而是架构在现有互联网或下一代公网或专网基础上的联网应用和通信能力，是具有整合感知识别、传输互联和计算处理等能力的智能型应用。

（3）移动互联网：一般是指用户用手机等无线终端，通过 4G/5G 或者 WLAN 等速率较高的移动网络接入互联网，可以在移动状态下（如在地铁、公交车上等）使用互联网的网络资源。

（4）大数据：这个概念早在 1980 年即已出现，目前国内外的专家学者对大数据只是在数据规模上达成共识："超大规模"表示的是 GB 级别的数据，"海量"表示的是 TB 级的数据，而"大数据"则是 PB 及其以上级别的数据。大数据的来源包括网站浏览轨迹、各种文档和媒体、社交媒体信息、物联网传感信息、各种程序和 App 的日志文件等。大数据是指无法在一定时间内用传统数据库软件工具对其内容进行抓取、管理和处理的数据集合。

10.4 多媒体的基础知识

多媒体概述

媒体（Media）通常包括两方面的含义：一是指信息的物理载体，如手册、磁盘、光盘、磁带以及相关的播放设备等；二是指承载信息的载体，即信息的表现形式，如文字、声音、图像、动画和视频等。媒体的概念范围相当广泛，按照国际电话电报咨询委员会（CCITT）的定义，媒体分类如下图所示。

（1）感觉媒体：指直接作用于人的感觉器官，使人产生直接感觉的媒体，如引起听觉反应的声音、引起视觉反应的图像等。

（2）表示媒体：指传输感觉媒体的中介媒体，即用于数据交换的编码，如图像编码、文本编码和声音编码等。

（3）表现媒体：指进行信息输入和输出的媒体，如键盘、鼠标、扫描仪等为输入媒体，显示器、打印机等为输出媒体。

（4）交换媒体：指用来在系统之间进行数据交换的媒体，包括如下两种媒体：

1）存储媒体：指用于存储表示媒体的物理介质，如硬盘、磁盘、光盘等。

2）传输媒体：指传输表示媒体的物理介质，如电缆、光缆和电磁波等。

多媒体就是指利用计算机技术把文本、图形、图像、声音、动画和电视等多种媒体综合起来，使多种信息建立逻辑连接，并能对它们进行获取、压缩、加工处理、存储，集成为一个具有交互性的系统。多媒体的主要特性如下：

1）多样性：主要表现在信息媒体的多样化。多样性使得计算机处理的信息空间范围扩大，不再局限于数值、文本或特殊对待的图形和图像，可以借助于视觉、听觉和触觉等多感觉形式实现信息的接收、产生和交流。

2）集成性：主要表现在多媒体信息（如文字、图形、图像、语音和视频等信息）的集成和操作这些媒体信息的软件和设备的集成。

3）交互性：是多媒体应用有别于传统信息交流媒体的主要特点之一。传统信息交流媒体只能单向地、被动地传播信息，而多媒体技术引入交互性后则可实现人对信息的主动选择、使用、加工和控制。通过交互与反馈，可以更加有效地控制和使用信息，为人们提供发挥创造力的环境，增强了人们的参与感，同时也为多媒体技术的应用开辟了更加广阔的领域。

4）非线性：以往人们读/写的方式大多采用章、节、页的框架，循序渐进地获取知识，而多媒体技术将借助超文本链接的方法，把内容以一种更灵活、更具变化的方式呈现给读者。

5）实时性：是指在人的感官系统允许的情况下进行多媒体处理和交互。当人们给出操作命令时，相应的多媒体信息就能够得到实时控制。

6）信息使用的方便性：用户可以按照自己的需要、兴趣、任务要求、偏爱和认知特点来使用信息，获取图、文、声等信息表现形式。

7）信息结构的动态性：用户可以按照自己的目的和认知特征重新组织信息，即增加、删除或修改节点，以及重新建立链接等。

多媒体常见的概念如下：

（1）声音：是通过空气传播的一种连续的波，称为声波。声波在时间和幅度上都是连续的模拟信号，通常称为模拟声音（音频）信号，声音信号的两个基本参数是幅度和频率。声音信号的数字化步骤如下：

1）采样：是把时间连续的模拟信号在时间轴上离散化的过程。

2）量化：该处理是把在幅度上连续取值（模拟量）的每一个样本转换为离散值（数字量）表示。

3）编码：为了便于计算机存储、处理和传输，须按照一定的格式要求进行数据编码，再按照某种规定的格式将数据组织成为文件，还可以选择某一种或者几种方法对它进行数据压缩编码，以减少数据量。

常用的声音文件格式包括：Wave 文件（.wav）、Sound 文件（.snd）、Audio 文件（.au）、AIFF 文件（.aif）、Voice 文件（.voc）、MPEG-1 Audio Layer 3 文件（.mp3）、RealAudio 文件（.ra）和 MIDI 文件（.mid、.rmi）等。

（2）颜色：是通过光被人们感知的，不同的物体受光线照射后，一部分光线被吸收，其余的光线被反射到人的眼中并被大脑感知，成为人们所见的物体的颜色表达。颜色的三要素如下：

1）色调：指颜色的类别，如红色、绿色、蓝色等不同颜色，大致对应光谱分布中的主波长。

2）饱和度：指某一颜色的深浅程度（或纯度、浓度等）。对于同一种色调的颜色，其饱和度越高，颜色越浓；饱和度越低，颜色越淡。

3）亮度：描述光作用于人眼时引起的明暗程度感觉，是指彩色的明暗深浅程度。一般来说，对于发光物体，彩色光辐射的功率越大，亮度越高；反之，亮度越低。

（3）图形和图像：计算机中的"图"有如下两种常用的表示形式：

1）图形：由称为矢量的数学对象所定义的直线和曲线等组成的矢量图，矢量图法实质上是用数学的方式来描述一幅图，在处理图形时根据图元对应的数学表达式进行编辑和处理。在屏幕上显示一幅图形时，首先要解释这些指令，然后将描述图形的指令转换成屏幕上显示的形状和颜色。编辑矢量图的软件通常称为绘图软件，如适于绘制机械图、电路图的 AutoCAD 软件等。

2）图像：也称为栅格图像、点阵图像或位图图像，它是用像素来代表图像，每个像素都被分配一个特定位置和颜色值。位图图像在计算机内存中由一组二进制位组成，这些位定义图像中每个像素点的颜色和亮度。屏幕上的一个点也称为一个像素，显示一幅图像时，屏幕上的像素与图像中的点相对应。根据组成图像的像素密度和表示颜色、亮度级别的数目，又可将图像分为二值（黑白）图像、灰度图像和彩色图像等类别。描述一幅图像需要使用图像的属性。常见图像的属性包括如下几种：

①分辨率：有图像分辨率和显示分辨率两种。图像分辨率确定的是组成一幅图像的像素数目，而显示分辨率指的是显示设备能够显示图像的区域大小。图像分辨率使用图像的水平方向和垂直方向上的像素数码来表示，对应打印设备或图像扫描设备，一般使用其处理能力即每英寸的像素点数（dpi）来表示其分辨率。例如，用 200dpi 来扫描一幅 2×2.5 英寸的彩色照片，可以得到一幅 400×500 个像素点的图像。

②像素深度：指存储每个像素所用的二进制位数，它也用来度量图像的色彩分辨率。

③真彩色和伪彩色：真彩色是指组成一幅彩色图像的每个像素值中有 R、G、B 三个基色分量，每个基色分量直接决定显示设备的基色强度。这样得到的色彩可以反映原图像的真实色彩，称为真彩色。图像中每个像素的颜色不是由 3 个基色分量的数值直接表达，而是把像素值作为地址索引在色彩查找表中查找这个像素实际的 R、G、B 分量，将图像的这种颜色表达方式称为伪彩色。常用的图像文件格式包括：BMP 文件（.bmp）、GIF 文件（.gif）、TIFF 文件（.tif）、PCX 文件（.pcx）、PNG 文件（.png）、JPEG 文件（.jpg）、WMF 文件（.wmf）等。

（4）动画：是将静态的图像、图形及图画等按一定的时间顺序显示而形成连续的动态画面。常见的动画分类如下：

1）实时动画：采用各种算法来实现运动物体的运动控制，采用的算法有运动学算法、动力学算法、反向运动学算法、反向动力学算法和随机运动算法等。

2）矢量动画：是由矢量图衍生出的动画形式。

3）二维动画：是对传统动画的一个改进，它不仅具有模拟传统动画的制作功能，而且可以发挥计算机所特有的功能，如生成的图像可以复制、粘贴、翻转、放大、缩小、任意移位以及自动计算等。

4）三维动画：三维画面中的景物有正面，也有侧面和反面，调整三维空间的视点能看到不同的内容。

（5）数字视频：视频信息是指活动的、连续的图像序列。一幅图像称为一帧，帧是构成视频信息的基本单元。视频与动画一样，是由图像帧序列组成的，这些帧以一定的速率播放，使观看者得到连续运动的感觉。计算机的数字视频是基于数字技术的图像显示标准，它能将模拟视频信号输入到计算机进行数字化视频编辑制成数字视频。常用的视频文件格式包括：Flic 文件（.fi、.flc）、

147

AVI 文件（.avi）、Quick Time 文件（.mov、.qt）、MPEG 文件（.mpeg、.mpg、.dat、.mp4）和 RealVideo 文件（.rm、.rmvb）等。

10.5 章节练习题

1. 信息是客观事物状态和运动特征的一种普遍形式，在信息的传输模型中，（　　）是指产生信息的实体。

 A．信宿 B．信源 C．信道 D．噪声

2. 知识产权是指人们基于自己的智力活动创造的成果和经营管理活动中的经验、知识而依法享有的权利。以下有关知识产权的叙述中，描述有误的是（　　）。

 A．知识产权是一种无形财产权

 B．某些知识产权具有财产权和人身权双重性

 C．由于智力成果具有可以同时被多个主体所使用的特点，因此，法律授予知识产权一种专有权，具有独占性

 D．知识产权终身有效，没有法定的保护期限

3. 计算机软件著作权的主体是指（　　）。

 A．享有著作权的人 B．计算机软件

 C．计算机程序 D．计算机软件相关的文档

4. 我国著作权法对著作权的归属采取了"创作主义"原则，明确规定著作权属于作者，除非另有规定。以下有关在著作权的归属问题的叙述中，不正确的是（　　）。

 A．当公民作为某单位的雇员时，如其开发的软件属于执行本职工作的结果，该软件著作权应当归单位享有

 B．对于合作开发的软件，其著作权的归属一般是由各合作开发者共同享有。但如果有软件著作权的协议或签订了书面合同，则按照协议或合同确定软件著作权的归属

 C．委托开发的软件作品著作权应归属委托方所有，因为委托方提供了资金、设备等物质条件

 D．下达任务开发的软件著作权的归属关系，首先应以项目任务书的规定或者双方的合同约定为准

5. 根据《著作权法》和《计算机软件保护条例》的规定，（　　）的保护期不受限制，也就是永久保护。

 A．发行权 B．保护作品完整权

 C．信息网络传播权 D．使用许可权

6. 发明创造是产生专利权的基础。以下选项中，（　　）不会被授予专利权。

 A．实用新型 B．外观设计

 C．发明 D．科学发现

7. 以下对专利权的叙述中，不正确的是（ ）。
   A．执行本单位的任务或者主要是利用本单位的物质条件所完成的职务发明创造，申请专利的权利属于该单位
   B．两个或者两个以上的人分别就同样的发明创造申请专利的，专利权授给最先申请人
   C．发明专利权的保护期限为 10 年
   D．如果是非职务发明创造，申请专利的权利属于发明人或者设计人
8. 以下选项有关商标和商标法的叙述中，不正确的是（ ）。
   A．商标是指任何能够将自然人、法人或者其他组织的商品与他人的商品区别开的标志
   B．两个或者两个以上的商标注册申请人，在同一种商品或者类似商品上，以相同或者近似的商标申请注册的，初步审定并公告申请在先的商标
   C．与国家、政府、国际组织相同、相似的标志不能作为商标使用
   D．注册商标的有效期是 20 年，从核准通过，正式注册之日起开始计算
9. 信息系统是一种以处理信息为目的的专门的系统类型，以下有关信息系统的说法中，有误的选项是（ ）。
   A．信息系统的组成部件包括硬件、软件、数据库、网络、存储设备、感知设备、外设、人员以及把数据处理成信息的规程等
   B．信息系统在投入使用后，要进行系统分析和系统设计
   C．信息资源系统指以信息技术为主要手段建立的信息资源采集、存储、处理的资源系统
   D．信息网络系统指以信息技术为主要手段建立的信息处理、传输、交换和分发的计算机网络系统
10. 引起听觉反应的声音属于（ ）媒体。
    A．感觉　　　　　B．表示　　　　　C．表现　　　　　D．传输
11. 颜色是通过光被人们感知的，不同的物体受光线照射后，一部分光线被吸收，其余的光线被反射到人的眼中并被大脑感知，成为人们所见的物体的颜色表达。其中（ ）描述光作用于人眼时引起的明暗程度感觉，是指彩色的明暗深浅程度。
    A．色调　　　　　B．饱和度　　　　C．亮度　　　　　D．分辨率
12. 视频信息是指活动的、连续的图像序列。以下选项中，（ ）不是视频文件的格式。
    A．.avi　　　　　B．.mp4　　　　　C．.mpg　　　　　D．.snd

10.6　练习题参考答案

1. **参考答案**：B

   解析：信源是指产生信息的实体，信息产生后，由这个实体向外传播。信宿是信息的归宿或接受者。信道是传送信息的通道。噪声可以理解为干扰，干扰可以来自于信息系统分层结构的任何一层，当噪声携带的信息大到一定程度的时候，在信道中传输的信息可以被噪声淹没导致传输失败。

2. 参考答案：D

解析：知识产权具有法定的保护期限，一旦保护期限届满，权利将自行终止，成为社会公众可以自由使用的知识。

3. 参考答案：A

解析：计算机软件著作权的主体指享有著作权的人。根据《著作权法》和《计算机软件保护条例》的规定，计算机软件著作权的主体包括公民、法人和其他组织。

计算机软件著作权的客体指《著作权法》保护的计算机软件著作权的范围（受保护的对象）。根据《著作权法》第三条和《计算机软件保护条例》第二条的规定，《著作权法》保护的计算机软件是指计算机程序及其相关文档。

4. 参考答案：C

解析：委托开发软件作品须根据委托方的要求，由委托方与受托方以合同确定的权利和义务的关系而进行开发的软件。因此，软件作品著作权归属应当作为合同的重要条款予以明确约定。若在委托开发软件活动中，委托者与受委托者没有签订书面协议，或者在协议中未对软件著作权归属作出明确的约定，则软件著作权属于受委托者，即属于实际完成软件的开发者。

5. 参考答案：B

解析：根据《著作权法》和《计算机软件保护条例》的规定，作者的署名权、修改权、保护作品完整权的保护期不受限制，也就是永久保护。

6. 参考答案：D

解析：专利的发明创造是无形的智力创造性成果，不像有形财产那样直观可见，必须经专利主管机关依照法定程序审查确定，在未经审批以前，任何一项发明创造都不得成为专利。下列各项属于《专利法》不适用的对象，因此不授予专利权。

（1）违反国家法律、社会公德或者妨害公共利益的发明创造。

（2）科学发现。

（3）智力活动的规则和方法。

（4）疾病的诊断和治疗方法。

（5）动物和植物品种，但是动物植物品种的生产方法，可以依照专利法规定授予专利权。

（6）用原子核变换方法获得的物质，即用核裂变或核聚变方法获得的单质或化合物。

7. 参考答案：C

解析：根据《专利法》的规定，发明专利权的期限为20年，实用新型专利权的期限为10年，外观设计专利权的期限为15年，均自申请日起计算。

8. 参考答案：D

解析：注册商标的有效期是10年，从核准通过，正式注册之日起开始计算。

9. 参考答案：B

解析：软件在信息系统中属于较复杂的部件，可以借用软件的生命周期来表示信息系统的生命周期，软件的生命周期通常包括：可行性分析与项目开发计划、需求分析、概要设计、详细设计、编码、测试、维护等阶段，信息系统的生命周期可以简化为系统规划（可行性分析与项目开发计划）、系统分析（需求分析）、系统设计（概要设计、详细设计）、系统实施（编码、测试）、运行维护（投入使用）等阶段。所以系统分析和系统设计是投入使用之前的阶段，不是投入使用之后的阶段。

10．**参考答案**：A

解析：媒体的概念范围相当广泛，按照国际电话电报咨询委员会（CCITT）的定义，媒体可以有如下分类：

（1）感觉媒体：指直接作用于人的感觉器官，使人产生直接感觉的媒体，如引起听觉反应的声音、引起视觉反应的图像等。

（2）表示媒体：指传输感觉媒体的中介媒体，即用于数据交换的编码，如图像编码、文本编码和声音编码等。

（3）表现媒体：指进行信息输入和输出的媒体，如键盘、鼠标、扫描仪等为输入媒体。显示器、打印机等为输出媒体。

（4）交换媒体：指用来在系统之间进行数据交换的媒体，包括如下两种媒体：

1）存储媒体：指用于存储表示媒体的物理介质，如硬盘、磁盘、光盘等。

2）传输媒体：指传输表示媒体的物理介质，如电缆、光缆和电磁波等。

11．**参考答案**：C

解析：颜色的三要素如下：

（1）色调：指颜色的类别，如红色、绿色、蓝色等不同颜色，大致对应光谱分布中的主波长。某一物体的色调取决于它本身辐射的光谱成分或在光的照射下所反射的光谱成分对人眼刺激的视觉反应。

（2）饱和度：指某一颜色的深浅程度（或纯度、浓度等）。对于同一种色调的颜色，其饱和度越高，颜色越浓；饱和度越低，颜色越淡。高饱和度的彩色光可因掺入白光而降低纯度或变浅，变为低饱和度的彩色光。因此，饱和度可以用某色调的纯色掺入白色光的比例来表达。

（3）亮度：描述光作用于人眼时引起的明暗程度感觉，是指彩色的明暗深浅程度。一般来说，对于发光物体，彩色光辐射的功率越大，亮度越高；反之，亮度越低。

12．**参考答案**：D

解析：常用的声音文件格式：Wave 文件（.wav）、Sound 文件（.snd）、Audio 文件（.au）、AIFF 文件（.aif）、Voice 文件（.voc）、MPEG-1 Audio Layer 3 文件（.mp3）、RealAudio 文件（.ra）和 MIDI 文件（.mid、.rmi）。

常用的视频文件格式：Flic 文件（.fi、.flc）、AVI 文件（.avi）、Quick Time 文件（.mov、.qt）、MPEG 文件（.mpeg、.mpg、.dat、.mp4）和 RealVideo 文件（.rm、.rmvb）等。

第11章 软件工程基础知识

（1）本章重点内容概述：软件工程基本概念、结构化开发方法、面向对象开发方法、软件开发模型、软件质量管理、软件过程管理、软件配置管理、软件开发风险、软件评测相关标准、项目管理、设计模式、软件架构等内容。

（2）考试形式：常见题型为选择题，出现在第一场考试中，历年考试分值基本在16分左右，本章涉及到的内容在考试中占比很高，需要花费较多时间重点掌握。

（3）本章学习要求：结合本书内容做好笔记，重复学习重点、难点和常考知识点，加强掌握程度，通过做章节作业及历年考试题目加深知识点的记忆，及时发现还未掌握的知识点，进行重点学习（已掌握的知识点要定期温习）。

11.1 软件工程概述

11.1.1 软件工程

由于软件危机的出现，人们希望将工程化的管理理念引入到软件行业，就提出了软件工程的概念。软件工程是指应用计算机科学、数学及管理科学等原理，以工程化的原则和方法来解决软件问题的工程，其目的是提高软件生产率、提高软件质量、降低软件成本。软件工程的三要素如下图所示。

（1）方法：指完成软件开发的各项任务的技术方法。

（2）工具：指为运用方法而提供的软件工程支撑环境。

（3）过程：指为获得高质量的软件所需要完成的一系列任务的框架。

美国著名的软件工程专家 B.W.Boehm 于 1983 年提出了软件工程的 7 条基本原理。

（1）用分阶段的生命周期计划严格管理。

（2）坚持进行阶段评审。

（3）实现严格的产品控制。

（4）采用现代程序设计技术。

（5）结果应能清楚地审查。

（6）开发小组的人员应少而精。

（7）承认不断改进软件工程实践的必要性。

11.1.2 软件生存周期

一个软件产品或软件系统要经历许多阶段，一般称为软件生存周期。软件生存周期包括如下几个阶段，如下图所示。

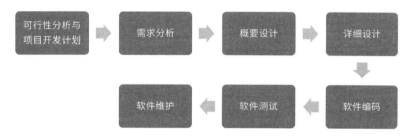

（**1**）**可行性分析与项目开发计划**：这个阶段主要确定软件的开发目标及其可行性，需要进行问题定义、可行性分析，制订项目开发计划。可行性分析与项目计划阶段的参加人员有用户、项目负责人和系统分析师。该阶段产生的主要文档包括：可行性分析报告和项目开发计划等。

（**2**）**需求分析**：该阶段的任务不是具体地解决问题，而是准确地确定软件系统必须做什么，确定软件系统的功能、性能、数据和界面等要求，从而确定系统的逻辑模型。软件需求包括如下 3 个方面的内容：

1）功能需求：所开发的软件必须具备什么样的功能。

2）非功能需求：指产品必须具备的属性或品质，如可靠性、性能、容错性和扩展性等。

3）设计约束：也称为限制条件、补充规约，这通常是对解决方案的一些约束说明。

需求阶段的参加人员有用户、项目负责人和系统分析师。该阶段产生的主要文档包括软件需求说明书，也称为软件需求规格说明书。

（**3**）**概要设计**：在该阶段开发人员要把确定的各项功能需求转换成需要的体系结构。在该体系结构中，每个成分都是意义明确的模块，即每个模块都和某些功能需求相对应，因此，概要设计就是设计软件的结构，明确软件由哪些模块组成。同时还要设计该项目的应用系统的总体数据结构和数据库结构。软件概要设计的基本任务如下：

1）设计软件系统总体结构。
2）数据结构及数据库设计。
3）编写概要设计文档。
4）评审。

概要设计阶段的参加人员有系统分析师和软件设计师。该阶段产生的主要文档包括概要设计说明书、数据库设计说明书等。

（4）**详细设计**：该阶段的根本目标是确定应该怎样具体地实现所要求的系统，即经过这个阶段的设计工作，应该得出对目标系统的精确描述。详细设计阶段的主要任务如下：

1）对每个模块进行详细的算法设计。
2）对模块内的数据结构进行设计。
3）对数据库进行物理设计，即确定数据库的物理结构。
4）其他设计：包括代码设设计、输入输出设计和用户界面设计等。
5）编写详细设计说明书。
6）评审。

详细设计阶段的参加人员有软件设计师和程序员。该阶段产生的主要文档包括详细设计说明书。软件设计的原则如下图所示。

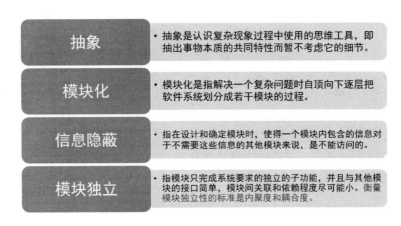

（5）**软件编码**：该阶段就是把每个模块的控制结构转换成计算机可接受的程序代码，即写成某种特定程序设计语言表示的源程序清单。编码阶段的参加人员通常是软件开发人员。该阶段产生的主要文档包括开发进度月报、项目开发总结报告等。

（6）**软件测试**：测试是保证软件质量的重要手段，其主要方式是在设计测试用例的基础上检查软件的各个组成部分。测试阶段的参加人员通常是软件测试人员、软件开发人员、用户。该阶段产生的主要文档包括软件测试计划、软件测试用例和软件测试报告。

（7）**软件维护**：是软件生存周期中时间最长的阶段。已交付的软件投入正式使用后，便进入软件维护阶段，它可以持续几年甚至几十年。软件维护可以分为如下4种类型：

1）正确性维护：又称为改正性维护，是指改正在系统开发阶段已发生而系统测试阶段尚未发现的错误。

2）适应性维护：指使应用软件适应信息技术变化和管理需求变化而进行的修改。

3）完善性维护：又称为改善性维护，这是为扩充功能和改善性能而进行的修改，主要是指对已有的软件系统增加一些在系统分析和设计阶段中没有规定的功能与性能特征。

4）预防性维护：为了改进应用软件的可靠性和可维护性，为了适应未来的软/硬件环境的变化，应主动增加预防性的新的功能，以使应用系统适应各类变化而不被淘汰。

11.1.3 模块内聚和耦合

（1）**模块内聚**：内聚是一个模块内部各个元素彼此结合的紧密程度的度量。一个内聚程度高的模块应当只做一件事，模块的内聚度越高，则独立性越强。一般模块的内聚度分为 7 种类型，如下图所示。

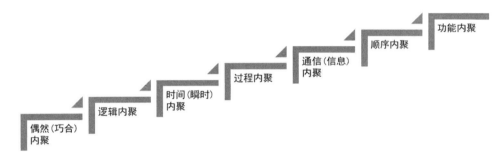

1）偶然（巧合）内聚：模块完成的动作之间没有任何关系，或者仅仅是一种非常松散的关系。

2）逻辑内聚：指模块内执行若干个逻辑上相似的功能，通过参数确定该模块完成哪一个功能。

3）时间（瞬时）内聚：模块内部的各个组成部分所包含的处理动作必须在同一时间间隔内执行，例如初始化模块。

4）过程内聚：指一个模块完成多个任务，这些任务必须按指定的过程执行。

5）通信（信息）内聚：指模块内的所有处理元素都在同一个数据结构上操作，或者各处理使用相同的输入数据或者产生相同的输出数据。

6）顺序内聚：指一个模块中的各个处理元素都密切相关于同一功能且必须顺序执行，前一功能元素的输出就是下一功能元素的输入。

7）功能内聚：指模块内的所有元素共同作用完成一个功能，缺一不可，这是最强的内聚。

昊洋老师给大家提供一个联想记忆法：偶然发现一个逻辑，原来时间和过程可以通信，按顺序来实现每个功能。

（2）**模块耦合**：耦合是模块之间的相对独立性的度量。耦合取决于各个模块之间接口的复杂程度、调用模块的方式以及通过接口的信息类型等。模块的耦合度越高，则独立性越弱。一般模块的耦合度分为 7 种类型，如下图所示。

1) 无直接耦合（非直接耦合）：两个模块之间没有直接关系，它们之间的联系完全是通过主模块的控制和调用来实现的，它们之间不传递任何信息，因此模块间的耦合性最弱，模块独立性最高。

2) 数据耦合：指两个模块之间有调用关系，传递的是简单的数据值，相当于高级语言中的值传递。

3) 标记耦合：指两个模块之间通过参数表（数据结构）传递记录信息。

4) 控制耦合：指一个模块调用另一个模块时，传递的是控制变量，被调用模块通过该控制变量的值有选择地执行模块内的某一功能。因此，被调用模块内应具有多个功能，哪个功能起作用受调用模块控制。也就是说一个模块通过传送开关、标志、名字等控制信息，明显地控制选择另一模块的功能。

5) 外部耦合：模块间通过软件之外的环境联结（如 I/O 将模块耦合到特定的设备、格式、通信协议上）。

6) 公共耦合：指通过一个公共数据环境相互作用的那些模块间的耦合。

7) 内容耦合：一个模块直接访问另一个模块的内部数据，或者通过非正常入口转入另一个模块内部，或者两个模块有一部分程序代码重叠，又或者一个模块有多种入口。这种模块之间的耦合称为内容耦合。

昊洋老师给大家提供一个联想记忆法：无直接联系的数据标记，却控制着外部的公共内容。

11.2 结构化开发方法

结构化分析与设计方法是一种面向数据流的传统软件开发方法，它以数据流为中心构建软件的分析模型和设计模型。完整的结构化方法包括三部分，如下图所示。

11.2.1 结构化分析

结构化分析简称 SA。基本思想是将系统开发看成工程项目，有计划、有步骤地进行工作，适用于分析大型信息系统。结构化分析方法采用"自顶向下,逐层分解"的开发策略。只要将复杂的系统适当分层,每层的复杂程度即可降低。结构化分析的结果由以下几部分组成,如下图所示。

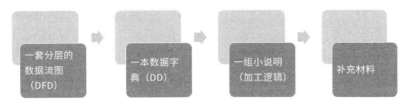

(1)数据流图简称 DFD,是结构化方法中用于表示系统逻辑模型的一种工具,描述系统的输入数据流如何经过一系列的加工,逐步变换成系统的输出数据流。这些数据流的加工实际上反映了系统的某种功能或子功能。数据流图的基本成分如下图所示。

1)数据流:由一组固定成分的数据组成,表示数据的流向。一般用箭头"→"表示。在 DFD 中,数据流的流向可以有以下几种:

①从一个加工流向另一个加工。
②从加工流向数据存储(写)。
③从数据存储流向加工(读)。
④从外部实体流向加工(输入)。
⑤从加工流向外部实体(输出)。

DFD 中的每个数据流用一个定义明确的名字表示。除了流向数据存储或从数据存储流出的数据流不必命名外,每个数据流都必须有一个合适的名字,以反映该数据流的含义。值得注意的是,DFD 中描述的是数据流,而不是控制流。

2)加工:描述输入数据流到输出数据流之间的变换,也就是输入数据流经什么处理后变成了输出数据流。一般用圆圈"○"或者圆角矩形"▭"表示。每个加工都有一个名字和编号,编号能反映出该加工位于分层 DFD 中的哪个层次和哪张图中,也能够看出它是哪个加工分解出来的子加工。一个加工可以有多个输入数据流和多个输出数据流,但至少有一个输入数据流和一个输出数据流。数据流图中加工常见的 3 种错误有以下几种:

①加工有输入但是没有输出。
②加工有输出但没有输入。
③加工中输入不足以产生输出。

3)数据存储:也称为文件,用来表示存储数据,每个数据存储都有一个名字。一般用平行线"▭"或者右边缺边的方框"▭"表示。可以有数据流流入数据存储,表示数据的写入操作;也可以有数据流从数据存储流出,表示数据的读操作;还可以用双向箭头的数据流指向数据存储，表示对数据的修改。

4）外部实体：也称为源/宿、外部主体等，是指存在于软件系统之外的人员、组织或其他系统。外部实体指出系统所需数据的发源地和系统所产生的数据的归宿地。一般用直角矩形"▭"表示。源和宿采用相同的图形符号表示，当数据流从该符号流出时，表示它是源；当数据流流向该符号时，表示它是宿；当两者皆有时，表示它既是源又是宿。

（2）数据字典：DFD 仅描述了系统的"分解"，并没有对各个数据流、加工、数据存储进行详细说明。数据字典就是用来定义 DFD 中各个成分的具体含义的，它以一种准确的、无二义性的说明方法为系统的分析、设计及维护提供了有关元素一致的定义和详细的描述。数据字典有以下 4 类条目：

1) 数据流条目：给出了 DFD 中数据流的定义，通常列出该数据流的各组成数据项。
2) 数据项条目：是组成数据流和数据存储的最小元素，是不可再分解的数据单位。
3) 数据存储条目：是对 DFD 中数据存储的定义。
4) 基本加工条目：用来说明 DFD 中基本加工的处理逻辑。

（3）加工逻辑：也称为"小说明"，一般用以下 3 种工具描述加工逻辑：

1) 结构化语言：介于自然语言和形式语言之间的一种半形式语言，它的结构可分成外层和内层两层。
2) 判定表：能够清楚地表示复杂的条件组合与应做的动作之间的对应关系。判定表由条件说明、动作说明、条件项和动作项组成。
3) 判定树：也称为决策树，适合描述问题处理中具有多个判断，而且每个决策与若干条件有关，是判定表的变形。

11.2.2 结构化设计

结构化设计简称 SD。SD 是将结构化分析得到的 DFD 映射成软件体系结构的一种设计方法，强调模块化、自顶向下逐步求精、信息隐蔽、高内聚、低耦合等设计原则。结构化设计方法中使用结构图来描述软件系统的体系结构，指出一个软件系统由哪些模块组成，以及模块之间的调用关系。结构图的基本成分有五部分，如下图所示。

（1）模块：指具有一定功能并可以用模块名调用的一组程序语句，如函数、子程序等，它们是组成程序的基本单元。在结构图中，模块用矩形"▭"表示，并用名字标识该模块，名字应体现该模块的功能。模块的四要素是：输入和输出、处理功能、内部数据、程序代码。

（2）调用：结构图中模块之间的调用关系用从一个模块指向另一个模块的箭头"→"来表示，其含义是前者调用了后者。

（3）数据：在模块之间传送的数据，使用与调用箭头平行的带空心圆的箭头"○→"表示，并在旁边标上数据名。

（4）控制信息：使用与调用箭头平行的带实心圆的箭头"●→"表示，并在旁边标上控制信息名。

（5）转接符号：当模块结构图在一张纸上画不下，需要转接到另一张纸上，或者为了避免图上线条交叉时，都可以使用转接符号，圆圈内加上标号，例如"①"。

结构图的形态特征如下所示：

1）深度：指结构图控制的层次，也就是模块的层数。
2）宽度：指一层中最大的模块个数。
3）扇出：指一个模块的直接下属模块的个数。
4）扇入：指一个模块的直接上属模块的个数。

11.2.3 结构化程序设计（编程）

结构化程序设计（编程）简称 SP。结构化程序设计方法的基本要点如下：

（1）采用自顶向下、逐步求精的程序设计方法。自顶向下、逐步求精的核心思想是"为了能集中精力解决主要问题，尽量推迟问题细节的考虑"。可以把逐步求精看作一项把一个时期内必须解决的种种问题按优先级排序的技术。逐步求精确保每个问题都被解决，而且每个问题都在适当的时候被解决。

（2）使用 3 种基本控制结构构造程序。任何程序都可以由顺序、选择和重复（循环）3 种基本控制结构构造，这 3 种基本结构的共同点是单入口、单出口。

11.3 面向对象开发方法

面向对象开发方法将问题和问题的解决方案组织为离散对象的集合,数据结构和行为都包含在对象的表示中。面向对象开发方法包括三方面，如下图所示。

以上三个方面的详细介绍可以参考"程序设计语言基础知识"章节中有关面向对象程序设计的内容，此处不再赘述。下面主要讲解面向对象分析和设计目前采用最多的工具：UML。

UML

统一建模语言简称 UML。UML 的词汇表包含 3 种构造块，如下图所示。

(1) 事物：是对模型中最具有代表性的成分的抽象，UML 中有以下 4 种事物：

1) 结构事物：是 UML 模型中的名词。它们通常是模型的静态部分，描述概念或物理元素。结构事物包括类、接口、协作、用例、主动类、构件、制品和节点。

2) 行为事物：是 UML 模型中的动词。它们通常是模型的动态部分，描述了跨越时间和空间的行为。行为事物包括交互、状态机和活动。

3) 分组事物：是 UML 模型的组织部分，是一些由模型分解成的"盒子"。在所有的分组事物中，最主要的分组事物是包。包是把元素组织成组的机制，这种机制具有多种用途。结构事物、行为事物甚至其他分组事物都可以放进包内。

4) 注释事物：是 UML 模型的解释部分。这些注释事物用来描述、说明和标注模型的任何元素。注解是一种主要的注释事物。注解是一个依附于一个元素或者一组元素之上，对它进行约束或解释的简单符号。

(2) 关系：UML 常见的关系有 6 种，如下图所示。

各种关系的强弱顺序是：泛化 = 实现 > 组合 > 聚合 > 关联 > 依赖。

1) 泛化：是一种继承关系，表示一般与特殊的关系，它指定了子类如何特化父类的所有特征和行为。如下图所示，带空心三角箭头的实线，箭头指向父类。

2) 实现：是一种类与接口的关系，表示类是接口所有特征和行为的实现。如下图所示，带空心三角箭头的虚线，箭头指向接口。

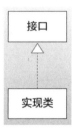

3）组合：是整体与部分的关系，但部分不能离开整体而单独存在。组合关系是关联关系的一种，是比聚合关系还要强的关系。如下图所示，带实心菱形的实线，菱形指向整体。

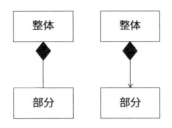

4）聚合：是整体与部分的关系，且部分可以离开整体而单独存在。聚合关系是关联关系的一种，是强的关联关系。如下图所示，带空心菱形的实心线，菱形指向整体。

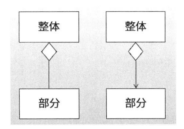

5）关联：是一种拥有的关系，它使一个类知道另一个类的属性和方法。双向的关联可以有两个箭头或者没有箭头，单向的关联有一个箭头。如下图所示，带普通箭头的实心线，指向被拥有者。

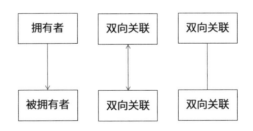

6）依赖：是一种使用的关系，即一个类的实现需要另一个类的协助，所以要尽量不使用双向的互相依赖。如下图所示，带箭头的虚线，指向被使用者。

依赖的变体有包含和扩展等，一般用于表示用例图中用例和用例之间的关系。

1）包含关系：当两个或多个用例中共用一组相同的动作，这时可以将这组相同的动作抽出来作为一个独立的子用例，供多个基用例所共享。因为子用例被抽出，基用例并非一个完整的用例，所以 include 关系中的基用例必须和子用例一起使用才够完整，子用例也必然被执行。如下图所示，在用例图中使用带箭头的虚线表示（在线上标注<<include>>），箭头从基用例指向子用例。

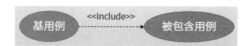

2）扩展关系：是对基用例的扩展，基用例是一个完整的用例，即使没有子用例的参与，也可以完成一个完整的功能。extend 的基用例中将存在一个扩展点，只有当扩展点被激活时，子用例才会被执行。如下图所示，在用例图中使用带箭头的虚线表示（在线上标注<<extend>>），箭头从子用例指向基用例。

（3）UML 中的图：图是一组元素的图形表示，大多数情况下把图画成顶点（代表事物）和弧（代表关系）的连通图。为了对系统进行可视化，可以从不同的角度画图，这样图是对系统的投影。UML 提供了 13 种图，如下图所示。

1）类图：展现了一组对象、接口、协作和它们之间的关系。类图给出系统的静态设计视图，包含主动类的类图给出了系统的静态进程视图。类图用于对系统的静态设计视图建模，这种视图主要支持系统的功能需求，即系统要提供给最终用户的服务。当对系统的静态设计视图建模时，通常以下图所示的 3 种方式之一使用类图。

2）对象图：展现了某一时刻一组对象以及它们之间的关系，描述了在类图中所建立的事物的实例的静态快照。和类图一样，对象图给出系统的静态设计视图或静态进程视图，但它们是从真实的或原型实例的角度建立的。这种视图主要支持系统的功能需求，即系统应该提供给最终用户的服务。利用对象图可以对静态数据结构建模，在对系统的静态设计视图或静态进程视图建模时，主要是使用对象图对对象结构进行建模。对象结构建模涉及在给定时刻抓取系统中对象的快照。对象图表示了交互图表示的动态场景的一个静态画面，可以使用对象图可视化、详述、构造和文档化系统中存在的实例以及它们之间的相互关系。

3）用例图：展现了一组用例、参与者（Actor）以及它们之间的关系。用例图通常包括：

①用例。

②参与者。

③用例之间的扩展关系和包含关系，参与者和用例之间的关联关系，用例与用例以及参与者与参与者之间的泛化关系。

用例图用于对系统的静态用例视图进行建模。当对系统的静态用例视图建模时，可以用 2 种方式来使用用例图，如下图所示。

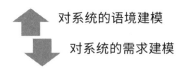

4）交互图：用于对系统的动态方面进行建模。一张交互图表现的是一个交互，由一组对象和它们之间的关系组成，包含它们之间可能传递的消息。交互图分为以下 4 种：

①序列图：是强调消息时间顺序的交互图，是场景的图形化表示，描述了以时间顺序组织的对象之间的交互活动。

②通信图：是强调接收和发送消息的对象的结构组织的交互图。

③交互概览图：是强调控制流的交互图，描述业务过程中的控制流概览，软件过程中的详细逻辑概览，以及将多个图进行连接，抽象掉了消息和生命线。

④计时图：是特别适合实时和嵌入式系统建模的交互图。

5）状态图：展现了一个状态机，它由状态、转换、事件和活动组成。状态图关注系统的动态视图，强调对象行为的事件顺序。可以用状态图对系统的动态方面建模，这些动态方面可以包括出现在系统体系结构的任何视图中的任何一种对象的按事件排序的行为，这些对象包括类、接口、构件和节点。当对系统、类或用例的动态方面建模时，通常是对反应型对象建模。

6）活动图：是一种特殊的状态图，它展现了在系统内从一个活动到另一个活动的流程，活动图专注于系统的动态视图，它对于系统的功能建模特别重要，并强调对象间的控制流程。活动图一般包括活动状态和动作状态、转换和对象。当对一个系统的动态方面建模时，通常有 2 种使用活动图的方式，如下图所示。

7）构件图：展现了一组构件之间的组织和依赖。构件图专注于系统的静态实现视图，它与类图相关，通常把构件映射为一个或多个类、接口或协作。

8）组合结构图：组合结构图是一种静态结构图，它用来描述系统中某一部分（即"组合结构"）的内部结构，包括该部分与系统其他部分的交互点，它能够展示该部分内容"内部"参与者的配置情况。

9）部署图：是用来对面向对象系统的物理方面建模的方法，展现了运行时处理节点以及其中构件（制品）的配置。部署图对系统的静态部署视图进行建模，它与构件图相关。

10）包图：是用于把模型本身组织成层次结构的通用机制，不能执行，展现由模型本身分解而成的组织单元以及其间的依赖关系。

11.4 软件开发模型

软件开发模型习惯上也称为软件过程模型或者软件生命周期模型，它是软件开发全部过程、活动和任务的结构框架。典型的软件开发模型如下图所示。

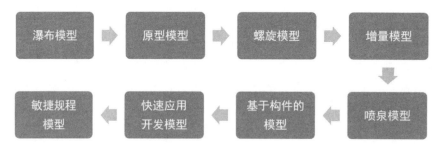

11.4.1 瀑布模型

将软件生存周期中的各个活动规定为依线性顺序连接的若干阶段的模型，包括需求分析、软件设计、软件编码、软件测试、软件维护。瀑布模型规定了由前至后、相互衔接的固定次序，如同瀑布流水逐级下落，如下图所示。

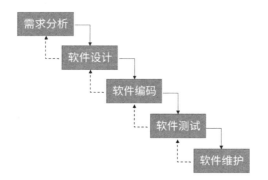

瀑布模型以项目的阶段评审和文档控制为手段有效地对整个开发过程进行指导,所以它是以文档作为驱动、适合于软件需求很明确的软件项目的模型。

11.4.2 原型模型

原型模型又称为快速原型模型,是演化模型的一种,演化模型特别适用于对软件需求缺乏准确认识的情况。原型是预期系统的一个可执行版本,反映了系统性质的一个选定的子集。一个原型不必满足目标软件的所有约束,其目的是能快速、低成本地构建原型。原型模型如下图所示:

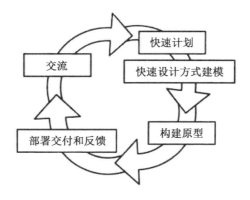

原型模型比较适合于:
(1)需求不确定的项目。
(2)整体规模不太大的项目。

11.4.3 螺旋模型

对于复杂的大型软件,开发一个原型往往达不到要求。螺旋模型将瀑布模型和原型模型结合起来,加入了两种模型均忽略的风险分析,弥补了这两种模型的不足。螺旋模型将开发过程分为几个螺旋周期,每个螺旋周期大致和瀑布模型相符合,如下图所示。

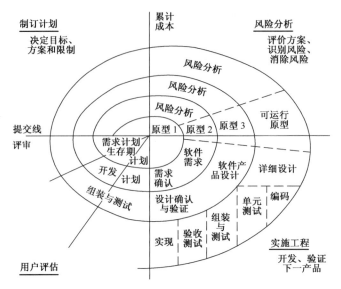

每个螺旋周期分为如下4个工作步骤：

（1）制订计划。
（2）风险分析。
（3）实施工程。
（4）用户评估。

螺旋模型强调风险分析，使得开发人员和用户对每个演化层出现的风险有所了解，从而做出应有的反应。因此螺旋模型特别适用于庞大、复杂并且具有高风险的系统。

11.4.4 增量模型

增量模型融合了瀑布模型的基本成分和原型实现的迭代特征，它假设可以将需求分段为一系列增量产品，每一增量可以分别开发。该模型采用随着日程时间的进展而交错的线性序列，每一个线性序列产生软件的一个可发布的增量，第1个增量往往是核心的产品。增量模型强调每一个增量均发布一个可操作的产品，如下图所示。

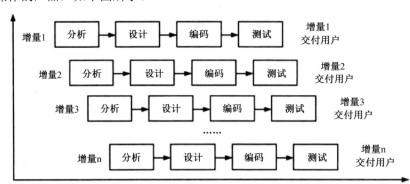

11.4.5 喷泉模型

喷泉模型是一种以用户需求为动力,以对象作为驱动的模型,适合于面向对象的开发方法。喷泉模型克服了瀑布模型不支持软件重用和多项开发活动集成的局限性。喷泉模型使开发过程具有迭代性和无间隙性,如下图所示。

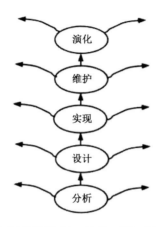

(1)优点:可以提高软件项目的开发效率,节省开发时间。

(2)缺点:在开发过程中需要大量的开发人员,不利于项目的管理。此外这种模型要求严格管理文档,使得审核的难度加大。

11.4.6 基于构件的模型

基于构件的开发是指利用预先包装的构件来构造应用系统。构件可以是组织内部开发的构件,也可以是商品化成品软件构件。基于构件的开发模型具有许多螺旋模型的特点,它本质上是演化模型,需要以迭代方式构建软件。其不同之处在于,基于构件的开发模型采用预先打包的软件构件开发应用系统。一种基于构建的开发模型如下图所示。

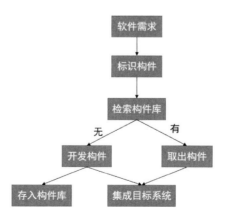

11.4.7 快速应用开发模型

快速应用开发简称 RAD,该模型是一个增量型的软件开发过程模型,强调极短的开发周期。快速应用开发模型是瀑布模型的一个"高速"变种,通过大量使用可复用构件,采用基于构件的建造方法赢得了快速开发。其流程从业务建模开始,随后是数据建模、过程建模、应用程序生成、测试及交付。工作过程模型如图所示。

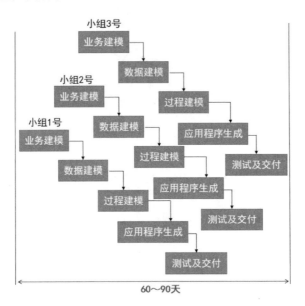

11.4.8 敏捷规程模型

敏捷的含义是快速的或通用的,敏捷规程模型是指基于迭代开发的软件开发方法。敏捷方法将任务分解为较小的迭代,或者部分不直接涉及长期计划。每次迭代都被视为敏捷流程模型中的短时间"框架",通常持续一至四个星期,每次迭代都涉及一个团队。在整个软件开发生命周期中进行工作,敏捷规程模型的阶段包括需求分析、设计需求、构建/迭代、测试、部署、反馈等,然后再向客户展示可运行的产品。敏捷规程模型典型开发方法有很多,每一种方法基于一套原则,常见的有 4 种,如下图所示。

(1)极限编程:简称 XP,是激发开发人员创造性、使得管理负担最小的一组技术,核心价

值观是沟通、简单、反馈和勇气。五大原则是快速反馈、简单性假设、逐步修改、提倡更改和优质工作。12 个最佳实践为：

1）计划游戏（规划策略）。

2）小型发布（小版本发布）。

3）隐喻。

4）简单设计。

5）测试先行（测试驱动开发）。

6）重构（Refactoring）。

7）结对编程。

8）集体代码所有制。

9）持续集成。

10）每周工作 40 个小时。

11）现场客户（客户测试）。

12）编码标准。

（2）水晶法：又称为 Crystal 方法。认为每一个不同的项目都需要一套不同的策略、约定和方法论。水晶法把开发看作是一系列的协作游戏，而写文档的目标是帮助团队在下一个游戏中取得胜利。相对于其他敏捷方法，水晶法易于使用，但它的生产率不如 XP 等其他敏捷方法。水晶法与 XP 一样，都有以人为中心的理念，但在实践上有所不同。人们一般很难严格遵循一个纪律约束很强的过程，因此，与 XP 的高度纪律性不同，水晶法试图用最少纪律约束而仍能成功的方法，从而在产出效率与易于运作上达到一种平衡。

（3）并列争球法：简称 Scrum。使用迭代的方法，其中把每 2～4 周一次的迭代称为 1 个冲刺（Sprint），并按需求的优先级来实现产品多个自组织和自治小组并行地递增实现产品，协调是通过简短的日常情况会议进行。在 Scrum 中，使用 Product Backlog（产品列表）来管理产品的需求，Product Backlog 是一个按照商业价值排序的需求列表，列表条目的体现形式通常为用户故事。Scrum 团队总是先开发对客户具有较高价值的需求。在 Sprint 中，Sprint Backlog 是指要在冲刺中完成的任务的清单。Scrum 团队从 Product Backlog 中挑选最高优先级的需求进行开发。

Scrum 的四大支柱如下图所示。

（4）自适应软件开发法：简称 ASD，强调开发方法的适应性，不像其他方法那样有很多具体的实践做法，更侧重为 ASD 的重要性提供最根本的基础，并从更高的组织和管理层次来阐述开发方法为什么要具备适应性。ASD 的 6 个基本的原则如下：

1）在自适应软件开发中，有一个使命作为指导，它设立了项目的目标，但不描述如何达到这个目标。

2）特征被视为客户键值的关键，因此，项目是围绕着构造的构件来组织并实现特征。
3）过程中的迭代是很重要的，因此重做与做同样重要，变化也包含其中。
4）变化不视为是一种更正，而是对软件开发实际情况的调整。
5）确定的交付时间迫使开发人员认真考虑每一个生产版本的关键需求。
6）风险也包含其中，它使开发人员首先跟踪最艰难的问题。

11.5 软件质量管理

11.5.1 软件质量概述

软件质量是指反映软件系统或软件产品满足规定或隐含需求的能力的特征和特性全体。讨论软件质量首先要了解软件的质量特性，有关软件质量特性目前有两个模型，如下图所示。

（1）ISO/IEC 25000 软件质量模型：该模型中将软件与系统的质量特性分为使用质量和产品质量两个部分，其中又包含了其特性以及子特性，具体见下表。

使用质量模型	
特性	子特性
有效性	有效性
效率	效率
满意度	有用性、可信性、愉悦性、舒适性
抗风险	经济风险缓解性、健康和安全风险缓解性、环境风险缓解性
周境覆盖	周境完备性、灵活性

产品质量	
特性	子特性
功能性	功能完备性、功能正确性、功能适合性、功能性的依从性
性能效率	时间特性、资源利用性、容量、性能效率的依从性
兼容性	共存性、互操作性、兼容性的依从性
易用性	可辨识性、易学性、易操作性、用户差错防御性、用户界面舒适性、易访问性、易用性的依从性
可靠性	成熟性、可用性、容错性、易恢复性、可靠性的依从性
信息安全性	保密性、完整性、抗抵赖性、可核查性、真实性、信息安全性的依从性
维护性	模块化、可重用性、易分析性、易修改性、易测试性、维护性的依从性
可移植性	适应性、易安装性、易替换性、可移植性的依从性

产品质量模型涉及到 8 个特性及其 39 个子特性，很多学员反馈记忆匹配容易发生错乱和漏项，为了缓解这个记忆问题，昊洋老师摸索了一下规则，全当是做一个文字游戏小分享，方便大家进行归类记忆。**首先记忆八个大的特性：功效简易，全靠位置。**

每个特性都有一个依从性，所以下面的口诀里，即使这个"依从性"不出现，大家也不要漏了。

1)"功"就是功能性，它的子特性可以记为：功能完备，正确适合。
2)"效"就是性能效率，它的子特性可以记为：时间、资源的容量。
3)"简"就是兼容性，它的子特性可以记为：共存互操作。
4)"易"就是易用性，它的子特性可以记为：辨识学（习）易操作，以防界面出差错。
5)"全"就是信息安全性，它的子特性可以记为：保密完整抗抵赖，全为核查真实性。
6)"靠"就是可靠性，它的子特性可以记为：恢复容错，成熟可用。
7)"位"就是维护性，它的子特性可以记为：为了测试模块，分析修改可重用性。
8)"置"就是可移植性，它的子特性可以记为：安装易替换，适应移植性。

以上是昊洋老师对该部分记忆的分享，每个人都有自己的记忆习惯，所以可以根据自己的实际情况进行修改调整，最终都是为了方便大家能够更好地记住产品质量模型的特性和子特性的具体归属。

（2）Mc Call 软件质量模型：该模型从软件产品的运行、修正和转移 3 个方面确定了 11 个质量特性，如下图所示。

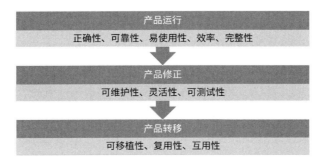

11.5.2 软件质量管理体系

软件质量管理是指对软件开发过程进行独立的检查活动，是指为了实现质量目标而进行的所有质量性质的活动。软件质量管理体系由以下三部分组成：

（1）质量规划：是识别软件及其可交付成果的质量要求和标准，并准备对策确保符合质量要求的过程。

（2）质量保证：指为保证软件系统或软件产品充分满足用户要求的质量而进行的有计划、有组织的活动，其目的是生产高质量的软件。

（3）质量控制：是监督并记录质量活动执行结果，以便评估绩效，并推荐必要的变更的过程。

软件质量保证包括与 7 个主要活动相关的各种任务，如下图所示。

11.6 软件过程管理

在开发产品或构建系统时,遵循一系列可预测的步骤是非常重要的,它有助于及时交付高质量的产品。软件开发中所遵循的路线图称为"软件过程",过程是活动的集合,活动是任务的集合。对软件过程管理,目的就是要提高软件开发能力,为此应首先了解软件能力成熟度模型。对软件过程能力的评估,通常采用以下几个管理模型,如下图所示。

11.6.1 CMM

CMM 是指软件能力成熟度模型,是对软件组织进化阶段的描述,随着软件组织定义、实施、测量、控制和改进其软件过程,软件组织的能力经过这些阶段逐步提高。该能力成熟度模型使软件组织能够较容易地确定其当前过程的成熟度并识别其软件过程执行中的薄弱环节,确定对软件质量和过程改进最为关键的几个问题,从而形成对其过程的改进策略。CMM 将软件过程改进分为 5 个成熟度级别,如下图所示。

(1)初始级:软件过程的特点是杂乱无章,有时甚至很混乱,几乎没有明确定义的步骤,项目的成功完全依赖个人的努力和英雄式核心人物的作用。

(2)可重复级:建立了基本的项目管理过程和实践来跟踪项目费用、进度和功能特性,有必要的过程准则来重复以前在同类项目中的成功。

(3)已定义级:管理和工程两方面的软件过程已经文档化、标准化,并综合成整个软件开发组织的标准软件过程。所有项目都采用根据实际情况修改后得到的标准软件过程来开发和维护软件。

(4)已管理级:制定了软件过程和产品质量的详细度量标准。软件过程的产品质量都被开发组织的成员所理解和控制。

（5）优化级：加强了定量分析，通过来自过程质量反馈和来自新观念、新技术的反馈使过程能不断持续地改进。

11.6.2 CMMI

CMMI 是指软件能力成熟度模型集成，是对若干过程模型的综合和改进，是支持多个工程学科和领域的、系统的、一致的过程改进框架，能适应现代工程的特点和需要，能提高过程的质量和工作效率。CMMI 提供了两种表示方法，如下图所示。

（1）阶段式模型：结构类似于 CMM，它关注组织的成熟度。阶段式模型分为 5 个成熟度等级，见下表。

等级	描述
初始的	过程不可预测且缺乏控制
已管理的	过程为项目服务
已定义的	过程为组织服务
定量管理的	过程已度量和控制
优化的	集中于过程改进

（2）连续式模型：关注每个过程域的能力，一个组织对不同的过程可以达到不同的过程域能力等级（CL）。CMMI 中包括 6 个过程域能力等级，等级号为 0~5，见下表。

等级	描述
CL0（未完成的）	过程域未执行或未得到CL1中定义的所有目标
CL1（已执行的）	其共性目标是过程可标识的输入工作产品转换成可标识的输出工作产品，以实现支持过程域的特定目标
CL2（已管理的）	其共性目标集中于已管理的过程的制度化
CL3（已定义的）	其共性目标集中于已定义的过程的制度化
CL4（定量管理的）	其共性目标集中于可定量管理的过程的制度化
CL5（优化的）	使用量化（统计学）手段改变和优化过程域，以满足客户要求的改变和持续改进计划中的过程域的功效

11.6.3 UP

UP 是指统一过程模型，是一种"用例和风险驱动，以架构为中心，迭代并且增量"的开发过程，由 UML 方法和工具支持。统一过程的典型代表是 RUP，统一过程定义了 4 个技术阶段及其制品，见下表。

阶段	制品
起始阶段	构想文档、初始用例模型、初始项目术语表、初始业务用例、初始风险评估、项目计划（阶段及迭代）、业务模型以及一个或多个原型（需要时）
精化阶段	用例模型、补充需求、分析模型、软件体系结构描述、可执行的软件体系结构原型、初步的设计模型、修订的风险列表、项目计划（包括迭代计划、调整的工作流、里程碑和技术工作产品）以及初始用户手册
构建阶段	设计模型、软件构件、集成的软件增量、测试计划及步骤、测试用例以及支持文档（用户手册、安装手册和对于并发增量的描述）
移交阶段	提交的软件增量、β 测试报告和综合用户反馈

11.7 软件配置管理

软件配置管理简称 SCM。为了协调软件开发使得混乱减到最小，使变更所产生的错误达到最小并最有效地提高生产率，采用了软件配置管理技术。软件配置管理用于整个软件工程过程，是一组管理整个软件生存周期中各阶段变更的活动。软件配置管理的主要目标如下图所示。

软件配置管理概述

（1）基线：是软件生存周期中各开发阶段的一个特定点，它的作用是使各开发阶段的工作划分更加明确，使本来连续的工作在这些点上断开，以便于检查与肯定阶段成果。

常用的基线包括以下 3 种：

1）功能基线：指在系统分析与软件定义阶段结束时，经过正式评审和批准的系统设计规格说明书中对待开发系统的规格说明；或是指经过项目委托单位和项目承办单位双方签字同意的协议书或合同中所规定的对待开发软件系统的规格说明；或是由下级申请经上级同意或直接由上级下达的项目任务书中所规定的对待开发软件系统的规格说明。

2）指派基线：指在软件需求分析阶段结束时，经过正式评审和批准的软件需求的规格说明。

3）产品基线：指在软件组装与系统测试阶段结束时，经过正式评审批准的有关所开发的软件产品的全部配置项的规格说明。

（2）软件配置项：简称 SCI，是软件工程中产生的信息项，它是配置管理的基本单位。如下图所示的 SCI 是 SCM 的对象，并可形成基线。

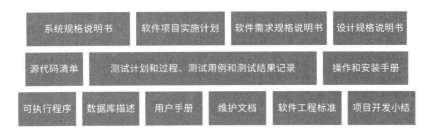

（3）软件配置管理的过程：软件配置管理是软件质量保证的重要一环，其主要任务是控制变更，同时也负责各个软件配置项和软件各个版本的标识、软件配置审计，以及对软件配置发生的任何变更的报告。软件配置管理的过程主要包括 5 项活动，如下图所示。

11.8　软件开发风险基础知识

风险是指可能发生的损失、损害及危险。一般认为软件开发风险包含两个特性：不确定性和损失。在进行软件风险分析时，重要的是量化每个风险的不确定程度和损失程度。为了实现这一点，必须考虑不同类型的风险。

风险管理

风险管理是软件工程项目管理的一项重要内容，其主要活动包括 4 种，如下图所示。

（1）风险识别：试图系统化地指出对项目计划的威胁，识别风险的一种方法是建立风险条目检查表。该检查表可用于风险识别，并且主要用来识别下列几种类型中的一些已知风险和可预测风险，如下图所示。

（2）风险预测：又称风险估计，它试图从两个方面评估一个风险：风险发生的可能性或概率；如果风险发生了，所产生的后果。一种简单的风险预测技术是建立风险表。如果风险真的发生了，有 3 个因素可能会影响风险所产生的后果，即风险的本质、范围和时间。

（3）风险评估：在进行风险评估时，一种对风险评估很有用的技术就是定义风险参照水准。对于大多数软件项目来说，成本、进度和性能就是 3 种典型的风险参照水准。

（4）风险控制：目的是辅助项目组建立处理风险的策略，也就是风险的防范及应对。一个有效的策略必须考虑以下 3 个问题：

1）风险避免：应对风险的最好办法是主动地避免风险，即在风险发生前分析引起风险的原因，然后采取措施，以避免风险的发生。

2）风险监控：项目管理者应监控某些因素，这些因素可以提供风险是否正在变高或变低的指示。

3）RMMM 计划：指风险缓解、监控和管理计划。

11.9　软件评测相关标准

标准是指为了在一定范围内获得最佳秩序，经协商一致制定并由公认机构批准，共同使用和重复使用的一种规范性文件。软件评测相关标准主要包括三种，如下图所示。

11.9.1　软件质量类标准

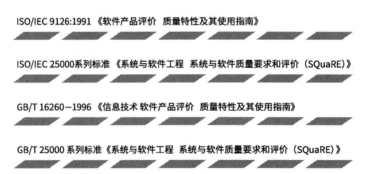

软件质量评价：GB/T 25000.40—2018《系统与软件工程　系统与软件质量要求和评价（SQuaRE）第 40 部分：评价过程》主要规定了软件产品质量评价参考模型和评价过程两部分内容。

（1）软件产品质量评价参考模型如下图所示。

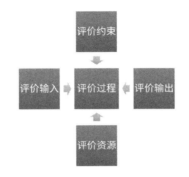

（2）评价过程如下图所示。

评价过程的策略和步骤如下：
1）确立评价需求。
①明确评价目的。
②获取软件产品质量需求。
③标识待评价的产品部件。
④确定评价严格度。
2）规定评价。
①选择质量测度。
②确定质量测度判定准则。
③确定评价判定准则。
3）设计评价。
①策划评价活动。
4）执行评价。
①实施测量。
②应用质量测度判定准则。
③应用评价判定准则。
5）结束评价。
①评审评价结果。
②编制评价报告。
③评审质量评价并向组织提交反馈。

11.9.2　软件测试类标准

（1）测试过程类标准：GB/T 38634.2—2020《系统与软件工程 软件测试 第 2 部分：测试过程》定义的多层测试过程模型将系统与软件生存周期中可能执行的测试活动分为如下 3 个过程组：

1）组织级测试过程：定义用于开发和管理组织级测试规格说明的过程，例如组织级测试方针、组织级测试策略、过程、规程和其他资产的维护。

2）测试管理过程：定义涵盖整个测试项目或任何测试阶段或测试类型的测试管理过程。测试管理过程包含测试策划过程、测试监测和控制过程、测试完成过程 3 个子过程。

3）动态测试过程：定义执行动态测试的通用过程。动态测试可以在测试的特定阶段执行，或者用于测试项目中特定类型的测试。动态测试过程包含测试设计和实现过程、测试环境构建和维护过程、测试执行过程、测试事件报告过程 4 个子过程。

（2）测试文档标准：GB/T 38634.3—2020《系统与软件工程 软件测试 第 3 部分：测试文档》规定了适用于任何组织、项目或小规模测试活动的软件测试文档模板。

1）组织级测试文档集：组织级测试规格说明描述组织层面测试的信息，并且不依赖于项目。其在组织级测试过程中的典型示例包括测试方针和组织级测试策略。

2）测试管理文档集：测试管理过程中制定的文档包含测试计划、测试状态报告和测试完成报告。

3）动态测试文档集：动态测试过程中产生的文档包含测试规格说明、测试数据需求、测试环境需求、测试数据准备报告、测试环境准备报告、测试执行文档集。测试执行文档集包括实测结果、测试结果、测试执行日志和事件报告。

（3）测试技术标准：软件测试技术是用于构建测试模型的活动、概念、过程和模式，该模型用于识别测试项的测试条件，导出相应的测试覆盖项，并导出或选择测试用例。GB/T 38634.4—2020《系统与软件工程 软件测试 第 4 部分：测试技术》规定了用于测试设计和实现过程中使用的测试技术。常见的软件测试技术可分为如下 3 类：

1）基于规格说明的测试设计技术（黑盒测试）：测试依据（如需求、规格说明、模型或用户需求）是设计测试用例的首要信息来源。

2）基于结构的测试设计技术（白盒测试）：测试项的结构（如源代码或模型结构）是设计测试用例的首要信息来源。

3）基于经验的测试设计技术：测试人员的知识和经验是设计测试用例的首要信息来源。

上述测试设计技术是互补的，组合使用这些技术会使测试更加有效。

11.9.3 软件测试及成本估算类标准

风险评估需要从经济学角度考虑软件测试项目进行什么类型的测试、完成多少测试。从测试机构或者组织的角度，成本的要素构成不清晰，会造成测试预算无法得到用户的认可；从用户单位的角度，会造成巨大的资金浪费，或者费用不足影响测试质量。在软件测试招投标过程中，因为缺乏度量依据，市场发生恶意竞标，导致测试的价值被严重低估。

科学度量的软件测试成本既是有效进行软件测试管理的重要依据，也是当前软件产业发展的迫切需要。GB/T 32911—2016《软件测试成本度量规范》借鉴国内在该领域的实际研究成果，并结合国内产业实际，规定了软件测试成本度量，以满足软件产业发展对测试成本度量的需求。软件测试成本构成如下。

（1）直接成本：为了完成测试项目而支出的各类人力资源和工具资源的综合，直接成本的开支仅限于测试生存周期内，包括：

1）测试人工成本：指软件测试成本的主要构成部分，由产品说明评审、用户文档集评审和软件测试三部分构成。

2）测试环境成本：指测试执行过程中所需的软硬件环境和测试设计和实现过程中所需的软硬件环境。

3）测试工具成本：指测试过程中所使用到的软硬件工具的成本。

（2）间接成本：服务于软件测试项目的管理组织成本。间接成本的开支可能会超出测试生存周期，包括：

1）办公成本：指进行测试时非直接的花费，主要包括场地、印刷、交通、会议费等。

2）管理成本：一般不会针对某一具体项目，而是服务于多个项目，因此管理成本应由各项目进行分摊。

11.10 软件项目管理基础知识

软件项目管理是指软件生存周期中软件管理者所进行的一系列活动,其目的是在一定的时间和预设范围内有效地利用人力、资源、技术和工具，使软件系统或软件产品按原定计划和质量要求如期完成。有效的软件项目管理集中在以下 4 个方面：

（1）人员：是软件工程项目的基本要素和关键因素，在对人员进行组织时，有必要考虑参与软件过程的人员类型。一般来说，可以分为项目管理人员、高级管理人员、开发人员、客户、最终用户共计 5 类。

（2）产品：进行项目计划之前，应首先进行项目定义，也就是定义项目范围，其中包括建立产品的目的和范围、可选的解决方案、技术或管理的约束等。

（3）过程：软件过程提供了一个项目团队要选择一个适合于待开发软件的过程模型。

（4）项目：进行有计划和可控制的软件项目是管理复杂性的一种方式。

软件项目管理概述

（1）软件项目估算：涉及人、技术、环境等多种因素，即使用机器学习和人工智能等新技术也很难在项目完成前准确地估算出开发软件所需的成本、持续时间和工作量。在项目估算中，需要考虑项目的规模、复杂度和成本等因素，但是和项目类型无关。因此需要一些方法和技术来支持项目的估算，常用的估算方法有下列 3 种：

1）基于已经完成的类似项目进行估算。

2）基于分解技术进行估算。分解技术包括问题分解和过程分解。问题分解是将一个复杂问题分解成若干个小问题，通过对小问题的估算得到复杂问题的估算；过程分解是指先根据软件开发过程中的活动进行估算，然后得到整个项目的估算值。

3）基于经验估算模型的估算。典型的经验估算模型有 IBM 估算模型、COCOMO 估算模型和 Putnam 模型。

上述方法可以组合使用，以提高估算的精度。

（2）软件进度管理：软件项目进度管理的目的是确保软件项目在规定的时间内按期完成。完成每个任务都需要一定的资源，包括人、时间等，项目管理者的任务就是定义所有的项目任务以及它们之间的依赖关系，制定项目的进度安排，规划每个任务所需的工作量和持续时间，并在项目开发过程中不断跟踪项目的执行情况，发现那些未按计划进度完成的任务对整个项目工期的影响，并及时进行调整。软件进度管理的 7 个基本原则如下：

1）划分：项目必须被划分成若干可以管理的活动和任务。

2）相互依赖性：划分后的各个活动或任务之间的相互依赖关系必须是明确的。

3）时间分配：必须为每个被调度的任务分配一定数量的工作单位。此外，必须为每个任务制定开始日期和结束日期。

4）工作量确认：每个项目都有预定数量的人员参与。

5）确定责任：安排了进度计划的每个任务都应该指定特定的团队成员来负责。

6）明确输出结果：安排了进度计划的每个任务都应该有一个明确的输出结果。通常可以将多个工作产品组合成可交付产品。

7）确定里程碑：每个任务或任务组都应该与一个项目里程碑相关联。当一个或多个工作产品经过质量评审并且得到认可时，标志着一个里程碑的完成。

（3）软件进度安排：为监控软件项目的进度计划和工作的实际进展情况，表示各项任务之间进度的相互依赖关系，需要采用图示的方法。

（4）项目活动图：又称为项目网络图，该图是一个有向图，图中的箭头表示任务，同时可以标上完成该任务所需要的时间。

1）关键路径：是项目所有路径中耗时最长的一条路径，它表示项目完成的最少时间。需要注意的是，项目活动图中可能不止一条关键路径。

2）松弛时间：又称为浮动时间、自由时间等，表示在不影响整个工期的前提下完成该任务有多少机动余地，反映了完成某些任务时可以推迟其开始时间或延长其所需完成的时间。

项目的最短完成时间就是总工期，也就是求关键路径上活动的总时长，关键路径就是所有路径中最长的一条。以下图为例，经过计算得出关键路径为 A-B-D-H-I，工期为 21 天。关键路径上所有活动的松弛时间是 0，例如活动 D-H 在关键路径上，所以其松弛时间为 0。

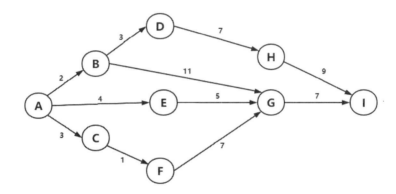

11.11 设计模式基础知识

设计模式是一套被反复使用、多数人知晓的、经过分类的、代码设计经验的总结。使用设计模式是为了代码可重用性、让代码更容易被他人理解、保证代码可靠性。设计模式的四个基本要素如下图所示。

按照设计模式的目的，设计模式分为三大类型，共计 23 种，见下表。

设计模式（23种）		关键单词
创建型（5种）	抽象工厂模式	AbstractFactory
	生成器模式	Builder
	工厂方法模式	Factory Method（Product、Creator）
	原型模式	Prototype
	单例模式	Singleton
结构型（7种）	适配器模式	Adaptee、Adapter
	桥接模式	Abstraction、Implementor
	组合模式	Composite
	装饰模式	Decorator
	外观模式	Façade
	享元模式	Flyweight
	代理模式	Proxy
行为型（11种）	责任链模式	Handler
	命令模式	Command
	解释器模式	Interpreter（AbstractExpression）
	迭代器模式	Iterator
	中介者模式	Mediator
	备忘录模式	Memento
	观察者模式	Observer
	状态模式	State
	策略模式	Strategy
	模板方法模式	Template method(AbstractClass、ConcreteClass)
	访问者模式	Visitor

这 23 种设计模式的分类可以通过以下的联想记忆法进行记忆：

（1）创建型设计模式联想记忆法：工厂模式由单一的原型模式，生成了抽象工厂模式。

（2）结构型设计模式联想记忆法：一个代理将外观装饰和适配器桥接起来，享受着组合后带来的美感。

（3）行为型设计模式排除记忆法：只要不属于创建型和结构型的设计模式，都是行为型设计模式。因为该分类涉及到 11 种设计模式，即使使用联想法，效果也不是很好，还不如直接使用排除法方便。

除了要记住 23 种设计模式的分类，还要把各个设计模式的关键单词记一下，这样在考试的时候，类图中出现了关键单词，就可以快速识别出是什么设计模式。

11.11.1 创建型设计模式

创建型设计模式与对象的创建有关，创建型模式抽象了实例化过程，它们帮助一个系统独立于如何创建、组合和表示它的那些对象。常见的创建型设计模式有以下 5 种：

（1）抽象工厂模式：提供一个创建一系列相关或者相互依赖对象的接口，而无须指定它们具体的类。

（2）生成器模式：将一个复杂对象的构建与它的表示分离，使得同样的构建过程可以创建不同的表示。

（3）工厂方法模式：定义一个用于创建对象的接口，让子类决定实例化哪一个类，使一个类的实例化延迟到其子类。

（4）原型模式：用原型实例指定创建对象的种类，并且通过复制这些原型创建新的对象。

（5）单例模式：保证一个类仅有一个实例，并提供一个访问它的全局访问点。

11.11.2 结构型设计模式

结构型设计模式处理类或对象的组合，该设计模式涉及如何组合类和对象以获得更大的结构。常见的结构型设计模式有以下 7 种：

（1）适配器模式：将一个类的接口转换成客户希望的另外一个接口。

（2）桥接模式：将抽象部分与其实现部分分离，使它们都可以独立地变化。

（3）组合模式：将对象组合成树形结构以表示"部分-整体"的层次结构。

（4）装饰模式：动态地给一个对象添加一些额外的职责。

（5）外观模式：为子系统中的一组接口提供一个一致的界面，该模式定义了一个高层接口，使得这一子系统更加容易使用。

（6）享元模式：运用共享技术有效地支持大量细粒度的对象。

（7）代理模式：为其他对象提供一个代理以控制对这个对象的访问。

11.11.3 行为型设计模式

行为型设计模式对类或对象之间怎样交互和怎样分配职责进行描述，该设计模式涉及算法和对象间职责的分配。常见的行为型设计模式有以下 11 种：

（1）责任链模式：使多个对象都有机会处理请求，从而避免请求的发送者和接收者之间的耦合关系。将这些对象连成一条链，并沿着这条链传递该请求，直到有一个对象处理它为止。

（2）命令模式：将一个请求封装成一个对象，从而使得可以用不同的请求对客户进行参数化，对请求排队或记录请求日志，以及支持可撤销的操作。

（3）解释器模式：给定一个语言，定义它的文法的一种表示，并定义一个解释器，这个解释器使用该表示来解释语言中的句子。

（4）迭代器模式：提供一种方法顺序访问一个聚合对象中的各个元素，且不需要暴露该对象的内部表示。

（5）中介者模式：用一个中介对象来封装一系列的对象交互。中介者使各对象不需要显式地相互引用，从而使其耦合松散，而且可以独立地改变它们之间的交互。

（6）备忘录模式：在不破坏封装性的前提下捕获一个对象的内部状态，并在对象之外保存这个状态。这样以后就可以将对象恢复到原先保存的状态。

（7）观察者模式：定义对象间的一种一对多的依赖关系，当一个对象的状态发生改变时，所有依赖于它的对象都得到通知并被自动更新。

（8）状态模式：允许一个对象在其内部状态改变时改变他的行为。对象看起来似乎修改了它的类。

（9）策略模式：定义一系列的算法，把它们一个个封装起来，并且使它们可以相互替换。此模式使得算法可以独立于使用它们的客户而变化。

（10）模板方法模式：定义一个操作中的算法骨架，而将一些步骤延迟到子类中。使得子类可以不改变一个算法的结构即可重定义该算法的某些特定步骤。

（11）访问者模式：表示一个作用于某对象结构中的各元素的操作。它允许在不改变各元素的类的前提下定义作用于这些元素的新操作。

11.12 软件架构基础知识

将软件系统划分成多个模块，明确各模块之间的相互作用，组合起来实现系统的全部特性，就是软件架构。常见的软件架构模式如下图所示。

11.12.1 管道/过滤器模式

管道/过滤器模式中，每个组件（过滤器）都有一组输入/输出，组件读取输入的数据流，经过内部处理后，产生输出的数据流，该过程主要完成输入流的变换及增量计算。其典型应用包括编译系统和批处理系统，该模式如下图所示。

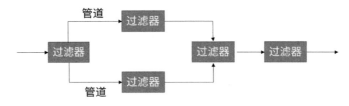

（1）优点如下：
1）高内聚、低耦合。
2）多过滤器简单合成。
3）功能模块重用。
4）便于维护。
5）支持特定分析。

6）支持并行操作。

（2）缺点如下：

1）导致系统成批操作。

2）需协调数据流。

3）性能下降，实现复杂。

11.12.2 面向对象模式

面向对象模式是在面向对象的基础上，将模块数据的表示方法及其相应操作封装在更高抽象层次的数据类型或对象中。其典型应用是基于组件的软件开发，如下图所示。

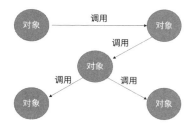

11.12.3 事件驱动模式

事件驱动模式的基本原理是组件并不直接调用操作，而是触发一个或多个事件。系统中的其他组件可以注册相关的事件，触发一个事件时，系统会自动调用注册了该事件的组件，即触发事件会导致另一组件中操作的调用。事件驱动模式的主要特点为事件的触发者并不知道哪些构件会受到事件的影响，且不能假定构件的处理顺序，甚至不知道会调用哪些过程。使用事件驱动模式的典型系统包括各种图形界面工具。

11.12.4 分层模式

分层模式采用层次化的组织方式，每一层都为上一层提供服务，并使用下一层提供的功能。其典型应用是分层通信协议，如 ISO/OSI 的七层网络模型。此模式也是通用应用架构的基础模式（例如 MVC 模式和 JavaEE 的四层结构），分层模式如下图所示。

（1）MVC 模式：全称是 Model View Controller，又称为 MVC 框架，是模型（Model）-视图（View）-控制器（Controller）的缩写，是一种软件设计典范，用一种业务逻辑、数据、界面显示分离的方法组织代码，将业务逻辑聚集到一个部件里面，在改进和个性化定制界面及用户交互的同时，不需要重新编写业务逻辑。

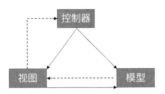

1）优点：①耦合性低；②重用性高；③生命周期成本低；④部署快；⑤可维护性高；⑥有利于软件工程化管理。

2）缺点：①没有明确的定义；②不适合小型、中等规模的应用程序；③增加系统结构和实现的复杂性；④视图与控制器间的过于紧密的连接；⑤视图对模型数据的低效率访问；⑥一般高级的界面工具或构造器不支持该模式。

（2）JavaEE 的四层结构如下图所示。

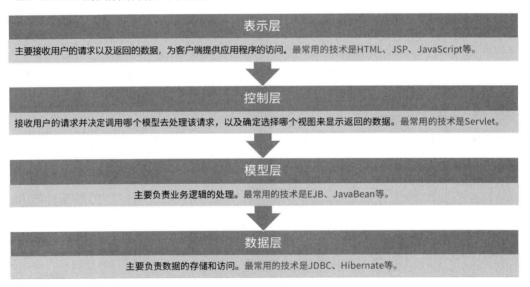

11.13 章节练习题

1. 软件工程是指应用计算机科学、数学及管理科学等原理，以工程化的原则和方法来解决软件问题的工程，其目的是提高软件生产率、提高软件质量、降低软件成本。软件工程的三要素不包括（　　）。

　　A．方法　　　　　　B．工具　　　　　　C．过程　　　　　　D．设计模式

2. 美国著名的软件工程专家 B.W.Boehm（巴利-玻姆）于 1983 年提出了软件工程的 7 条基本原理。以下选项中，不正确的是（　　）。

　　A．用分阶段的生命周期计划严格管理

　　B．坚持进行阶段评审

　　C．开发小组的人员应多而精

　　D．承认不断改进软件工程实践的必要性

3. 需求分析阶段的任务不是具体地解决问题，而是准确地确定软件系统必须做什么，确定软件系统的功能、性能、数据和界面等要求，从而确定系统的逻辑模型。该阶段产生的主要文档包括（　　）。

　　A．可行性分析报告　　　　　　　B．软件需求说明书

　　C．项目开发计划　　　　　　　　D．概要设计说明书

4. 详细设计阶段的根本目标是确定应该怎样具体地实现所要求的系统，也就是说，经过这个阶段的设计工作，应该得出对目标系统的精确描述。其中（　　）不是该阶段的主要任务。

　　A．设计软件系统总体结构

　　B．对每个模块进行详细的算法设计

　　C．对数据库进行物理设计，即确定数据库的物理结构

　　D．对模块内的数据结构进行设计

5. 内聚是一个模块内部各个元素彼此结合的紧密程度的度量。其中（　　）指模块内的所有元素共同作用完成一个功能，缺一不可，这是最强的内聚。

　　A．偶然内聚　　　B．过程内聚　　　C．功能内聚　　　D．通信内聚

6. 耦合是模块之间的相对独立性的度量。其中耦合度最高的选项是（　　）。

　　A．数据耦合　　　B．标记耦合　　　C．控制耦合　　　D．公共耦合

7. 软件维护是软件生存周期中时间最长的阶段。已交付的软件投入正式使用后，便进入软件维护阶段，它可以持续几年甚至几十年。其中（　　）是指改正在系统开发阶段已发生而系统测试阶段尚未发现的错误。

　　A．正确性维护　　B．适应性维护　　C．完善性维护　　D．预防性维护

8. 数据流图是结构化方法中用于表示系统逻辑模型的一种工具，其中（　　）是指存在于软件系统之外的人员、组织或其他系统。

　　A．数据流　　　　B．加工　　　　　C．数据存储　　　D．外部实体

9. 以下对于分层数据流图的相关叙述中，不正确的是（　　）。

　　A．分层数据流图的顶层只有一张图，其中只有一个加工，代表整个软件系统

　　B．在分层数据流图画好后，应该认真检查图中是否存在错误或不合理的部分

　　C．若父图中有 n 个加工，则它可以有 $0\sim n$ 张子图，每张子图可以对应多张父图

　　D．处于分层数据流图最底层的图称为底层图，在底层图中，所有的加工不再进行分解

10. 在 UML 的事务中，（　　）通常是模型的静态部分，描述概念或物理元素，例如类、接口

和用例等。

  A．结构事务 B．行为事务 C．分组事务 D．注释事务

11．在 UML 常见的类图关系中，（　　）是整体与部分的关系，但部分不能离开整体而单独存在。

  A．聚合关系 B．组合关系 C．关联关系 D．依赖关系

12．UML 的图是一组元素的图形表示，大多数情况下把图画成顶点（代表事物）和弧（代表关系）的连通图。其中，（　　）展现了一组对象、接口、协作和它们之间的关系，给出系统的静态设计视图。

  A．用例图 B．对象图 C．类图 D．活动图

13．在以下常见的开发模型中，（　　）简称 RAD，是一个增量型的软件开发过程模型，强调极短的开发周期。

  A．瀑布模型   B．原型模型
  C．基于构件的模型   D．快速应用开发模型

14．极限编程简称 XP，是激发开发人员创造性、使得管理负担最小的一组技术。以下对其最佳实践的描述中，错误的是（　　）。

  A．小型发布 B．简单设计 C．开发先行 D．结对编程

15．在 ISO/IEC 25000 软件产品质量模型，性能效率的子特性不包括（　　）。

  A．时间特性 B．成熟性 C．资源利用性 D．容量

16．CMM 是指软件能力成熟度模型，是对软件组织进化阶段的描述，CMM 将软件过程改进分为 5 个成熟度级别，以下选项中，（　　）是指加强了定量分析，通过来自过程质量反馈和来自新观念、新技术的反馈使过程能不断持续地改进。

  A．初始级 B．可重复级 C．已管理级 D．优化级

17．变更控制是一项最重要的软件配置任务，为了有效地实现变更控制，需借助于配置数据库和基线的概念。在配置数据库中，（　　）专供开发人员使用，其中的信息可能做频繁修改，对其控制相当宽松。

  A．开发库 B．受控库 C．软件配置库 D．产品库

18．风险管理是软件工程项目管理的一项重要内容，其主要活动包括四种，其中定义风险参照水准属于（　　）活动。

  A．风险识别 B．风险预测 C．风险评估 D．风险控制

19．标准是指为了在一定范围内获得最佳秩序，经协商一致制定并由公认机构批准，共同使用和重复使用的一种规范性文件。以下属于软件测试类标准的是（　　）活动。

  A．ISO/IEC 25000 系列标准《系统与软件工程 系统与软件质量要求和评价（SQuaRE）》
  B．GB/T 16260—1996《信息技术 软件产品评价 质量特性及其使用指南》
  C．ISO/IEC 9126：1991《软件产品评价 质量特性及其使用指南》
  D．GB/T 38634.1—2020《系统与软件工程 软件测试 第 1 部分：概念和定义》

20-21. 某软件项目的活动图如下图所示，其中顶点表示项目里程碑，连接顶点的边表示包含的活动，边上的数字表示活动的持续时间（天），则完成该项目的最少时间为（20）天。活动 D-H 的松弛时间为（21）天。

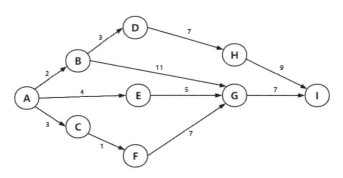

20. A. 18   B. 16   C. 21   D. 20
21. A. 1   B. 2   C. 3   D. 0

22. 以下有关软件项目估算的叙述中，不正确的是（ ）。
   A．在项目估算中，需要考虑项目的规模、复杂度和成本等因素，但是和项目类型无关
   B．需要一些方法和技术来支持软件项目的估算
   C．即使用机器学习和人工智能等新技术也很难在项目完成前准确地估算出开发软件所需的成本、持续时间和工作量
   D．软件项目估算只是涉及到人这一种因素的影响

23-26．下图是（23）设计模式的类图，该设计模式的目的是（24），图中，类 Visitor 和类 ConcreteVisitor1 之间是（25）关系，类 Client 和类 Visitor 之间是（26）关系。

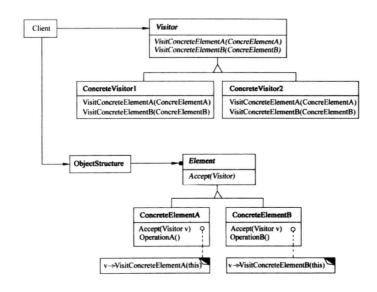

23. A．策略 B．状态 C．中介者 D．访问者
24. A．定义一系列的算法，把它们一个个封装起来，并且使它们可以相互替换
    B．表示一个作用于某对象结构中的各元素的操作，它允许在不改变各元素的类的前提下定义作用于这些元素的新操作
    C．用一个中介对象来封装一系列的对象交互
    D．允许一个对象在其内部状态改变时改变他的行为
25. A．关联 B．组合 C．泛化 D．依赖
26. A．关联 B．组合 C．泛化 D．依赖
27. 设计模式是一套被反复使用、多数人知晓的、经过分类的、代码设计经验的总结。以下选项中属于结构型设计模式的是（　　）。
    A．单例模式 B．适配器模式 C．中介者模式 D．观察者模式
28. 管道/过滤器模式的每个组件（过滤器）都有一组输入/输出，组件读取输入的数据流，经过内部处理后，产生输出的数据流，该过程主要完成输入流的变换及增量计算。以下对管道/过滤器模式的描述中不正确的是（　　）。
    A．便于维护 B．功能模块重用
    C．性能提高，实现简单 D．支持并行操作
29. MVC 模式是一种软件设计典范，用一种业务逻辑、数据、界面显示分离的方法组织代码，将业务逻辑聚集到一个部件里面，在改进和个性化定制界面及用户交互的同时，不需要重新编写业务逻辑。以下对该模式的描述中正确的是（　　）。
    A．耦合性高 B．重用性低
    C．适合小型、中等规模的应用程序 D．可维护性高
30. 在常见的 JavaEE 分层体系结构中，JDBC 技术一般用于（　　）。
    A．表示层 B．数据层 C．模型层 D．控制层

11.14　练习题参考答案

1. **参考答案**：D

   解析：软件工程方法学包含三个要素：方法、工具和过程。方法是指完成软件开发的各项任务的技术方法；工具是指为运用方法而提供的软件工程支撑环境；过程是指为获得高质量的软件所需要完成的一系列任务的框架。

2. **参考答案**：D

   解析：美国著名的软件工程专家 B.W.Boehm（巴利-玻姆）于 1983 年提出了软件工程的 7 条基本原理。Boehm 认为这 7 条原理是确保软件产品质量和开发效率的原理的最小集合。

   （1）用分阶段的生命周期计划严格管理。

   （2）坚持进行阶段评审。

（3）实现严格的产品控制。
（4）采用现代程序设计技术。
（5）结果应能清楚地审查。
（6）开发小组的人员应少而精。
（7）承认不断改进软件工程实践的必要性。

3．参考答案：B

解析：需求分析阶段产生的主要文档有包括：软件需求说明书，也称为软件需求规格说明书。

4．参考答案：A

解析：选项A是概要设计阶段的主要任务，详细设计阶段的主要任务如下：
（1）对每个模块进行详细的算法设计。
（2）对模块内的数据结构进行设计。
（3）对数据库进行物理设计，即确定数据库的物理结构。
（4）其他设计包括代码设计、输入输出设计和用户界面设计等。
（5）编写详细设计说明书。
（6）评审。

5．参考答案：C

解析：一般模块的内聚度分为7种类型，从低到高依次为：
（1）偶然（巧合）内聚：模块完成的动作之间没有任何关系，或者仅仅是一种非常松散的关系。
（2）逻辑内聚：指模块内执行若干个逻辑上相似的功能，通过参数确定该模块完成哪一个功能。
（3）时间（瞬时）内聚：模块内部的各个组成部分所包含的处理动作必须在同一时间间隔内执行，例如初始化模块。
（4）过程内聚：指一个模块完成多个任务，这些任务必须按指定的过程执行。
（5）通信（信息）内聚：指模块内的所有处理元素都在同一个数据结构上操作，或者各处理使用相同的输入数据或者产生相同的输出数据。
（6）顺序内聚：指一个模块中的各个处理元素都密切相关于同一功能且必须顺序执行，前一功能元素的输出就是下一功能元素的输入。
（7）功能内聚：指模块内的所有元素共同作用完成一个功能，缺一不可，这是最强的内聚。

6．参考答案：D

解析：模块的耦合度越高，则独立性越弱。一般模块的耦合度分为7种类型，从低到高依次为：
（1）非直接耦合（无直接耦合）：两个模块之间没有直接关系，它们之间的联系完全是通过主模块的控制和调用来实现的，它们之间不传递任何信息，因此模块间的耦合性最弱，模块独立性最高。
（2）数据耦合：指两个模块之间有调用关系，传递的是简单的数据值，相当于高级语言中的值传递。
（3）标记耦合：指两个模块之间通过参数表（数据结构）传递记录信息。

（4）控制耦合：指一个模块调用另一个模块时，传递的是控制变量，被调用模块通过该控制变量的值有选择地执行模块内的某一功能。因此，被调用模块内应具有多个功能，那个功能起作用受调用模块控制。也就是说一个模块通过传送开关、标志、名字等控制信息，明显地控制选择另一模块的功能。

（5）外部耦合：模块间通过软件之外的环境联结（如 I/O 将模块耦合到特定的设备、格式、通信协议上）。

（6）公共耦合：指通过一个公共数据环境相互作用的那些模块间的耦合。

（7）内容耦合：一个模块直接访问另一个模块的内部数据，或者通过非正常入口转入另一个模块内部，或者两个模块有一部分程序代码重叠，又或者一个模块有多种入口。这种模块之间的耦合称为内容耦合。

7．参考答案：A

解析：软件维护可以分为以下四种类型：

（1）正确性维护：又称为改正性维护，是指改正在系统开发阶段已发生而系统测试阶段尚未发现的错误。

（2）适应性维护：是指使应用软件适应信息技术变化和管理需求变化而进行的修改。

（3）完善性维护：又称为改善性维护，这是为扩充功能和改善性能而进行的修改，主要是指对已有的软件系统增加一些在系统分析和设计阶段中没有规定的功能与性能特征。

（4）预防性维护：为了改进应用软件的可靠性和可维护性，为了适应未来的软/硬件环境的变化，应主动增加预防性的新的功能，以使应用系统适应各类变化而不被淘汰。

8．参考答案：D

解析：外部实体也称为源/宿、外部主体等，是指存在于软件系统之外的人员、组织或其他系统，它指出系统所需数据的发源地和系统所产生的数据的归宿地。

9．参考答案：C

解析：如果某图（记为 A）中的某一个加工分解成一张子图（记为 B），则称 A 是 B 的父图，B 是 A 的子图。若父图中有 n 个加工，则它可以有 $0\sim n$ 张子图，但每张子图只对应一张父图。

10．参考答案：A

解析：结构事物是 UML 模型中的名词。它们通常是模型的静态部分，描述概念或物理元素。结构事物包括类、接口、协作、用例、主动类、构件、制品和节点。

11．参考答案：B

解析：组合关系是整体与部分的关系，但部分不能离开整体而单独存在。组合关系是关联关系的一种，是比聚合关系还要强的关系。聚合关系也是整体与部分的关系，但是部分可以离开整体而单独存在。

12．参考答案：C

解析：类图展现了一组对象、接口、协作和它们之间的关系。类图给出系统的静态设计视图，包含主动类的类图给出了系统的静态进程视图。

对象图展现了某一时刻一组对象以及它们之间的关系，描述了在类图中所建立的事物的实例的静态快照。

用例图展现了一组用例、参与者（Actor）以及它们之间的关系。

活动图是一种特殊的状态图，它展现了在系统内从一个活动到另一个活动的流程，活动图专注于系统的动态视图，它对于系统的功能建模特别重要，并强调对象间的控制流程。

13．参考答案：D

解析：快速应用开发简称 RAD，该模型是一个增量型的软件开发过程模型，强调极短的开发周期。快速应用开发模型是瀑布模型的一个"高速"变种，通过大量使用可复用构件，采用基于构件的建造方法赢得了快速开发。其流程从业务建模开始，随后是数据建模、过程建模、应用程序生成、测试及交付。

14．参考答案：C

解析：极限编程的 12 个最佳实践为：

（1）计划游戏（规划策略）。

（2）小型发布（小版本发布）。

（3）隐喻。

（4）简单设计。

（5）测试先行（测试驱动开发）。

（6）重构（Refactoring）。

（7）结对编程。

（8）集体代码所有制。

（9）持续集成。

（10）每周工作 40 个小时。

（11）现场客户（客户测试）。

（12）编码标准。

15．参考答案：B

解析：在 ISO/IEC 25000 软件质量产品模型中，性能效率特性包括时间特性、资源利用性、容量、性能效率的依从性共计 4 个子特性，选项中的成熟性是可靠性的子特性。

16．参考答案：D

解析：CMM 将软件过程改进分为以下 5 个成熟度级别：

（1）初始级：软件过程的特点是杂乱无章，有时甚至很混乱，几乎没有明确定义的步骤，项目的成功完全依赖个人的努力和英雄式核心人物的作用。

（2）可重复级：建立了基本的项目管理过程和实践来跟踪项目费用、进度和功能特性，有必要的过程准则来重复以前在同类项目中的成功。

（3）已定义级：管理和工程两方面的软件过程已经文档化、标准化，并综合成整个软件开发组织的标准软件过程。所有项目都采用根据实际情况修改后得到的标准软件过程来开发和维护软件。

（4）已管理级：制定了软件过程和产品质量的详细度量标准。软件过程的产品质量都被开发组织的成员所理解和控制。

（5）优化级：加强了定量分析，通过来自过程质量反馈和来自新观念、新技术的反馈使过程能不断持续地改进。

17．参考答案：A

解析：配置数据库可以分为以下三类：

（1）开发库：专供开发人员使用，其中的信息可能做频繁修改，对其控制相当宽松。

（2）受控库：在生存期某一阶段工作结束时发布的阶段产品，这些是与软件开发工作相关的计算机可读信息和人工可读信息。软件配置管理正是对受控库中的各个软件项进行管理，受控库也称为软件配置库。

（3）产品库：在开发的软件产品完成系统测试后，作为最终产品存入产品库，等待交付用户或现场安装。

18．参考答案：C

解析：风险识别试图系统化地指出对项目计划的威胁，识别风险的一种方法是建立风险条目检查表。

风险预测又称风险估计，它试图从两个方面评估一个风险：风险发生的可能性或概率；如果风险发生了，所产生的后果。一种简单的风险预测技术是建立风险表。

一种对风险评估很有用的技术就是定义风险参照水准。对于大多数软件项目来说，成本、进度和性能就是3种典型的风险参照水准。

风险控制的目的是辅助项目组建立处理风险的策略，也就是风险的防范及应对。

19．参考答案：D

解析：选项A、B、C属于软件质量类标准，选项D属于软件测试类标准。

20-21．参考答案：C　D

解析：项目的最短完成时间就是总工期，也就是求关键路径上活动的总时长，关键路径就是所有路径中最长的一条，经过计算得出关键路径为A-B-D-H-I，工期为21天。故第一问正确答案为C。

松弛时间又称为浮动时间、自由时间等，是指在不影响整个工期的前提下，完成该任务有多少机动余地，也就是说该活动最晚可以推迟多长时间开始而不会耽误项目的工期。关键路径上所有活动的松弛时间是0，由于活动D-H在关键路径上，所以其松弛时间为0，故第二问正确答案为D。

22．参考答案：D

解析：软件项目估算涉及人、技术、环境等多种因素，即使使用机器学习和人工智能等新技术也很难在项目完成前准确地估算出开发软件所需的成本、持续时间和工作量。在项目估算中，需要考虑项目的规模、复杂度和成本等因素，但是和项目类型无关。因此需要一些方法和技术来支持项目的估算，常用的估算方法有下列3种：

（1）基于已经完成的类似项目进行估算。

（2）基于分解技术进行估算。

（3）基于经验估算模型的估算。

23-26．**参考答案**：D B C A

解析：可以通过关键单词快速识别图中的设计模式，见下表。

设计模式（23种）		关键单词
创建型（5种）	抽象工厂模式	AbstractFactory
	生成器模式	Builder
	工厂方法模式	Factory Method（Product、Creator）
	原型模式	Prototype
	单例模式	Singleton
结构型（7种）	适配器模式	Adaptee、Adapter
	桥接模式	Abstraction、Implementor
	组合模式	Composite
	装饰模式	Decorator
	外观模式	Façade
	享元模式	Flyweight
	代理模式	Proxy
行为型（11种）	责任链模式	Handler
	命令模式	Command
	解释器模式	Interpreter（AbstractExpression）
	迭代器模式	Iterator
	中介者模式	Mediator
	备忘录模式	Memento
	观察者模式	Observer
	状态模式	State
	策略模式	Strategy
	模板方法模式	Template method(AbstractClass、ConcreteClass)
	访问者模式	Visitor

访问者模式表示一个作用于某对象结构中的各元素的操作，它允许在不改变各元素的类的前提下定义作用于这些元素的新操作。

选项中关系有以下几种：

（1）关联关系：是一种拥有的关系，它使一个类知道另一个类的属性和方法。双向的关联可以有两个箭头或者没有箭头，单向的关联有一个箭头。在 UML 建模语言中，采用带普通箭头的实心线，指向被拥有者。

（2）组合关系：是整体与部分的关系，但部分不能离开整体而单独存在。组合关系是关联关系的一种，是比聚合关系还要强的关系。组合关系用带实心菱形的实线，菱形指向整体。

（3）泛化关系：又称为继承关系，是指子类自动地具有其父类的全部属性与操作。在 UML 建模语言中，采用空心三角形表示，从子类指向父类。

（4）依赖关系：也是类之间的一种静态关系，表现为一个类是另外一个类的局部变量。在 UML 中，依赖关系用带箭头的虚线表示，由依赖的一方指向被依赖的一方。

27．**参考答案**：B

解析：设计模式分为三种类型，共 23 种，按照设计模式的目的可以分为以下三大类：

（1）创建型模式：包括抽象工厂模式、生成器模式、工厂方法模式、原型模式、单例模式。

（2）结构型模式：包括适配器模式、桥接模式、组合模式、装饰模式、外观模式、享元模式、代理模式。

（3）行为型模式：包括责任链模式、命令模式、解释器模式、迭代器模式、中介者模式、备忘录模式、观察者模式、状态模式、策略模式、模板方法模式、访问者模式。

28．**参考答案**：C

解析：管道/过滤器模式的优缺点如下。

优点：①高内聚、低耦合；②多过滤器简单合成；③功能模块重用；④便于维护；⑤支持特定分析；⑥支持并行操作。

缺点：①导致系统成批操作；②需协调数据流；③性能下降，实现复杂。

29．**参考答案**：D

解析：MVC模式的优缺点如下。

优点：耦合性低、重用性高、生命周期成本低、部署快、可维护性高、有利于软件工程化管理。

缺点：（1）没有明确的定义。

（2）不适合小型、中等规模的应用程序。

（3）增加系统结构和实现的复杂性。

（4）视图与控制器间的过于紧密的连接。

（5）视图对模型数据的低效率访问。

（6）一般高级的界面工具或构造器不支持该模式。

30．**参考答案**：B

解析：JavaEE分层体系结构及常用的技术如下图所示。

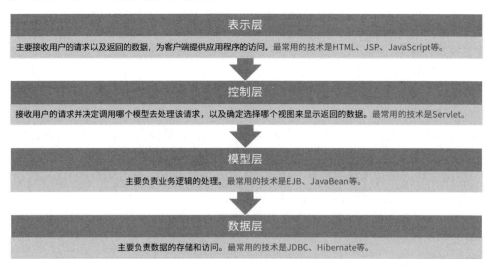

第 12 章 专业英语基础知识

（1）本章重点内容概述：能够阅读软件领域相关的英文文章。

（2）考试形式：常见题型为选择题，出现在第一场考试中，历年考试分值基本固定为 5 分，专业英语是一道完型填空题。

（3）本章学习要求：结合本书总结的 400 个高频单词，加强复习，有效安排学习时间，争取在做题之前全部掌握这些单词。掌握之后通过做章节作业及历年考试题目，提高做题能力和语感，及时发现还未掌握的单词，并进行重点学习。

12.1 专业英语概述

从历年软件评测师考试中各个专业涉及软件评测知识的英语考题来看，其特点总结如下：

（1）从技术背景方面看，考查的题材比较新颖，涵盖了软件评测技术的若干较新的主要领域。

（2）从深度上看，对计算机知识考得都比较浅显，多是一些 IT 方面的时文摘要。

（3）从考查的内容来看，不仅考查计算机知识，对语法等知识也有所涉及。

12.1.1 专业英语考试介绍

（1）考试题型。

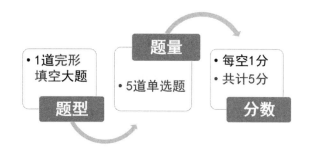

（2）应试技巧。

1）快速浏览：先整体快速地浏览一遍，了解全篇文章的大致意思。

2）先易后难：从头开始做题，结合上下文，先把最有把握的选项选好。

3）最后攻坚：剩下的不确定的题目，选择一个感觉概率最大的选项。

（3）复习要点。

1）第一时间把历年考过的试题全部做一遍，把试题中不认识的单词全部克服。

2）如果时间允许，可以把软件设计师相关的完形填空真题也做一遍，因为考的题型和难度基本上差不多，这样可以增加练习的题量。

3）在考前一个月左右再随机做 5~10 套试题，培养考前做题的感觉。

12.1.2 考试高频单词汇总（400 个）

根据具体的考试情况，总结了常见的 400 个高频单词，具体如下。

A

access 通道，访问

account 账户，账号

across 穿过，在对面

active 积极的，活跃的，起作用的

activity 活动，活跃

actual 实际的，真正的

administrative 行政的，管理的

administrator 管理员

advantage 优势，优点，有利因素

affect 影响，使感染

allow 允许，使可能

almost 几乎，差不多

although 虽然，尽管

among 在……中，在……之间

analysis 分析

another 又一个，另一个

anyway 无论如何，反正

API 应用程序接口，Application Programming Interface 的简称

application 应用

applied 应用的，实用的

approach 方法，要求，建议

arise 发生，出现

architect 建筑师，设计师
architectural 建筑的
architecture 结构，体系结构
area 地区，领域，场地
automate 自动化
available 可获得的，有空的，可找到的
avoid 避免，防止，避开

B

back 后面，背部
background 背景，底色
balance 平衡，余额
base 基础，根据，底座
basis 基准，准则，要素
because 因为
before 之前，在……以前
between 之间，在……中间
beyond 超出，除……之外
both 两者，双方
brake 阻力，刹车，障碍
broader 广泛的，宽阔的
browser 浏览器
bug 缺陷，故障
build 建筑，开发，建造
business 商业，生意，买卖

C

capable 有能力，足以胜任的
cause 原因，导致，造成
change 变化，改变
channel 频道，渠道，输送，引导
characteristic 特征，特点，典型的
choice 选择，选择权
client 客户，客户端
cloud 云
cluster 簇，群聚，聚集
cohesion 内聚力，结合

collaborating　合作，协作
communicate　沟通，传达
communication　通信，信息，交流
comparison　比较，对比，相比
component　组成部分，成分，部件
compose　组成，构成
computer　计算机，电脑
confuse　混淆，使迷惑
consider　考虑，认为
consist　包括，由……组成
consistency　一致性，连贯性
construct　建造，构想，概念
consume　消费，消耗
continually　不断地，持续地
continue　继续，不断发生
continuous　连续的，不断的
control　控制，操纵，开关，按钮
cooperate　合作，配合
coordinate　坐标，协调
core　核心，要点，主要的
correspond　相一致，符合，相当于
couple　夫妇，一对
craft　手艺，工艺，技能
create　创建，创造，造成
cube　立方体，三次幂
customer　顾客，客户
cycle　周期，循环，自行车

D

data　数据，资料
database　数据库
decompose　分解，腐烂
decouple　分离，隔断
define　定义，界定，明确
definition　定义，清晰度，解释
delicate　微妙的，精美的，精密的

dependent 依靠的，依赖的，取决于
deploy 部署，调动，有效地利用
deployable 可展开的
deployment 部署，调集
design 设计，布局
designer 设计师，设计者
desktop 桌面
determine 决定，确定，测定
develop 发展，开发
developer 开发者，开发人员
development 开发，研制
dictate 命令，口述，支配
difference 差别，差异，不同
different 不同的，各种的，分别的
distribute 分配，使分布，分发
distribution 分布，分配，分发
diverse 多种多样的，不同的，形形色色的
document 文件，文档，公文
documentation 归档，证明文件，文档
during 在……期间

E

each 每个，各个
early 早期的，提前的，在初期
easy 容易的，从容的
either 两者之一的
embody 体现，包含
enable 使能够，使可能
encounter 遭遇，偶然碰到
engineer 工程师，技工
engineering 工程，工程学
enhancement 增强，提高
ensure 确保，保证
enter 进入，登记，输入
enterprise 企业，公司，事业
environment 环境，工作平台，软件包

error 错误，差错
establish 建立，设立，使稳固
establishment 机构，建立，企业
essential 基本的，本质的，要素
evaluate 评价，评估，估计
event 时间，重要事情，公开活动
evolution 演变，进化，发展
examine 检查，审查，检验
example 例子，实例，范例
exchange 交换，交流
execute 执行，实施
execution 执行，实行
explain 解释，说明
expose 暴露，揭露
external 外部的，在外的，外观

F

file 文件，档案
first 第一，最先的
fit 适合，合适的
fix 修理，安装
focus 集中，中心点
form 表格，构成
frequent 频繁的，经常发生的
frequently 经常，频繁地
function 功能，函数，起作用
functional 实用的，作用的，运转的
functionality 实用，功能，符合实际

G

gateway 网关，方法，途径
general 一般的，总的，普遍的
global 全球的，全面的，整体的
goal 目标，目的，射门，球门
graph 图，图表
group 组，把……分组
grow 扩大，增加，生长

H

hacker 黑客
hardware 硬件，设备
handle 手柄，把手，处理
head 头，头部，源头
held 使保持，抓住
high 高的，上层的
homepage 主页
host 主机，主办，主持
HTML 超文本标记语言，Hypertext Markup Language 的简称
HTTP 超文本传送协议，Hypertext Transfer Protocol 的简称
hub 集线器，轮毂

I

idea 想法，主意，构思
immortal 不朽的，永世的
impact 影响，冲击
implement 实施，执行，工具
implementation 完成，实施，执行
impose 推行，把……强加于
important 重要的，权威的
improvement 改善，改进
include 包括，包含
independent 独立的，自主的
independently 独立地，自立地
individual 个人，单独的，独特的
inevitably 不可避免地，必然地
information 信息，资料
initial 开始的，最初的，首字母
initially 开始，最初，起初
integrate 整合，完全的
interconnect 相互联系，相互连接
interface 接口，界面
internal 里面的，本身的，本质
interoperate 互操作，互通，互用
intend 打算，计划

J

job　工作，职业，承包

junk　废旧物品，无用数据

K

kernel　核心，内核

key　钥匙，关键

keyboard　键盘，用键盘输入

knowledge　知识，了解，知晓

L

language　语言

large　大的，大量的

later　后来，以后的

layer　层，表层

lead　领导，引领

license　许可证，批准

life　生活，生命

link　链接，联系

list　列表，清单

little　小的，可爱的

local　本地的，局部的

log　日志，记录

logic　逻辑

logical　符合逻辑的，必然的

login　注册，登录

loop　环，循环，环形

loosely　宽松地，松散地

M

machine　机器，核心机构

maintain　保持，维持，维修

maintainable　可维护的，可维持的

maintenance　维护，维修

majority　大部分，大多数

manage　管理，使用，处理

manager　经理，经营者

manual　手册，说明书，手工的

maybe　大概，或许，可能性
media　媒体
memo　备忘录
memoranda　报告，建议书
memory　记忆，存储器
mentioning　提到，说到
menu　菜单
message　消息，信息
might　可能，也许
mighty　强大的，非常，及其
mobile　可移动的，流动的
model　模型，设计
mold　模具，塑造
monitor　监视器，显示器
month　月，月份
moreover　此外，而且
mutually　相互地，彼此

N

necessary　必要的，必需的
need　需要，必需
network　网络，关系网
new　新的，现代的
next　下一个，下次
node　节点
nothing　没有什么
number　数字，编号

O

object　对象，目标
objective　客观的，客观存在的
occur　发生，出现
often　经常，往往
omission　遗漏，疏忽
once　一次，一回
ongoing　持续存在的，进行
operation　行动，运转

operational　操作的，运转的
opportunity　机会，时机
order　命令，顺序
organization　组织，机构
orient　朝向，适应
orientation　方向，定向
overlap　重叠，重叠部分
own　自己的，拥有

P

paragraph　段落，段
particular　特指的，格外的，详情
participate　参加，参与
party　聚会，派对
password　密码，口令
pattern　图案，模式
paste　粘贴，插入
pen　笔
perform　执行，工作
performance　表演，进行
phase　阶段，时期
piece　块，片，部分，部件
pot　锅，罐，大量
principle　原则，原理
problem　问题，难题
process　过程，进程，数据处理
product　产品，产物
productivity　生产率，生产效率
profession　职业，声明，同行，行业
program　程序，编写程序
project　项目，工程
propose　建议，提议
prose　散文，平凡，乏味
protocol　协议，附件
provide　提供，规定

Q

quality 质量，品质
queue 队列，排队等候
quick 迅速的，敏捷的

R

rapid 快速的，快捷的
rather 相当地
reason 原因，理由
record 记录，记载，录制
recovery 恢复，收回
regardless 不管，不加理会
release 释放，发布，发行
reliable 可信赖的，可依靠的
remote 遥远的，远程的
request 要求，请求
require 需求，需要
requirement 要求，必要条件
response 响应，反应
responsibility 责任，职责
restrict 限制，约束
return 返回，回报
right 正确的，右边的，权力
role 角色，作用

S

scale 大小，规模，比例
second 第二，另外的
secure 安全的，牢靠的
security 安全，担保，保护措施
segment 段，部分，分割
sensible 合理的，理智的
sentence 句子，判决
separate 分离，隔开，独立的
separately 分别地，单独地
serious 严重的，严肃的，重要的
server 服务器

service   服务，接待
should   本应，本当
side   一遍，侧面，方面
similarly   同样，类似地
simplification   简化，简化的事物
since   自从，自...以后
single   单个的，单一的
small   小的，小规模的
smoothly   顺利地，平稳地
software   软件
specification   规格，规范，说明书
speed   速度，迅速，加速
stage   阶段，状态
stakeholder   利益相关者，参与方
standard   标准，规范
statelessness   无状态，无状态的
structure   结构，体系
style   风格，样式
such   这样的，这种的
suit   适合，有利于，西装
support   支持，支撑
system   系统，体系

T

table   表，桌子
team   团队，组
technical   技术的，专业的
technology   技术，科技
term   学期，期限
test   测试，试验
testable   可测试的，可检验的
text   文本，正文
through   通过，贯穿
title   标题，名称
together   在一起，共同
tomorrow   明天，未来

toward　朝向，面对
trace　追踪，追溯，痕迹
train　训练，培训，火车，列车
trigger　触发，触发器
type　类型，字体，打字
typically　典型地，通常，一般

U

union　联盟，协会
unlike　不同的，与…不同，不像
upgrade　升级，改善
upload　上传，上载
upon　在上面，在…上
URL　统一资源定位地址，Uniform Resource Locator 的缩写
USB　通用串行总线，Universal Serial Bus 的缩写
usability　可用性，有效性
user　用户，使用者
using　使用，利用

V

variety　不同种类，多种样式
vary　变化，不同
via　通过，管，道
video　视频，录像
view　看，方式，视线
virus　病毒
virtual　模拟的，虚拟的
vision　视力，视野，想象

W

web　网络，形成网状
website　网站
week　周，星期
which　哪一个
while　与……同时
whole　整个的，全部的，整体的
widely　广泛地，很大程度地
will　将，想要，愿意

window   窗，窗口，窗户
wire   导线，电线
wireless   无线的，无线电报
work   工作，职业
workbook   练习册，作业本
workflow   工作流程
would   将，会，可以
write   写，写作
writer   作家，作者

X

XML   可扩展标记语言，Extensible Markup Language 的缩写

Y

year   年，年度
young   年轻的，年轻人
yellow   黄色的，黄皮肤的

Z

zero   零，零点的
zone   区域，地区，分区
zoom   快速移动，猛增

12.2 章节练习题

1. 以下有关软件评测师专业英语的考题描述中，不正确的是（ ）。
    A．从技术背景方面看，考查的题材比较新颖，涵盖了软件评测技术的若干较新的主要领域
    B．从深度上看，对计算机知识考得都比较浅显，多是一些 IT 方面的时文摘要
    C．从考查的内容来看，不仅考查计算机知识，对语法等知识也有所涉及
    D．专业英语的考试题型是完形填空，共计 3 道单选题，每题 1 分
2. 请根据以下完形填空短文，选择出括号里对应的答案。

The project workbook is not so much a separate document as it is a structure imposed on the documents that the project will be producing anyway.

All the documents of the project need to be part of this (1) . This includes objectives, external specifications, interface specifications, technical standards, internal specifications and administrative memoranda（备忘录）.

Technical prose is almost immortal. If one examines the genealogy（手册）of a customer manual for a piece of hardware or software, one can trace not only the ideas , but also many of the very sentences and paragraphs back to the first (2) proposing the product or explaining the first design. For the technical writer, the paste-pot is as mighty as the pen.

Since this is so, and since tomorrow's product-quality manuals will grow from today's memos, it is very important to get the structure of the documentation right. The early design of the project (3) ensures that the documentation structure itself is crafted, not haphazard. Moreover, the establishment of a structure molds later writing into segments that fit into that structure.

The second reason for the project workbook is control of the distribution of (4). The problem is not to restrict information, but to ensure that relevant information gets to all the people who need it.

The first step is to number all memoranda, so that ordered lists of titles are available and worker can see if he has what he wants. The organization of the workbook goes well beyond this to establish a tree-structure of memoranda. The (5) allows distribution lists to be maintained by subtree, if that is desirable.

(1) A. structure   B. specification   C. standard   D. objective
(2) A. objective   B. memoranda   C. standard   D. specification
(3) A. title   B. list   C. workbook   D. quality
(4) A. product   B. manual   C. document   D. information
(5) A. list   B. document   C. tree-structure   D. number

12.3 练习题参考答案

1．**参考答案**：D

解析：专业英语的考试题型是完形填空，共计 5 道单选题，每题 1 分。

2．**参考答案**：A B C D C

解析：这道题是 2018 年软件评测师考试真题的第 71～75 题，软件评测师上午卷的最后 5 道题都是有关 IT 方面的短文，以完形填空的形式出题，共计 5 个小题。

第一步先快速浏览一下全文，通篇短文都在围绕"项目工作书册（The project workbook）"展开说明，我们从头开始做题，结合上下文的描述。

（1）题表达的意思是项目的所有文档都必须是该（　　）的一部分。选项 A 是结构，选项 B 是规格，选项 C 是标准，选项 D 是目标。结合上下文，只有 A 选项是最符合文字的要求的，所以（1）题选择 A。

（2）题表达的意思是如果某人就硬件和软件的某部分，去查看一系列相关的用户手册，他发现的不仅仅是思路，而且还有能追溯到最早（　　）的许多文字和章节，这些（　　）对产品提出建议或者解释设计。选项 A 是目标，选项 B 是备忘录，选项 C 是标准，选项 D 是规格。在第二段的最后提到了 memoranda（备忘录），结合上下文描述，只有选项 B 是最符合要求的，所以选择（2）题选择 B。

(3)题表达的意思是事先将项目（ ）设计好，能保证文档的结构本身是规范的，而不是杂乱无章的。选项 A 是标题，选项 B 是清单，选项 C 是工作手册，选项 D 是质量。我们知道，全文都是在围绕项目工作手册展开描述的，结合上下文，只有选项 C 工作手册是最符合要求的，所以（3）题选择 C。

(4)题所要表达的意思是使用项目手册的第二个原因是控制（ ）发布。选项 A 是产品，选项 B 是手册，选项 C 是文档，选项 D 是信息。通过紧接着下一句的描述，一直在强调 information，只有选项 D 信息是最符合要求的，所以（4）题选择 D。

(5)题表达的意思是而且如果需要的话，可以使用（ ）中的子树来维护发布列表。选项 A 是清单，选项 B 是文档，选项 C 是树结构，选项 D 是数量或者编号。通过本句后半句说的 subtree（子树）可以推断出，只有选项 C 树结构是最符合要求的，所以（5）题选择 C。

参考译文：

项目工作手册不是单独的一篇文档，它是对项目必须产出的一系列文档进行组织的一种结果。

项目的所有文档都必须是该结构的一部分。这包括目标、外部规范说明、接口规范、技术标准、内部规范和管理备忘录。

技术说明几乎是必不可少的。如果某人就硬件和软件的某部分，去查看一系列相关的用户手册，他发现的不仅仅是思路，而且还有能追溯到最早备忘录的许多文字和章节，这些备忘录对产品提出建议或者解释设计。对于技术作者而言，文章的剪裁粘贴与钢笔一样有用。

基于上述理由，再加上"未来产品"的质量手册将诞生于"今天产品"的备忘录，所以正确的文档结构非常重要。事先将项目工作手册设计好，能保证文档的结构本身是规范的，而不是杂乱无章的。另外，有了文档结构，后面书写的文字就可以放置在合适的章节中。

使用项目手册的第二个原因是控制信息发布。控制信息发布并不是为了限制信息，而是确保信息能到达所有需要它的人的手中。

项目手册的第一步是对所有的备忘录编号，从而每个工作人员都可以通过标题列表来检索是否有他所需要的信息。还有一种更好的组织方法，就是使用树状的索引结构。而且如果有需要，可以使用树结构中的子树来维护发布列表。

第三篇
测试技术篇

对软件进行评价的基础是测试，测试的过程就是找出与软件功能和性能不一致的地方，并进行分析。软件测试是伴随着软件技术及应用的发展而发展的，事实上从软件出现的时候就有了软件测试。在多年的历程中，软件测试从一种似乎是无足轻重、少有关注的开发附属行为逐渐发展成为了一门学科、一个行业，建立起了自己的理论、模型、方法、技术、标准、管理体系以及众多工具，成为了软件工程领域研究与实践的一个重要板块。本篇为熟悉软件评测师测试技术阶段，用最快的时间了解软件评测师考试涉及到的测试技术的重点基础知识，并结合附录中的考试大纲，对软件评测师的知识体系有一个快速了解，建立整体框架。本章涉及到的知识点在考试的第一场和第二场中都有出题。第一场考试出题分数占比 20 分左右，第二场占比 75 分，第一场和第二场考试总分都是 75 分，也就是说第二场考试的内容全部都是测试的内容。在后续学习过程中，本篇需要进行 4～5 轮的复习，以夯实基础。

昊洋老师对小鹿同学学习本章节的要求如下：
1. 对本篇的基础知识进行仔细的学习，并根据每一章在考试中的分数占比范围做到心中有数。
2. 根据自身的工作和学习情况制定有效的学习计划，在考试之前至少进行 5 轮的学习。
3. 通过章节练习题验证学习成果，从而不断巩固自己的学习盲区。
4. 通过做历年考试的试题，不断掌握常用做题套路，尤其是近三年的考试试题，要熟练掌握本篇涉及到的基础知识。
5. 在正式考试之前，通过官方等渠道，在计算机上进行练习做题，不断适应正式考试的场景，提高应试水平。

第13章 软件测试基础知识

（1）本章重点内容概述：软件测试基本概念、软件异常分类、软件测试过程模型、软件测试类型、自动化测试、基于软件质量特性的测试、基于风险的测试、软件测试新技术的应用等内容。

（2）考试形式：本章和下一章内容在第一场和第二场考试中都有涉及，可以结合起来分析。在第一场考试中，历年考试分值基本在20分左右；在第二场考试中，历年考试分值基本固定为75分。本篇涉及到的内容在考试中占比很高，需要花费较多时间重点掌握。

（3）本章学习要求：结合本书内容做好笔记，重复学习重点、难点和常考知识点，加强掌握程度，通过做章节作业及历年考试题目加深知识点的记忆，及时发现还未掌握的知识点，进行重点学习（已掌握的知识点要定期温习）。

13.1 软件测试的基本概念

13.1.1 软件测试概述

（1）软件测试定义的演变如下：

1）1973 年，Bill Hetzel 给出了软件测试的第一个定义："软件测试就是为了程序能够按预期设想运行而建立足够的信心"。

2）1979 年，Glenford J.Myers 给出了软件测试的一个新定义："测试是为了发现错误而执行一个程序或者系统的过程"。

3）1983 年，IEEE 在软件工程术语标准中给出了软件测试的定义："使用人工或自动手段来运行或测定某个系统的过程，其目的在于检验它是否满足规定的需求或是弄清预期结果与实际结果之间的差异"。

4）1983 年，Bill Hetzel 对他的第一个软件测试定义进行了修订："测试是以评价一个程序或者系统的特性或能力为目标的一种活动"。

5）2014 年，IEEE 发布了软件工程知识体系 SWEBOK3.0，其中将软件测试定义为"是动态验证程序针对有限的测试用例集是否可产生期望的结果"。

（2）软件测试的目的：保证软件质量。

（3）软件测试的对象：由程序、相关数据和文档三部分组成。

（4）软件质量保证（QA）：指为了提供足够的信任表明实体能够满足质量要求，而在质量管理体系中实施并根据需要进行证实的全部有计划和有系统的活动。软件质量保证和软件测试的区别如下：

1）软件质量保证涉及的活动要宽泛得多，作为企业级的系统性的活动更加宏观，对各种具体的质量保证措施提供指导、监督和评价，并不断改善提高质量保证的能力。

2）保证软件质量的措施和手段有很多，测试是其中一种，当然是不可缺少的最为重要的手段，测试需要在质量保证的大目标下开展工作以满足质量保证的要求，同时测试将为质量保证提供充分的数据以帮助评价质量。软件测试更多的表现为技术性活动，而软件质量保证则是管理性活动特征更明显。

在软件测试和软件质量保证活动中，验证与确认是两个经常使用的术语，而且还比较多地同时使用，英文中验证为 Verification，确认为 Validation，因此很多时候用 V&V 来代表验证与确认。两者的区别如下：

1）验证：通过提供客观证据来证实规定需求已经得到满足。对于软件来讲，验证是检验软件是否满足需求规格说明的要求，是判断生产者是否（按需求规格）正确地构造了软件，或者说是不是"正确地做事"。验证的依据是产品要求（需求规格），是生产者自己的内部要求。

2）确认：通过提供客观证据来证实针对某一特定预期用途或应用需求已经得到满足。确认是检验软件是否有效，是否满足用户的预期用途和应用需求。由于需求规格不一定真实体现了用户的特定预期用途或应用要求，通过验证的软件也就不一定能够通过确认。因此，确认是要判断生产者是否构造了正确的软件，或者说是不是"做了正确的事"。确认的依据是用户的应用要求，对软件生产者来讲是一种外部要求。除了测试外，确认应该有更多的活动，如评审、用户调查及意见收集等。

（5）软件测试的原则：基于软件及软件测试的特点，在开展软件测试活动时，应当遵循的普遍性原则如下图所示。

1）溯源性原则：不同阶段的测试有不同的阶段性目标，但汇集起来后的总目标是保证软件质量，这主要通过对需求的符合性验证和确认（V&V）来体现，因此测试应当溯源到原始需求，而不是仅仅只盯着眼前。

2）工程性原则：测试不是某个阶段的活动，而是贯穿软件生产的各阶段，需要以工程化的思想和方法来组织和实施。须尽早按计划开展测试，甚至进行预防性测试，以避免测试延迟带来的巨大代价。

3）独立性原则：应当避免开发工程师测试自己的程序，自己测试自己的程序会受到定势思维和心理因素的影响，测试质量将大打折扣，企业应设立独立的测试工程师岗位或测试部门去承担测试工作。

4）合理性原则：对软件进行完全测试是不可能的，基于有限的时间和有限的资源，无法对软件开展穷举式的测试。

5）不完全性原则：不管强度有多大，测试都不能暴露全部的缺陷，这是由测试自身决定的。测试能做的是尽可能多地发现错误，但不能证明软件不再包含错误。

6）相关性原则：基于大量的测试统计和分析，人们发现一个软件（模块）中被找到的缺陷越多，则这个软件（模块）中残留的缺陷也越多，或者说缺陷常常有聚集现象。

7）可接受性原则：测试的直接目标是发现软件缺陷，但更进一步的目的是修复发现的缺陷，然而修复缺陷是有代价的，因为时间或修复风险等方面的原因，已发现的缺陷不一定全部修复。在各方可以接受的前提下，可以允许某些缺陷遗留在软件中。当然这并不表明不披露已发现的缺陷，而应该交由恰当的人员或会议进行决策。

8）风险性原则：测试虽然是为了降低或化解软件的质量风险，但必须认识到测试本身也是有风险的。鉴于上述的测试合理性原则，测试工作实际上是对软件进行采样测试，采样必然存在风险。这需要在做测试设计及构造测试用例时考虑如何规避和减少风险。

（6）软件测试策略：是在一定的软件测试标准、测试规范的指导下，依据测试项目的特定环境而规定的软件测试的原则、方法的集合。软件测试策略的确定是基于测试需求的分析以及测试风险评估的结果，定义测试的范围和要求，选择合适的测试方法，并制定测试启动、停止、完成的标准和条件。

1）从方法论的角度看，软件测试策略可以划分为如下4种：
①基于分析的策略。
②基于模型的策略。
③基于标准规范的策略。
④基于自动化的回归测试策略。

2）测试策略的输入包括以下几方面：
①测试所需软硬件资源的详细说明。
②针对测试和进度约束，需要的人力资源的角色和职责。
③测试方法、测试标准和完成标准。
④目标系统的功能性和非功能性需求、技术指标。
⑤系统局限（即系统不能够满足的需求）等。

3）测试策略的输出包括以下几方面：

① 已批准或审核的测试策略文档、测试用例、测试计划。

② 需要解决方案的测试项目。

4）制定软件测试策略的过程如下：

① 确定测试的需求。需要注意测试需求必须是可观测、可测评的。软件需求与测试需求以及测试用例不是一对一关系。测试需求可能有许多来源。

② 评估风险并确定测试优先级。

③ 确定测试策略。一个好的测试策略应该包括：实施的测试类型和测试目标、实施测试的阶段、技术、评估测试结果和测试是否完成的标准、对测试工作存在影响的特殊事项等。

13.1.2 软件异常的分类及其关系

（1）软件缺陷：缺陷的英文单词是 Defect，但是更多时候习惯用 Bug。从产品内部看，缺陷是软件产品开发或维护过程中存在的错误、毛病等各种问题；从产品外部看，缺陷是系统所需要实现的某种功能的失效或违背。GB/T 32422—2015《软件工程 软件异常分类指南》中将缺陷定义为"工作产品中出现的瑕疵或缺点，导致软件产品无法满足用户需求或者规格说明，需要修复或者替换"。具体来说，缺陷还有以下各种称呼。

1）错误：较多时候是软件缺陷的静态表现，是存在于软件中的一种缺陷。

2）故障：是软件缺陷的动态表现，是因为软件的缺陷造成软件工作时出现的问题。

3）失效：是软件因缺陷而导致的后果。

（2）软件缺陷的形成：需求的表述没有真实反映实际的要求，设计有瑕疵，采用的技术方案不合理，软件太过复杂，沟通有问题，软件过程不规范，文档化不充分等都可能引入缺陷。通过对缺陷分布的统计，发现在需求分析阶段引入的缺陷比例最高，通常超过 40%，在设计阶段引入的缺陷也在 30%以上，而编码产生的缺陷低于 30%。相比较而言，编码阶段的缺陷更加容易被发现，可能开发工程师在调试程序时就能够暴露许多缺陷，而需求分析和设计阶段产生的缺陷很隐蔽，被发现要困难得多。因此对需求和设计的评审有助于降低缺陷的发生率。

（3）软件异常的分类：国家标准 GB/T 32422—2015《软件工程 软件异常分类指南》中，软件异常被定义为："从文档或软件操作观察到偏离以前验证过的软件产品或引用的文档的任何事件"。异常问题可能由失效引起，失效由故障引起，而故障是软件缺陷的子集。对异常分类的意义如下：

1）有助于确定异常产生的原因，帮助软件过程的改进。

2）有利于软件的开发者、测试者、管理者、评价者以及使用者之间的沟通和信息交换。

异常可能发现于软件生存周期的各个阶段，异常的分类有若干的属性，以引发异常的根源——缺陷的分类为例，其分类属性包括缺陷的状态、优先级、严重性、发生概率、影响质量特性的范围、引入的阶段、原因分析、解决方案、处置结果、处理风险等 20 余项。各个分类属性都有相应的属性值，下面以缺陷的优先级和严重性两个属性为例进行介绍，缺陷的优先级和严重性在不同的企业中可能因业务场景差异有不同的定义，下面仅介绍比较常见的分类。

1）缺陷的优先级：用于表达评估、解决和关闭缺陷的优先程度，分为 5 个级别，这里规定了每一个级别的处理原则，见下表。

属性值	描述
紧急	需要立刻处理
高	应在下一个可运行版本中解决
中	应在第一个交付版本中解决
低	期望在第一个交付版本中解决（在第一个交付版本后升级到优先级"中"）
无	无需在第一个交付版本中解决

2）缺陷的严重性：指缺陷引起失效的最大影响程度，也分为 5 个等级，见下表。

属性值	描述
阻塞	在纠正或发现合适的方法之前，测试无法进行
严重	主要操作被打乱，导致安全性受到影响
一般	主要操作受到影响但软件产品仍能继续运行
轻微	非主要操作受到影响
可忽略	操作未受影响

13.1.3 软件测试过程模型

软件测试过程模型通常是对应着开发模型演变的，常见的 4 种软件测试过程模型如下图所示。

（1）V 模型：软件测试的 V 模型对应于开发的瀑布模型。V 模型如下图所示。

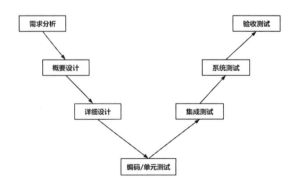

在 V 模型中，测试活动对应于瀑布模型的每个工程阶段，即：
1）单元测试对应编码。
2）集成测试对应详细设计。
3）系统测试对应概要设计。
4）验收测试对应需求分析。

（2）W 模型：是对 V 模型的一个重要改进，充分体现了尽早开展测试的原则，V 模型以发现缺陷为目标，而 W 模型则以上升为保证软件质量为目标。W 模型如下图所示。

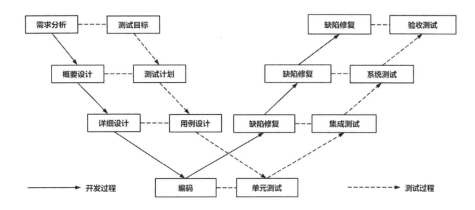

（3）H 模型：进一步改善了 W 模型中的一些问题，把测试活动从软件开发过程中独立出来，在软件过程的任何一个时间点，只要测试条件满足即开展测试。其特征如下图所示。

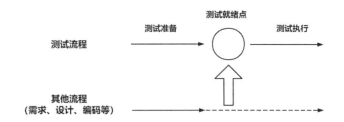

H 模型比 W 模型更好的地方是能够兼顾测试的效率和灵活性，适合于各种规模及类型的软件项目。

（4）敏捷测试模型：敏捷测试源于敏捷开发，敏捷开发以用户的需求进化为核心，以迭代、循序渐进的方式进行软件开发，主张简单、拥抱变化、递增、快速反馈等原则。敏捷测试是敏捷开发的组成部分，需要与开发流程良好融合，其特征如下图所示。

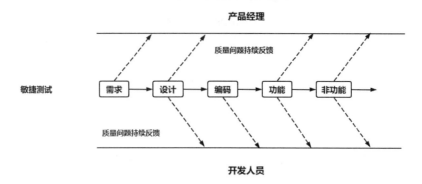

13.1.4 软件测试类型

（1）按工程阶段划分的测试：如果按软件开发的瀑布模型，测试活动可以划分为几个主要的阶段，包括单元测试、集成测试、系统测试、确认测试和验收测试等，如下图所示。

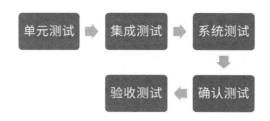

1）单元测试：是最小单位的测试活动，也称为模块测试。单元测试是封闭在单元内部的测试，关注一个单元是否正确地实现了规定的功能、逻辑是否正确、输入输出是否正确，从而寻找模块内部存在的各种错误，单元测试使用的方法包括白盒测试、黑盒测试以及灰盒测试。因为单元测试只关心模块内部而不关心模块之间的问题，因此一个软件中的各个模块测试可以并行进行。在单元测试中进行的测试工作需要在以下五个方面对所测模块进行检查。

①模块接口测试：在单元测试的开始，应对通过所测模块的数据流进行测试。如果数据不能正确地输入和输出，就谈不上进行其他测试。为此，对模块接口可能需要如下的测试项目：

a．调用所测模块时的输入参数与模块的形式参数在个数、属性、顺序上是否匹配。

b．所测模块调用子模块时，它输入给子模块的参数与子模块中的形式参数在个数、属性、顺序上是否匹配。

c．是否修改了只作输入用的形式参数。

d．输出给标准函数的参数在个数、属性、顺序上是否正确。

e．全局量的定义在各模块中是否一致。

f．限制是否通过形式参数来传送。

②局部数据结构测试：模块的局部数据结构是最常见的错误来源，应设计测试用例以检查以下各种错误：

a．不正确或不一致的数据类型说明。

b．使用尚未赋值或尚未初始化的变量。

c．错误的初始值或错误的默认值。

d．变量名拼写错误或书写错误。

e．不一致的数据类型。

可能的话，除局部数据之外的全局数据对模块的影响也需要查清。

③路径测试：由于通常不可能做到穷举测试，所以在单元测试期间要选择适当的测试用例，对模块中重要的执行路径进行测试。应当设计测试用例查找由于错误的计算、不正确的比较或不正常的控制流而导致的错误。对基本执行路径和循环进行测试，可以发现大量的路径错误。常见的不正确计算有：

a．运算的优先次序不正确或误解了运算的优先次序。

b．运算的方式错，即运算的对象彼此在类型上不相容。

c．算法错。

d．初始化不正确。

e．运算精度不够。

f．表达式的符号表示不正确。

④错误处理测试：比较完善的模块设计要求能预见出错的条件，并设置适当的出错处理，以便在一旦程序出错时，能对出错程序重做安排，保证其逻辑上的正确性。这种出错处理也应当是模块功能的一部分。若出现下列情况之一，则表明模块的错误处理功能包含有错误或缺陷：

a．出错的描述难以理解。

b．出错的描述不足以对错误定位，不足以确定出错的原因。

c．显示的错误与实际的错误不符。

d．对错误条件的处理不正确。

e．在对错误进行处理之前，错误条件已经引起系统的干预等。

⑤边界测试：在边界上出现错误是常见的，例如在一段程序内有一个 n 次循环，当到达第 n 次重复时就可能会出错。另外，在取最大值或最小值时也容易出错。因此，要特别注意数据流、控制流中刚好等于、大于或小于确定的比较值时出错的可能性。对这些地方要仔细地选择测试用例，认真加以测试。

2）集成测试：是在软件的单元测试完成并修复了所发现的错误后，进行模块的集成时开展的测试。集成测试的主要任务是发现单元之间的接口可能存在的问题，如接口参数不匹配、接口数据丢失、数据误差积累引起错误等，目标是验证各个模块组装起来之后是否满足软件的设计文件要求。模块组装成为系统的方式有以下两种：

①一次性组装方式：是一种非增殖式组装方式，也称为整体拼装。使用这种方式，首先对每个模块分别进行模块测试，再把所有模块组装在一起进行测试，最终得到要求的软件系统。

②增值式组装方式：又称渐增式组装，是首先对一个个模块进行模块测试，然后将这些模块逐

步组装成较大的系统,在组装的过程中边连接边测试,以发现连接过程中产生的问题。最后通过增殖逐步组装成为要求的软件系统。增殖式组装方式主要包括自顶向下的增殖方式、自底向上的增殖方式和混合增殖式方式(把以上两种方式结合起来进行组装测试)。

3)系统测试:目标是确认软件的应用系统能否如预期工作并满足应用的需求。系统测试的对象是应用系统,除软件外可能还包括硬件、网络及数据,并且需要在一个比较真实的环境下进行。系统测试不能由开发团队实施,只能由独立的测试团队、用户或第三方机构进行,否则不能达到系统测试的目的。

4)确认测试:也称为有效性测试,主要由软件的开发方组织。该测试可以对需求规格的局部开展分项确认,也可以针对需求规格全集开展完全的确认,以验证软件的有效性。部分软件的确认测试可以增加模拟用户或非特定用户参与,如 α 测试和 β 测试。为获得确认的有效证据,确认测试可以委托第三方测试机构实施。

5)验收测试:由用户方组织,在生产环境下进行。实施验收测试的可以是用户自己,也可以是开发方,目前比较流行的是委托第三方机构开展,以保证验收测试的独立性、客观性和公正性。

(2)按是否执行代码划分的测试可以分为如下两种:

1)静态测试:不运行软件,只做检查和审核,测试的对象包括需求文档、设计文档、产品规格说明书以及代码等。对各类文档的测试主要通过评审的方式进行,对代码的静态测试采用代码走查和代码审查方式。

2)动态测试:需要执行代码,是通过运行软件开展的测试。关注语句、分支、路径、调用等程序结构的覆盖。

(3)按测试实施主体划分的测试可以分为如下三种:

1)开发方测试:开发方作为软件的供方,测试应该涵盖软件生产及交付的各个阶段,以满足用户需求为最终目的。

2)用户方测试:实施难度远高于开发方测试,用户方只能开展验收测试,基于对自己真实需求的认识,用户方测试能够更好地确认软件是否符合自身的需求。

3)第三方测试:向社会提供专业的软件测试服务,对检验软件产品质量、保护软件用户方权益具有重要意义。主要开展软件的确认测试、验收测试和符合性测试。

(4)按是否关联代码划分的测试可以分为如下三种:

1)白盒测试:也称为**结构化测试、逻辑驱动测试或基于代码的测试**,是指测试人员开展测试时完全清楚被测试程序的内部结构、语句及工作过程。

2)黑盒测试:也称**为基于规格说明的测试**,通过软件的外部表现行为进行测试的方法,它不关心程序的内部结构和如何实现,只关心程序的输入和输出。

3)灰盒测试:既关注黑盒测试方法中的输入输出,也在一定程度上关注程序的内部情况,是两种测试方法的一定融合,**较多地应用于软件的集成测试中**。

(5)按软件质量特性划分的测试可以分为 8 种,如下图所示。

1）功能性测试：是在指定条件下使用时，测试软件提供满足明确和隐含要求的功能的程度，包括软件功能的完备性、正确性和适合性。

2）性能效率测试：是在指定条件下使用时，测试软件的性能及效率满足需求的程度，包括时间特性、资源利用性、容量等。

3）兼容性测试：是在共享相同的硬件或软件环境的条件下，测试软件能够与其他软件交换信息和/或执行其所需的功能的程度，包括软件的共存性和互操作性。

4）易用性测试：是在指定的使用周境中，测试软件在有效性、效率和满意度特性方面为了指定的目标可为指定用户使用的程度，包括软件的可辨识性、易学性、易操作性、用户差错防御性、用户界面舒适性、易访问性等。

5）可靠性测试：是测试软件在指定条件下指定时间内执行指定功能的程度，包括软件的成熟性、可用性、容错性、易恢复性。

6）信息安全性测试：是测试软件保护信息和数据的程度，包括保密性、完整性、抗抵赖性、可核查性、真实性。

7）维护性测试：是测试软件能够被预期的维护人员修改的有效性和效率的程度，包括软件的模块化、可重用性、易分析性、易修改性、易测试性。

8）可移植性测试：是测试软件能够从一种硬件、软件或其他运行（或使用）环境迁移到另一种环境的有效性和效率的程度，包括软件的适应性、易安装性、易替换性。

（6）符合性测试：是按符合性评价划分的测试，是要通过测试去判定软件是否符合事先已经明确的文件性要求和约束，如标准、规范、技术指标、招投标文件、合同等。符合性测试可以由上述的用户方、开发方的独立测试部门或第三方测试机构进行，为获得客观公正的符合性测试结论，最好由具备资质的第三方测试机构开展。

（7）回归测试：只要软件发生了变化，就应该进行回归测试。如果这种变动是对缺陷的修复，回归测试首先要验证缺陷是否确实被正确修复了，然后测试因此次缺陷修复而可能影响到的功能是否依然正确。如果软件的变动是增加了新的功能，回归测试除了验证新功能的正确性之外同样要测试可能受到影响的其他功能。即使变动是删减了软件中原来的某些功能，依然要通过回归测试来检查是否影响到保留的功能。

13.2　测试技术的分类

根据最新版考试大纲,测试技术分为 4 类,如下图所示。

(1)基于规格说明的测试技术其实就是黑盒测试,包括如下图所示的 10 种方法。

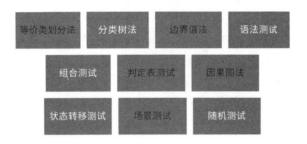

(2)基于结构的测试技术其实就是白盒测试,包括如下图所示的两种技术。

动态测试通过运行软件来发现错误或验证程序是否符合预期要求。静态测试则不运行软件,只做检查和审核,测试的对象包括需求文档、设计文档、产品规格说明书以及代码等。对各类文档的测试主要通过评审的方式进行,对代码的静态测试采用走查和代码审查方式。

(3)基于经验的测试技术包括如下图所示的 3 种。

（4）自动化测试技术的内容如下图所示。

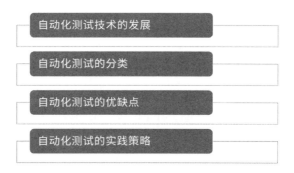

13.2.1　基于经验的测试技术

基于经验的测试一般是测试人员基于以往的项目经验、特定的系统和软件知识或应用领域知识开展，能够发现应用系统化的测试方法不易发现的隐含特征的问题，其效果与测试人员的经验和技能有直接关系，但具有一定的随机性，往往难以评估其覆盖率。通常有如下图所示的3种技术。

（1）错误猜测法：又称为错误推测法，定义为一种测试技术，是基于测试人员对以往项目测试中曾经发现的缺陷、故障或失效数据，在导致软件错误原因分析的基础上设计测试用例，用于预测错误、缺陷和失效发生的技术。常见的软件错误类型如下：

1）软件需求错误。
2）功能和性能错误。
3）软件结构错误。
4）数据错误。
5）软件实现和编码错误。
6）软件集成错误。

错误猜测法中有关估算错误数量的方法主要有2种，如下图所示。

1）Seeding 模型估算法：在开始排错工作前，排错人员并不知道软件中的错误总数，因此将软

件中含有的未知错误数据记为 N，在此基础上，人为向程序中再添加 N_t 个错误。经过 t 个月的排错工作以后，检查排错的清单，将排错类型分为两类：一类为程序中原有的错误，数量记为 n；另一类则是由排错人员人工插入的错误，数量记为 n_t。预估该软件中错误总数 N 的方法为：$N=(n/n_t)×N_t$。

Hyman 在 Seeding 模型估算错误的基础上对其进行改进：设置 A、B 两组测试人员相互独立地对某个软件进行测试，记 A 组人员和 B 组人员测得的错误数分别为 i 个和 j 个，两组测试人员共同测试出的错误数为 k，软件错误数的估算值 N 与这三个量的关系如下：$N=(i×j)/k$。

2）Shooman 模型估算法：这是一种通过估算错误产生的频度来保证软件的可靠性的方法。估算错误产生的频度主要体现为估算平均失效等待时间（MTTF）。因此 Shooman 模型估算 MTTF 的公式为：$MTTF= I_T/(K(E_T-E_C(t)))$。其中，$K$ 为经验常数；I_T 是程序长度（机器指令条数或简单汇编语句条数）；E_T 是测试之前程序中的原有故障总数；t 是测试（包括排错）的时间；$E_C(t)$ 是在 $0-t$ 期间内检出并排除的故障总数。

（2）探索性测试：这是一种创造性的、基于经验的测试方法。探索性测试主要分为自由式探索性测试、基于场景的探索性测试、基于策略的探索性测试、基于反馈的探索性测试和基于会话的探索性测试。探索性测试风格的核心是发现问题。9 种探索性测试风格如下：

①预感（基于以往的缺陷，探索新的变化）。
②模型（架构图、气泡图、状态表、故障模型等）。
③示例（用例、特性演练、场景等）。
④不变性（测试变更不会对应用程序产生影响）。
⑤干扰（寻找中断或转移程序路径的方法）。
⑥错误处理（检查错误处理是否正确）。
⑦故障排除（错误分析，例如简化、澄清或加强错误报告，当缺陷修复后测试差异）。
⑧小组洞察（头脑风暴、相关成员小组讨论、配对测试）。
⑨规范（主动阅读，对照用户手册，启发式探索）。

1）探索性测试的目的如下：

①帮助测试人员理解测试需求，并在此基础上对应用程序的功能进行快速评估，例如当项目采用敏捷软件开发或者需要做冒烟测试。
②帮助软件实现满足功能的所有需求，适用于被测对象复杂并且难以理解。
③帮助测试人员探索应用程序的各种极端情况，从而发现潜在的缺陷，有目的地使缺陷数量降到最低。

2）探索性测试的两种方法如下图所示。

①局部探索式测试法：可以辅助测试人员针对测试过程中出现的细节问题做出即时的决定。测试人员可以将测试经验、专业知识以及在操作环境中构建和运行软件的知识结合在一起，在没有更多信息的前提下运行测试用例，动态地做出正确的局部决定。根据软件属性可将变化因素分为5个部分：输入、状态、代码路径、用户数据和执行环境。测试人员可以在测试过程中根据不同因素改变测试策略，从而有的放矢地进行探索性测试，最大限度地发现软件设计和实现中的重大缺陷。但此方法并不能建立一个完整的测试架构，也不能应用于测试用例的整体设计过程。而使用全局探索式测试法可以很好地解决这一问题。

②全局探索式测试法：可以辅助测试人员在实际开始测试之前建立起一个全局目标，确定对软件进行探索式测试的整体方向，以更系统化的方法来组织测试，从而尽量覆盖软件的复杂程度及其特性。全局决定确立了总体探索策略和产品特性的测试方法，用于指导整体的测试过程，帮助测试人员设计整体的测试策略。将结构化的思想和自由的探索方式进行有机结合，能更有效地发现缺陷以及检验其正确性。

3）探索性测试的优势如下：

①在测试设计不充分的情况下，探索性测试可以基于之前类似的测试和结果进行测试。

②在早期需求模糊或系统不稳定时，探索性测试可以不受限制地在短时间内对产品质量进行反馈。

③当发现缺陷时，探索性测试可以快速向开发人员提供针对缺陷的严重程度、涉及范围和变化的反馈。

④探索性测试可以作为脚本测试的一个重要补充，以检测出脚本测试不能检测到的缺陷。

4）探索性测试的局限性如下：

①探索性测试无法对被测对象进行全面性测试，测试结果一般不易度量，不能确保发现最重要的软件缺陷。

②脚本测试可以在需求收集阶段编制测试用例，根据用例的执行来发现缺陷，而探索性测试缺少预防缺陷的能力。

③对于已经确定了测试类型和执行顺序的测试来说，直接编写测试脚本并执行比进行探索性测试更有意义。

④依赖测试人员的领域知识和测试技术，探索性测试不容易协调及调整，导致测试效率低下，缺乏条理。

（3）基于检查表的测试：通过设计相应的检查点，并按照检查点进行测试验证的一种测试方法。分类主要有以下两种：

1）基于代码检查表的测试：基于代码检查表进行代码审查的测试主要为了检查代码和设计的一致性，代码对标准的遵循、可读性，代码逻辑表达的正确性，代码结构的合理性等方面。

2）基于文档检查表的测试：基于文档检查表的测试进行文档审查主要涉及文档的可用性、文档内容及文档标识和标示等方面。

13.2.2 自动化测试

自动化测试是把人为驱动的测试行为转化为机器执行的一种过程。也就是模拟手工测试步骤，通过执行由程序语言编制的测试脚本，自动地完成软件的测试设计、单元测试、功能测试、性能测试等全部工作，包括测试活动的自动化和测试过程管理的自动化。自动化测试的发展有五个阶段，如下图所示。

（1）自动化测试的分类：从测试目的角度可分为功能自动化测试与非功能自动化测试，非功能自动化测试中主要包括性能自动化测试和信息安全自动化测试，如下图所示。

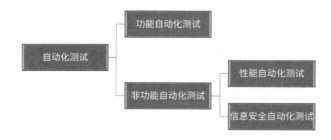

功能自动化测试的目标是：①软件功能验证；②提高测试效率。

性能自动化测试的目标是：①软件性能的验证；②完成人工无法完成的测试任务。

信息安全自动化测试的目标是：①漏洞检测，信息安全验证；②完成人工无法完成的测试任务和提高测试效率。

当然，也可以按照其他角度进行划分，具体如下：

1）按照测试目的可以划分为：功能自动化测试工具、性能自动化测试工具和信息安全自动化测试工具。

2）按测试工具所访问和控制的接口可划分为：用户界面自动化测试工具、接口自动化测试工具。

3）按测试工具所重点对应的测试阶段可划分为：单元自动化测试工具、集成自动化测试工具和系统自动化测试工具（通常系统级别自动化测试为用户界面自动化测试）。

4）按照测试对象所在操作系统平台可划分为：Web 应用测试、Android 移动应用测试、IOS 移动应用测试、Linux 桌面应用测试、Windows 桌面应用测试等。

（2）自动化测试的优点如下图所示。

软件测试基础知识 第 13 章

（3）自动化测试的缺点如下图所示。

（4）自动化测试的局限性：自动化测试可以提高测试效率，能够完成手工测试不能完成的工作，但自动化测试在实际应用中也存在局限性，并不能完全替代手工测试。在下面的领域中自动化测试会有一定的局限性，如下图所示。

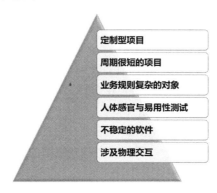

1）定制型项目：为客户定制的项目，开发公司在这方面的测试积累少，这样的项目不适合作自动化功能测试。

2）周期很短的项目：项目周期很短，相应的测试周期也很短，因此花大量精力准备的测试周期很短的脚本，不能得到重复地利用。当然为了某种特定的测试目的专门执行的测试任务除外，比如针对特定应用的性能测试等。

3）业务规则复杂的对象：复杂的逻辑关系和运算关系，工具很难实现，或业务规则复杂的对象要实现这些测试过程，需要投入的测试准备时间比直接进行手工测试所需的时间更长。

4）人体感官与易用性测试：用户界面的美观、声音的体验、易用性的测试，无法用测试工具来实现。

5）不稳定的软件：由于不稳定因素导致自动化测试失败，或者致使测试结果本身就是无效的。

6）涉及物理交互：自动化测试工具不能很好地完成与物理设备的交互。

（5）对自动化测试不正确的认知如下图所示。

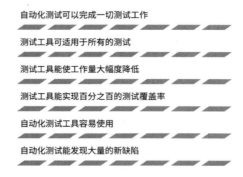

1）自动化测试可以完成一切测试工作：在现实中有关的测试设计、测试案例以及一些关键的测试任务还是需要人工参与的，即自动化测试是对手工测试的辅助和补充，它永远不可能取代手工测试。

2）测试工具可适用于所有的测试：每种自动化测试工具都有它的应用范围和可用对象，所以不能认为一种自动化测试工具能够满足所有的测试需求。

3）测试工具能使工作量大幅度降低：引入自动化测试工具不会马上减轻测试工作，在很多情况下，首次将自动化测试工具引入企业时，测试工作实际上变得更艰巨了。只有在正确、合理地使用测试工具，并有一定的技术积累后，测试工作量才能逐渐减轻。

4）测试工具能实现百分之百的测试覆盖率：自动化测试可以增加测试覆盖的深度和广度，但因为穷举测试必须使用所有可能的数据，包括有效的和无效的测试数据，所以在有限的资源下也不可能进行百分之百的彻底测试。

5）自动化测试工具容易使用：自动化测试需要更多的技能，也需要更多的培训。

6）自动化测试能发现大量的新缺陷：发现更多的新缺陷应该是手工测试的主要目的，自动化测试主要用于发现回归缺陷。

（6）自动化测试的实践策略：通常自动化测试的策略为分层自动化测试。下图是经典的测试金字塔，自动化测试投入得越早，层级越低，投入产出比越高。在功能测试中，提倡测试尽早介入原则，尽早介入测试，尽早发现问题，投入的成本也就越低。在分层的自动化测试中，也是同样的道理，在单元测试阶段投入测试，也是最有价值的。

自动化测试金字塔

1）单元层：单元测试是最有价值的测试。应使用相应的单元测试框架来规范地实施单元测试，如 Java 的 Junit、TestNg，Python 的 Unittest、Pytest 等，几乎所有的主流编程语言都会有其对应的单元测试框架。

2）服务和接口层：集成、接口自动化测试，它的价值中等。单元测试关注代码的实现逻辑，集成、接口测试关注的是一个函数、类所提供的接口是否可靠，接口自动化测试能覆盖大多数主要的接口是比较合理的。

3）用户界面层：用户界面自动化测试的价值最小，大部分测试人员都是对用户界面层的功能进行测试。在实际生产过程中，它不易实现，维护成本很高，所以适当的界面自动化测试可以有，但是没必要 100%都自动化。用户界面层的自动化测试工具非常多，如 QTP、Robot Framework、Selenium 等。

如果一个产品没有做单元测试和接口测试，只做用户界面层的自动化测试是低效的，很难从根本上保证产品的质量，最终获得的收益可能会远远低于所投入的成本。因为越往上层，其维护成本越高，尤其是用户界面层的界面元素会时常发生改变。所以，分层自动化测试主张把更多的自动化测试放在单元测试与接口测试阶段进行。

（7）适合使用自动化测试工具的项目和环境如下图所示。

（8）开展自动化测试的必要条件如下图所示。

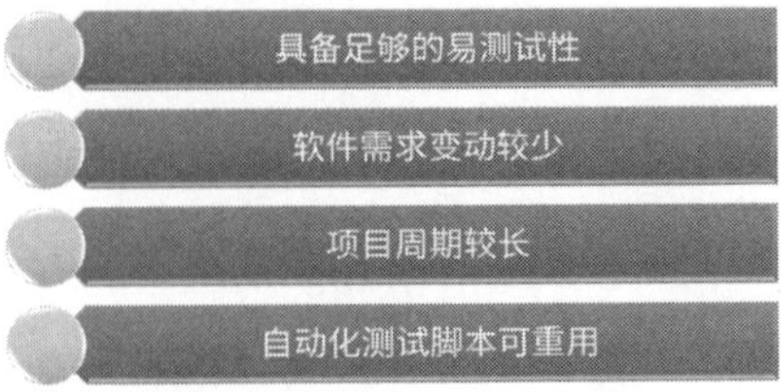

- 具备足够的易测试性
- 软件需求变动较少
- 项目周期较长
- 自动化测试脚本可重用

（9）基于模型的测试技术：软件测试设计的初始步骤就是在理解被测试的系统和功能的基础上，用一定的模型结构来描述被测试的系统的功能和质量属性，然后根据测试模型获取要覆盖的测试覆盖项。在获取具体明确的测试覆盖项后，可设计测试步骤来完成测试用例的设计。在实践中，这样的模型常称为"测试模型"。

1）基于模型的测试技术的常见工具：微软的 Spec Explorer、Graph Walker、Stoat、MBT On Cloud 等。

2）基于模型的测试技术的优点如下图所示。

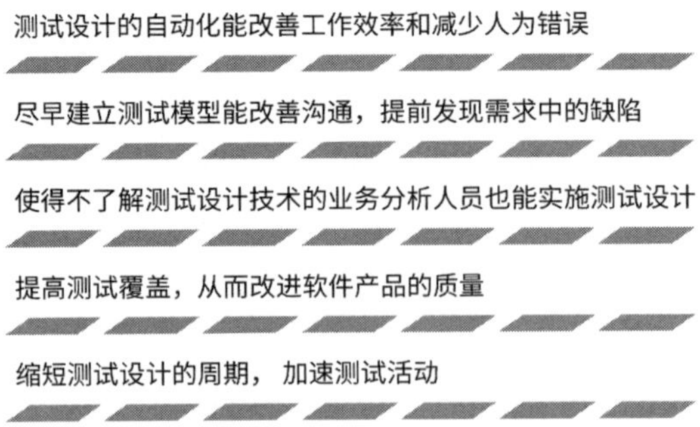

- 测试设计的自动化能改善工作效率和减少人为错误
- 尽早建立测试模型能改善沟通，提前发现需求中的缺陷
- 使得不了解测试设计技术的业务分析人员也能实施测试设计
- 提高测试覆盖，从而改进软件产品的质量
- 缩短测试设计的周期，加速测试活动

3）基于模型的测试技术的缺点如下图所示。

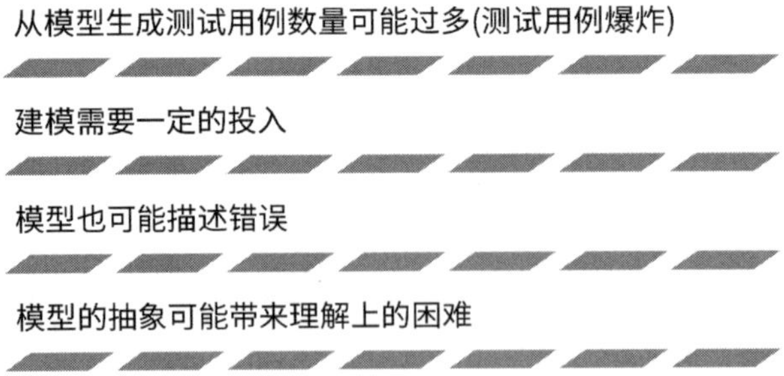

- 从模型生成测试用例数量可能过多(测试用例爆炸)
- 建模需要一定的投入
- 模型也可能描述错误
- 模型的抽象可能带来理解上的困难

（10）基于搜索的测试技术：该技术包括各种元启发式技术，其核心思想是把测试数据生成问题转化为搜索问题，即从软件允许的输入域中搜索所需的值以满足测试要求。经典的基于搜索的测试技术是基于遗传算法的测试，这类方法主要受到自然界中基因遗传变化的启发，不断进化选择最优的基因。代表工具为 Sapienz。基于搜索的测试技术的优缺点如下图所示。

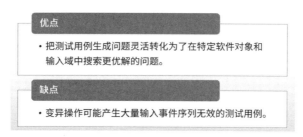

（11）自动化测试工具的选择：目前市场上的自动化测试工具非常多，下图所示的几款是比较常见的自动化测试工具。

1）UFT：早期称为 QTP，是一种企业级的自动化测试工具，提供了强大易用的录制回放功能。支持 B/S 与 C/S 两种架构的软件测试，是目前主流的自动化测试工具。

2）Robot Framework：基于 Python，可扩展的关键字驱动的测试自动化框架，提供了一套特定的语法，并且有非常丰富的测试库。

3）Selenium：是一款用于 Web 应用程序测试的工具，支持多平台、多浏览器、多语言去实现自动化测试。

4）Appium：是一个 C/S 结构的开源测试自动化框架，支持 IOS 平台和 Android 平台上的原生应用、Web 应用和混合应用。它使用 WebDriver 协议驱动 IOS、Android 和移动 Web 应用程序。

除了上面所列的自动化测试工具外，根据不同的应用还有很多商业的、开源的以及公司自己开发的自动化测试工具。

（12）自动化测试语言的选择：自动化测试人员选择语言学习时，要结合测试工具、结合自身学习能力综合关注语言的难易程度、语言的扩展性和发展。下面简单列举几个主流的语言的优劣势，如下图所示。

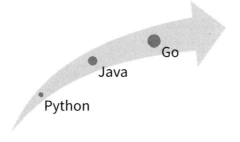

1）Python：优点是语法简单，更适合初学编程者；开发效率高，有非常强大的第三方库；语言的扩展性好；具有可移植性；具有可嵌入性。缺点是执行效率比较慢；线程不能利用多 CPU。

2）Java：优点是纯面向对象的编程语言；跨平台执行，具有很好的可移植性；提供了很多内置的类库；提供了对 Web 应用开发的支持；具有较好的安全性和健壮性。缺点是：解释型语言，运行效率极低，不支持底层操作。

3）Go：优点是主要用于云计算和服务设计；跨平台编译，编译很快；支持语言级别的并发性；丰富的标准库；简单易学；可直接编译成机器码，不依赖其他库。缺点是缺少框架；错误处理不够好；软件包管理不够完善。

（13）自动化测试输出结果的收集和分析如下图所示。

1）持续集成工具：Jenkins。

2）持续集成（CI）的好处：①快速发现错误；②防止分支大幅偏离主干。

3）持续集成的目的：让产品可以快速迭代，同时还能保持高质量。它的核心措施是代码集成到主干之前，必须通过自动化测试。只要有一个测试用例失败，就不能集成。

4）一个完整的持续集成系统必须包括一个自动构建过程，包括自动编译、分发、部署和测试等。

13.2.3 基于软件质量特性的测试

软件质量模型的发展如下图所示。

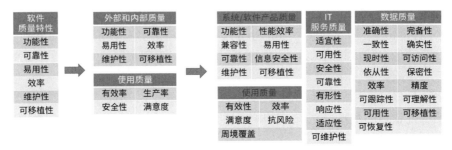

（1）使用质量模型（GB/T 25000.10—2016）：使用质量主要从用户的角度进行考虑，根据使用软件的结果而不是软件自身的属性来进行测量，即用户使用产品或系统满足其需求的程度。其模型如下图所示。

使用质量模型	
特性	子特性
有效性	有效性
效率	效率
满意度	有用性、可信性、愉悦性、舒适性
抗风险	经济风险缓解性、健康和安全风险缓解性、环境风险缓解性
周境覆盖	周境完备性、灵活性

1）有效性：指用户实现指定目标的准确性和完备性。准确性一般由软件产品的出错频率进行

评价，完备性是指实现用户期望功能的完整性程度。

2）效率：是指用户实现目标的准确性和完备性时相关的资源消耗。

3）满意度：指产品或系统在指定的使用周境中，用户的要求被满足的程度。

4）抗风险：指产品或系统在经济现状、人的生命、健康或环境方面缓解潜在风险的程度。

5）周境覆盖：指在指定的使用周境中，产品或系统在有效性、效率、抗风险和满意度等特性方面能够被使用的程度。

（2）系统/软件产品质量模型（GB/T 25000.10—2016）：与从用户角度出发的使用质量不同，软件产品质量更多的是考虑软件产品或系统本身的质量特性。其模型如下图所示。

产品质量模型	
特性	子特性
功能性	功能完备性、功能正确性、功能适合性、功能性的依从性
性能效率	时间特性、资源利用性、容量、性能效率的依从性
兼容性	共存性、互操作性、兼容性的依从性
易用性	可辨识性、易学性、易操作性、用户差错防御性、用户界面舒适性、易访问性、易用性的依从性
可靠性	成熟性、可用性、容错性、易恢复性、可靠性的依从性
信息安全性	保密性、完整性、抗抵赖性、可核查性、真实性、信息安全性的依从性
维护性	模块化、可重用性、易分析性、易修改性、易测试性、维护性的依从性
可移植性	适应性、易安装性、易替换性、可移植性的依从性

1）功能性：在指定条件下使用时，产品或系统提供满足明确和隐含要求的功能的程度。其子特性如下。

- 功能完备性：功能集对指定的任务和用户目标的覆盖程度。
- 功能正确性：产品或系统提供具有所需精度的正确的结果的程度。
- 功能适合性：功能促使指定的任务和目标实现的程度。
- 功能性的依从性：产品或系统遵循与功能性相关的标准、约定或法规以及类似规定的程度。

功能性用于评估软件产品在指定条件下使用时，提供满足明确和隐含要求的功能的能力。功能性测试既包括单个功能点测试，还包括业务流程测试和主要场景测试。在功能测试中一般使用等价类划分法、边界值法、因果图法、判定表法、场景法等方法设计测试用例，用例包括正常用例和异常用例，最后对设计好的用例逐项进行测试，检查产品是否达到用户要求的功能。同时可以将错误猜测法、探索法、检查表法等基于经验的测试方法作为补充，以期发现更多的问题。

- 功能完备性测试：目标是评价软件产品提供的功能覆盖所有的具体任务或用户目标的程度。在测试时可以从需求规格说明书或者其他技术文档中获取软件需要实现的功能点，与软件实际实现的功能点进行匹配，形成功能对照，见下表。

用户文档集或产品说明中的应用功能	实际的应用功能
模块1	功能点1	实际系统的功能点1
	功能点2	实际系统的功能点2
模块2	功能点3	实际系统的功能点3

功能覆盖率是用于评价完备性的一个重要指标，它指的是软件产品实现规定的功能的比例。用

数学方法可以表示为

$$X = 1 - A/B$$

其中，A 是缺少的功能数量；B 是指定的功能数量。

- 功能正确性测试：软件产品除了能完整实现所要求的功能外，还应该能正确实现所要求的功能。功能正确性测试的目标就是评估软件产品或系统提供具有所需精度的正确结果的能力。查看需求文档、设计文档、操作手册等用户文档集中是否陈述了软件的使用限制条件，对文档中规定准确度的功能点进行测试，采用边界值分析方法编写正向测试用例和反向测试用例，验证功能的测试结果是否与用户文档集中一致。

功能正确性用数学方法可以表示为

$$X = 1 - A/B$$

其中，A 是功能不正确的数量；B 是考虑的功能数量。

- 功能适合性测试：适合性是指产品适合其客户群的程度。在软件产品中，功能适合性是指软件产品是否适合用户，也就是软件产品提供的功能是否是用户需求的功能。对于功能目标实现的程度，可以通过用户运行系统期间是否出现未满足的功能或不满意的操作情况进行识别。可以看出，功能适合性测试其实包含了两个层面的内容：首先，功能点应该是实现的；其次，功能点是符合用户需求的。

功能适合性用数学方法可以表示为

$$X = 1 - A/B$$

其中，A 是缺少或不正确的功能数量；B 是规定的功能数量。

2）性能效率：性能与在指定条件下所使用的资源量有关。其子特性如下：

- 时间特性：产品或系统执行其功能时，其响应时间、处理时间及吞吐率满足需求的程度。
- 资源利用性：产品或系统执行其功能时，所使用资源数量和类型满足需求的程度。
- 容量：产品或系统参数的最大限量满足需求的程度。
- 性能效率的依从性：产品或系统遵循与性能效率相关的标准、约定或法规以及类似规定的程度。

性能效率测试用于评估在指定条件下使用的资源数量的性能。进行性能效率测试的目的包括获得系统的性能表现情况、发现并验证和修改系统影响性能的缺陷、为系统性能优化提供数据参考。在性能效率测试过程中得出系统能为多少用户正常提供服务，在提供服务时系统的响应速度如何，在超出预期用户使用时系统的表现是否令人满意。如果达不到预期的要求，可以给出系统的性能瓶颈，再根据性能瓶颈提出优化建议。通过性能效率测试可以考察系统的可扩展性，预估是否可满足未来一段时间内系统负载的增加要求。

- 时间特性测试：目标是评估产品或系统在特定条件下执行其功能时，其响应时间、处理时间及吞吐率满足需求的程度。时间特性反映与运行速度相关的性能。响应时间指的是从用户发起一个请求到得到响应的整个过程经历的时间。

在下图中，$T_{响应时间} = T1 + T2 + T3 + T4$，$T_{处理时间} = T2 + T3$。

- 资源利用性测试：目标是评估产品或系统执行其功能时，所使用资源数量和类型满足需求的程度。对于产品说明、需求文档或设计文档中陈述的每一种并发压力下，通过监控服务器、数据库以及中间件的资源利用情况，分析系统性能。服务器端监控的资源主要有 CPU 占用率、内存占用率、磁盘占用率、输入输出效率、带宽情况。数据库监控的资源包括数据缓冲区和命中率等。例如，对于 MySQL 资源监控可包括 MySQL 的进程数、客户端连接进程数、QueryCache 命中率、ThreadCache 命中率等。
- 容量测试：用于评估软件产品或系统参数的最大限量满足需求的程度。包括使测试对象处理大量的数据，以确定是否达到了将使软件发生故障的极限。大量数据包括大量并发用户数、数据库记录数等。容量测试还将确定测试对象在给定时间内能够持续处理的最大负载或工作量。例如网上订票系统能够承受多少用户同时订票、系统能够处理的最大文件长度、数据库能够处理的最大数据库记录数等。

性能效率测试类型如下图所示。

- 基准测试：指测试环境确认以后，对业务模型中涉及的每种业务做基准检测。目的是获取单用户执行时的各项性能指标，为多用户并发和混合场景的性能测试分析提供参考依据。
- 并发测试：指并发不同数目的虚拟用户执行检查点操作。目的是对检查点进行压力测试，预测系统投入使用后在该检查点能够承受的用户压力情况，并根据相应的响应时间和各项资源使用情况分析、确定系统存在的性能瓶颈，为系统的优化和调整提供依据。
- 压力测试：测试系统在事先规定的某种饱和状态下，系统是否还具备处理业务的能力，或者系统会发生什么样的状况，是否会出现错误或系统宕机等情况。
- 负载测试：通过在被测试系统上不断增加负荷，直到事先选定的性能指标，变为不可接受或系统的某类资源使用已经达到饱和状态。
- 稳定性测试：稳定性测试是指被测系统在特定硬件、软件、网络环境条件下，给系统加载一定业务压力，使系统运行一段比较长的时间，以此检测系统是否稳定。
- 极限测试：在过量用户下的压力测试。目的是确定系统的极限并发用户数。
- 场景测试：通过对系统体系架构和功能模块的分析以及对系统用户的分布和使用频率的分析，来构造系统综合场景的测试模型，模拟不同用户执行不同操作，最大限度模拟系统真实场景,使用户预知系统投入使用后的真实性能水平，从而对系统做出相应的优化及调整，避免实际情况中出现系统长时间不响应及崩溃的情况。
- 吞吐量测试：吞吐量测试是指模拟系统真实的使用情景，每隔一定时间段并发不同数目的虚拟用户执行检查点操作，持续运行一段时间，计算每单位时间系统处理的能力（事务数/单位时间），目的是计算系统的吞吐能力。

3）兼容性：在共享相同的硬件或软件环境的条件下，产品、系统或组件能够与其他产品、系统或组件交换信息，和/或执行其所需的功能的程度。其子特性如下：
- 共存性：在与其他产品共享通用的环境和资源的条件下，产品能够有效执行其所需的功能并且不会对其他产品造成负面影响的程度。
- 互操作性：两个或多个系统、产品或组件能够交换信息并使用已交换的信息的程度。
- 兼容性的依从性：产品或系统遵循与兼容性相关的标准、约定或法规以及类似规定的程度。

兼容性测试用于评估在共享相同的硬件或软件环境的条件下，产品、系统或组件能够与其他产品、系统或组件交换信息或执行其所需的功能的程度。对兼容性的测试可以从其子特性开展：
- 共存性测试：目标是评估在与其他产品共享通用的环境和资源的条件下，产品能够有效执行其所需的功能并且不会对其他产品造成负面影响的程度。可以通过以下方面进行测试：

a．安装测试软件，验证测试软件和已安装组件是否均能成功安装和正确运行。

b．对产品说明列举出的与软件兼容的软件和不兼容的软件等进行测试，确保在同一个操作环境下同时运行两个软件，对软件进行操作，查看 CPU、进程等系统资源的使用情况。分别单独运行一种软件，查看系统资源使用情况。比较两种情况的资源使用情况，是否存在异常。

c．两个软件在长时间共存的情况下是否运行正常，检查软件是否能够与其他软件正确协作，是否能够正确地进行交互和共享信息。

d．测试与其他常用软件一起使用，是否会造成其他软件运行错误或本身不能正确实现功能。通常两种杀毒软件之间不能共存，会出现系统运行慢、无法开机等情况。

- 互操作性测试：目标是评估两个或多个系统、产品或组件能够交换信息并使用已交换的信息的程度。可以通过以下方面进行测试：

a．数据格式可交换性：软件互操作性表现为软件之间共享并交换信息，以便能够互相协作共同完成一项功能的能力。测试时查看产品说明、用户文档集中声称支持的文件的导入/导出格式，针对指定格式的文件进行验证。

b．数据传输的交换接口：在与其他软件进行通信时，对于规定的数据传输，交换接口的功能是否能正确实现。例如基于 Web Service 互操作性的信息包括传输数据、SOAP 消息、UDDI 条目、WSDL 描述和 XML 模式等信息。

4）易用性：在指定的使用周境中，产品或系统在有效性、效率和满意度特性方面为了指定的目标可为指定用户使用的程度。其子特性如下：
- 可辨识性：用户能够辨识产品或系统是否适合它们的要求的程度。
- 易学性：在指定的使用周境中，产品或系统在有效性、效率、抗风险和满意度特性方面为了学习使用该产品或系统这一指定的目标可为指定用户使用的程度。

- 易操作性：产品或系统具有易于操作和控制的属性的程度。
- 用户差错防御性：系统预防用户犯错的程度。
- 用户界面舒适性：用户界面提供令人愉悦和满意的交互的程度。
- 易访问性：在指定的使用周境中，为了达到指定的目标，产品或系统被具有最广泛的特征和能力的个体所使用的程度。
- 易用性的依从性：产品或系统遵循与易用性相关的标准、约定或法规以及类似规定的程度。

对易用性的测试可以从七个子特性开展：

- 可辨识性测试：目标是测试用户能够辨识产品或系统是否适合其要求的程度。可以通过对产品或系统的初步印象或与之相关的文档来辨识产品或系统的功能来进行测试。如下图所示的指标可用于评价可辨识性的测试结果。

- 易学性测试：目标是用于评估在指定的使用周境中，产品或系统在有效性、抗风险和满意度特性方面为了学习使用该产品或系统这一指定的目标，可以为指定用户使用的程度。对于易学性测试，可以评估软件的帮助系统和文档的有效性，以及评估用户要用多长时间才能学会如何使用某个功能。可以通过如下图所示的几个方面进行测试。

- 易操作性测试：目标是评估产品或系统具有易于操作和控制的属性的程度。因此易操作性测试即评估用户操作和控制软件的便利程度。可以通过如下图所示的几个方面进行测试。

- 用户差错防御性测试：目标是评估系统预防用户犯错的程度。可以通过如下图所示的几个方面进行测试。

　　a. 抵御误操作：指系统可以防止用户操作和输入导致系统故障的能力。抵御误操作包括在执行具有严重后果的功能时，该操作应该是可以撤销的，或者有明显的警告和提示确认信息。

　　b. 用户输入差错纠正：指用户输入不符合条件的数据时，系统或软件是否能够进行判断，并进行提示或纠正。

- 用户界面舒适性测试：目标是评估用户界面提供令人愉悦和满意的交互的程度。用户界面舒适性评价常依赖于用户个体，令人产生感官愉悦的用户界面对软件产品来说尤为重要。用户界面不应出现乱码、不清晰的文字或图片等影响界面美观与用户感受的情况。好的颜色组合能够帮助用户快速阅读文本或识别图像，对于整体用户界面来说，可以选择不同的角度来增强用户界面的舒适性，例如：

a. 界面中元素的文字、颜色等信息与功能一致。
b. 前景与背景色搭配合理协调，没有过大反差。
c. 界面中的元素大小和布局协调。
d. 窗口比例适当，所有窗口按钮的位置和对齐方式要保持一致。

- 易访问性测试：目标在于评估在指定的使用周境中，为了达到指定的目标，产品或系统被具有最广泛的特征和能力的个体所使用的程度。可以通过如下图所示的几个方面进行测试。

　　5）可靠性：系统、产品或组件在指定条件下、指定时间内执行指定功能的程度。其子特性如下所示：

- 成熟性：系统、产品或组件在正常运行时满足可靠性要求的程度。
- 可用性：系统、产品或组件在需要使用时能够进行操作和访问的程度。
- 容错性：尽管存在硬件或软件故障，系统、产品或组件的运行符合预期的程度。
- 易恢复性：在发生中断或失效时，产品或系统能够恢复直接受影响的数据并重建期望的系统状态的程度。
- 可靠性的依从性：产品或系统遵循与可靠性相关的标准、约定或法规以及类似规定的程度。

对可靠性的测试可以从其子特性开展：

- 成熟性测试：目标是评估系统、产品或组件在正常运行时满足可靠性要求的程度。根据需求规格说明书或者产品说明中描述的产品或系统的运行环境，在一定时间内，测试功能列表中的每个功能点，依据测试结果，确定测试到的故障数、缺陷的严重程度、判断系统的完整性级别等。可以通过以下方面进行评价：

a．故障密度：故障密度=检测到的故障数目/产品规模。
b．故障修复率：故障修复率=修复的可靠性相关故障数/检测到的可靠性相关的故障数。
c．平均失效间隔时间（MTBF）：平均失效间隔时间=运行时间/该时间段内实际发生失效的次数。
d．周期失效率：周期失效率=在观察时间内检测到的失效数量/观察持续周期数。
- 可用性测试：目标是评估系统、产品或组件需要使用时能够进行操作和访问的程度。可以通过以下方面进行测试：
a．系统可用性：可定义为在计划的系统运行时间内，系统实际可用时间的比例。
b．平均宕机时间：可定义为失效发生时，系统不可用的时间。
- 容错性测试：目标是评估当存在硬件或者软件故障时，系统、产品或软件的运行符合预期的程度。可以通过以下方面进行测试：
a．避免失效率：可以定义为系统或软件能控制多少种故障模式（以测试用例为单位）以避免关键或严重的失效。
b．组件的冗余度：指为避免系统失效而安装冗余组件的比例。
- 易恢复性测试：目标是评估发生中断或失效时，产品或系统能够恢复直接受影响的数据并重建期望的系统状态的程度。在出现中断或者失效的情况下，系统应提供完整、易于理解的提示信息，用户能够按照指示的处理方法和操作步骤，重新恢复正常的运行，并恢复受影响的数据。通过数据备份，可以最大限度降低损失。可以通过以下方面进行测试和评价：
a．平均恢复时间：可以定义为软件/系统从失效中恢复所需要的时间。用数学方法可以表示为

$$X = \sum_{i=1}^{n} A_i / n$$

其中，A_i 是指由于第 i 次失效而重新启动，并恢复宕机的软件/系统所花费的总时间；n 是指发生失效的次数。

b．数据备份完整性：测试系统的数据项是否能完整地定期进行备份。
c．数据恢复能力：查看需求文档、设计文档、操作手册等用户文档集中陈述的数据恢复的方式，对用户文档集中陈述的数据恢复的方式进行验证。

6）信息安全性：产品或系统保护信息和数据的程度，以使用户、其他产品或系统具有与其授权类型和授权级别一致的数据访问度。其子特性如下：
- 保密性：产品或系统确保数据只有在被授权时才能被访问的程度。
- 完整性：系统、产品或组件防止未授权访问、篡改计算机程序或数据的程度。
- 抗抵赖性：活动或事件发生后可以被证实且不可被否认的程度。
- 可核查性：实体的活动可以被唯一地追溯到该实体的程度。
- 真实性：对象或资源的身份标识能够被证实符合其声明的程度。
- 信息安全性的依从性：产品或系统遵循与信息安全性相关的标准、约定或法规以及类似规定的程度。

对信息安全性的测试可以从六个子特性开展：

- 保密性测试：目标是评估产品或系统确保数据只有在被授权时才能被访问的程度。系统应防止未得到授权的人或系统访问相关的信息或数据，保证得到授权的人或系统能正常访问相关的信息或数据。可通过以下方面进行测试：

a．访问控制性：检查是否启用访问控制功能，依据安全策略和用户角色设置访问控制矩阵，控制用户对信息或数据的访问。应用系统用户权限应遵循"最小权限原则"，授予账户承担任务所需的最小权限，同时要求不同账号之间形成相互制约的关系。

b．数据加密正确性：指按照需求规格说明书或者产品说明中的要求，实现数据项加/解密的正确程度。为了保证数据在传输过程中不被窃听，须对通信过程中的整个报文或会话过程进行加密，可通过采用 3DES、AES 和 IDEA 等加密算法进行加密处理。此外，还应保证敏感信息存储的安全性。

- 完整性测试：目标是评估系统、产品或组件防止未授权访问、篡改计算机程序或数据的程度。系统应防止非授权访问导致数据破坏或被篡改，保证数据在存储和传输过程的完整性，保证事务的原子性，避免因为操作中断或回滚造成数据不一致，完整性被破坏，可以通过数据完整性进行测试。数据完整性是指系统防止因未授权访问而造成的数据破坏或篡改的程度。为防止数据在传输和存储过程中被破坏或篡改，一般会采用增加校验位、循环冗余校验（CRC）的方式，或者采用各种散列运算和数字签名等方式实现通信过程中的数据完整性。

- 抗抵赖性测试：目标是评估活动或事件发生后可以被证实且不可被否认的程度。测试的内容包括：系统日志不能被任何人修改或删除，形成完整的证据链，并且能够使用数字签名处理事务等。在实际操作中，可以通过启动安全审计功能，对活动或事件进行跟踪，由于审计日志不可被修改或删除，因此可以当作抗抵赖的证据。此外数字签名也是经常使用的手段，对事务进行数字签名，可为数据原发者或接受者提供数据原发和接收证据。

- 可核查性测试：目标是评估实体的活动可以被唯一地追溯到该实体的程度。测试的内容包括：查看系统是否对所有用户的重要事件进行安全审计，安全审计日志记录的覆盖程度，审计记录避免受到未预期的删除、修改或覆盖等。可以通过以下方面进行测试：

a．用户审计跟踪的完整性：评估对用户访问系统或数据的审计跟踪的完整程度。

b．系统日志存储：评估系统日志存储在稳定存储器中的时间占所需存储时间的比例。在测试时对系统日志实际存储在稳定存储器中的时间进行测量，并与要求系统日志存储在稳定存储器中的时间进行比较。稳定存储器能保证任何写操作的原子性，例如通过 RAID 技术在不同磁盘上镜像数据实现稳定的存储功能。与抗抵赖性不同，可核查性考察的重点是追溯实体的程度。

- 真实性测试：目标是评估对象或资源的身份标识能够被证实符合其声明的程度。测试内容包括：系统是否提供专用的登录控制模块对登录用户进行身份标识和鉴别、身份鉴别信息不会轻易被冒用、应用系统中不存在重复用户身份标识等。可以通过以下方面进行测试和评价：

a．鉴别机制的充分性：系统提供的鉴别机制的数量是否满足规定的鉴别技术数量。系统应具备登录控制功能，对登录用户的身份进行标识和鉴别；用户的身份鉴别信息不易被冒用，且不能存在重复的用户身份标识。

b．鉴别规则符合性：系统的鉴别规则应与需求规格说明书或产品说明中规定的鉴别规则一致。若采用用户名和密码的方式鉴别用户身份，用户密码应具备一定的复杂度。

7）维护性：产品或系统能够被预期的维护人员修改的有效性和效率的程度。其子特性如下：

- 模块化：由多个独立组件组成的系统或计算机程序，其中一个组件的变更对其他组件的影响最小的程度。
- 可重用性：资产能够被用于多个系统，或其他资产建设的程度。
- 易分析性：可以评估预期变更对产品或系统的影响、诊断产品的缺陷或失效原因、识别待修改部分的有效性和效率的程度。
- 易修改性：产品或系统可以被有效地、有效率地修改，且不会引入缺陷或降低现有产品质量的程度。
- 易测试性：能够为系统、产品或组件建立测试准则，并通过测试执行来确定测试准则是否被满足的有效性和效率的程度。
- 维护性的依从性：产品或系统遵循与维护性相关的标准、约定或法规以及类似规定的程度。

对维护性的测试可以从以下几个子特性开展：

- 模块化测试：目标是评估由多个独立组件组成的系统或计算机程序，其中一个组件的变更对其他组件的影响大小的程度。模块化是好的软件设计的一个基本准则，在测试时可以通过组件间的耦合度来衡量系统模块化程度。
- 可重用性测试：目标是评估资产能够被用于多个系统或其他资产建设的程度。在软件工程中，重用可以减少维护的时间并降低维护成本。可以通过以下方面进行测试：

a．资产的可重用性：软件开发的全生存周期都有可以重用的价值，包括项目计划、架构设计、需求规格说明、源代码、用户文档、测试策略和测试用例等都是可以被重复利用的。

b．编码规则符合性：系统或软件的源代码应符合所要求的编码规则。特定系统的编码规则可包含有助于可重用、可追踪和简洁性的规则。

- 易分析性测试：目标是评估预期的变更，对产品或系统的影响、诊断产品的缺陷或失效原因、识别待修改部分的有效性和效率的程度。测试内容可包括根据需求文档、设计文档、操作手册等用户文档集，从识别软件名称和版本号、软件运行过程中的异常、失效时有明显的提示信息、对诊断功能的支持、状态监视的能力等方面进行验证。可以通过以下方面进行测试：

a．日志完整性：日志记录系统的运行状况。

b．诊断功能有效性：运行过程中出现异常时，系统或软件应给出相应的提示信息，提示信息的内容应当易于理解。

- 易修改性测试：目标是评价产品或系统可以被有效地、有效率地修改，且不会引入缺陷或降低现有产品质量的程度。可以通过如下图所示的几个方面进行测试。

扩充系统应用	软件版本更新方式	软件版本更新时的数据操作
系统参数配置	用户权限配置	

- 易测试性测试的目标是评估能够为系统、产品或组件建立测试准则，并通过测试执行来确定测试准则被满足的有效性和效率的程度。

可以通过以下方式进行测试：

a．查看需求文档、设计文档、操作手册等用户文档集中描述的功能项是否易于选择检测点编写测试用例。

b．软件的功能或配置被修改后，验证是否可对修改之处进行测试。

8）可移植性：系统、产品或组件能够从一种硬件、软件或者其他运行（或使用）环境迁移到另一种环境的有效性和效率的程度。其子特性如下：

- 适应性：产品或系统能够有效地、有效率地适应不同的或演变的硬件、软件或者其他运行（或使用）环境的程度。
- 易安装性：在指定环境中，产品或系统能够成功地安装和/或卸载的有效性和效率的程度。
- 易替换性：在相同的环境中，产品能够替换另一个相同用途的指定软件产品的程度。
- 可移植性的依从性：产品或系统遵循与可移植性相关的标准、约定或法规以及类似规定的程度。

对可移植性测试可以从以下几个子特性开展：

- 适应性测试：目标是评估产品或系统能够有效地、有效率地适应不同的或演变的硬件、软件或者其他运行（或使用）环境的程度。可以通过以下方面进行测试：

a．硬件环境的适应性：包括对于产品说明中指定的每一种硬件环境，软件均能成功安装和正确运行，包括但不限于：对系统中主要硬件部件进行测试、软件运行的最低配置和推荐配置要求、针对辅助设备的适应性验证、针对板卡及配件的适应性验证。

b．系统软件环境的适应性：包括对于产品说明中指定的每一种软件环境均能成功安装和正确运行，包括但不限于：操作环境的适应性、数据库的适应性、浏览器的适应性、支撑软件的适应性。

- 易安装性测试的目标是评价在指定环境中，产品或系统能够成功地安装和/或卸载的有效性和效率的程度。可以通过以下方面进行测试：

a．软件安装：检查产品说明、安装手册等，看是否陈述安装环境、安装过程的详细步骤，是否对需要注意的事项以及手动选择的配置和参数进行详细说明。按照安装文档中说明的每一种安装方式和安装选项要素进行软件安装测试，包括软件的安装方式、路径、用户名、数据库等。若应用程序不需要安装，该项不适用。

b．软件卸载：检查产品说明中是否指明软件卸载方法，例如采用卸载向导进行自动卸载或从控制面板中的添加/删除中进行卸载或直接删除对应的文件夹。按照产品说明中的卸载方法进行软件卸载测试，验证软件卸载是否完全，不能完全卸载时是否具有提示信息。若应用程序不需要安装，该项不适用。

- 易替换性测试：目标是评价在相同的环境中，产品能够替换另一个相同用途的指定软件产品的程度。测试内容包括但不限于测试安装文档中规定的每一种重新安装是否能被覆盖，包括覆盖安装、升级安装、卸载后重新安装等，在所描述的情况下，应能够成功重新安装软件。

依从性测试用于评估产品或系统遵循与功能性、性能效率、易用性、可靠性、信息安全性、维护性、兼容性、可移植性等八个质量特性有关的标准、约定和法规以及类似规定的程度。

标准符合性测试是测量产品的功能和性能指标，与相关国家标准或行业标准所规定的功能和性能等指标之间符合程度的测试活动。它区别于一般的测试，标准符合性测试的测试依据和测试规程一定是国家标准或行业标准，而不是实验室自定义的或其他的有关文件。下面介绍标准符合性测试与评价的过程。

1）先决条件：在标准符合性测试前需要获得以下资源：
- 待测试软件产品。
- 用户文档集中包含的所有文档。
- 产品说明中所标识出的所有需求文档。
- 软件产品宣称符合的标准。

2）评价活动的内容如下图所示。

3）评价过程如下：
- 对软件产品及其产品说明和用户文档集实施符合性评价，如下图所示。

- 记录评价报告：将评价结果记录在符合性评价报告中。

4）评价报告：符合性评价报告应包含以下内容：
- 符合性评价报告唯一标识。
- 软件产品标识。
- 实施符合性评价的组织标识。
- 符合性报告日期。

- 执行评价的人员姓名。
- 评价完成日期以及测试完成日期。
- 用于进行测试的计算机系统。
- 使用的文档及其标识。
- 符合性评价活动汇总以及测试活动汇总。
- 符合性评价结果汇总以及测试结果汇总。
- 当评价过程中存在不符合项时,应在符合项清单中单独列出不符合要求的项。
- 效果声明。
- 复制声明。

5)后续的符合性评价:在针对同一个软件产品进行再次符合性评价时,需要考虑之前的符合性评价,并在评价前检查本次被评价产品与前次被评价产品的差异,主要包括如下图所示的 2 项。

13.3 基于风险的测试

风险是当前未发生而未来有可能会发生并造成一定负面影响的事件。软件测试是通过各种测试活动来发现软件或服务中是否存在引起风险的缺陷,并反馈风险信息给开发团队,由开发团队修复缺陷从而降低风险的活动。

13.3.1 基于风险的测试概述

(1)测试计划内容的核心是解决以下 4 个问题:

1)测什么:从风险出发,需要明确地列举出要测试哪些具体的功能和非功能的质量特性,这些也被称为测试范围。

2)如何测:测试范围明确后,应用测试基础知识、原则和设计技术,结合非功能质量特性的风险情况,设计和安排测试阶段,结合测试类型等内容形成测试策略。

3)什么时候测:结合风险缓解措施和软件开发的生存周期安排测试活动。将测试范围内容、测试策略的内容进一步分解为具体的测试任务。然后通过甘特图等项目管理工具将详细的计划安排落实。

4)谁来测:根据不同的测试阶段、测试类型、技术特长等要素确定测试团队。

(2)基于风险的测试计划制定的步骤如下图所示。

软件测试基础知识 第 13 章

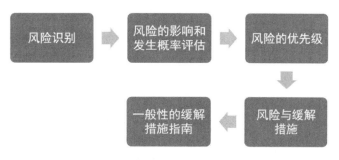

1）分析阶段：识别风险，将风险进一步分解，确定优先级，排序。然后通过质量特性为桥梁，将仅与业务相关的风险与软件的特性联系起来。通过质量特性的分解和联系，方便后续步骤中设计测试策略。

2）选项、估算、平衡阶段：此阶段实际上是一个循环改进的过程。对测试阶段进行合理安排，确定每个测试阶段对应的测试范围和测试类型、设计技术和测试执行方法。以上所有内容形成一个整体测试策略，需要结合团队的情况、资源情况和时间安排等内容，落实测试策略。

3）形成决策阶段：此阶段通常是与各个利益相关方进行沟通，形成决策。从最重要的利益相关方开始沟通，比如能决定测试预算和人员的利益相关方。

（3）基于风险的测试的应用领域：基于风险的测试目前通常用于商业产品、非安全攸关的产品或服务。随着对风险认识的成熟和业界共识的逐步形成，越来越多的安全攸关的产品或服务也开始采用此做法来避免测试不足和过度测试。

13.3.2 风险分析和缓解措施设计

风险分析和缓解措施设计的过程如下图所示。

（1）风险识别：这是基于风险的测试的起始点，后续所有的分析和决策都依赖于此项工作的成果。风险识别极大地依赖于人们对产品、业务、相关产业生态，乃至社会和文化等方面的理解和认识。目前并没有一个确定机械化的算法来保证找出所有的风险。通常的做法是通过专家访谈、头脑风暴和采用风险框架或检查表来尽量保证识别完整的风险和客观地评估其优先级。

1）专家访谈：可以得出基础的风险列表或者对已有的风险列表进行补充。

2）头脑风暴：可以邀请主要的利益相关者参与，花费两个小时左右的时间列举出关键利益相关者关心的风险。

3）风险框架或检查表：能提供风险识别的历史经验和尽量完整、全局的视角。

在项目实践中，测试经理或负责人将上述三种做法组合起来运用，结合组织特点选择合适的方式，达到获取尽量完整的风险列表并客观对风险做出评估的目的。由于访谈技巧和头脑风暴技巧与软件测试关联较小，一般会给出一般性的、通用性强的风险框架和检查表。风险识别除了以上描述的方法以外，还可以从以下来源获取风险：

1）各种规格说明。

2）实现的细节。

3）销售、市场资料。

4）竞争对手的研究。

5）独立评估机构。

6）过去历史项目。

7）个人的历史经验。

通常测试经理需要综合运用上述的风险识别框架和检查表，力图尽量全面地识别风险。在此阶段多花些精力能大大减少后续返工，甚至是风险出现时造成的经济损失。要特别注意的是，风险的识别同软件测试一样，也是不可穷尽的，应避免将测试活动阻塞在无穷尽的风险识别上。可通过固定工期的做法，固定安排风险识别的工作时间来识别风险。

（2）风险的影响和发生概率评估：风险是可能发生的负面影响的事件。由此概念可见其包含如下所示的两个基本要素。

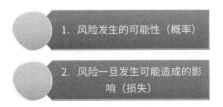

风险发生的精确概率是不可知的，但通过观察被测试对象发生失效的概率，可以推测产品在上市后可能出问题的概率，并且测试越充分，从测试中了解到的失效概率越接近产品风险发生的真实概率。因此，以软件测试作为度量软件产品质量的手段，简而言之就是通过执行测试，获取相关数据，再经过计算得到软件产品正确运行的概率或发生失效的概率。由于测试团队不负责修复缺陷，其本质是识别风险的发生可能性，而真正在产品中降低风险的是开发团队对缺陷的修复。所以随着"开发、测试、修复缺陷"这样的循环，产品中风险发生的概率得到了降低。

在实际项目中，要区分风险是否与软件质量相关是相当有挑战性的，通常依赖于对业务领域的了解来做出判断。有一种实践的方法是对某个特定的风险，思考其是否有除了软件开发/测试以外的其他的缓解措施。如果非软件手段的缓解措施能完全缓解风险，则这样的风险可以认为是"非软件质量相关的风险"。理论上，对于确定的期望由软件测试活动来对应处理的风险列表，应该结合软件的细节功能逐个进行发生概率和影响的估算。然而在实践中，这样的分析成本相当高，并且估算的准确程度可能非常低，低到对测试计划的构建没有帮助。所以，通常实践中将风险归类或者在分解结构中取适中的粒度来把握风险的概率和影响。

对上市后产品中允许的残留风险发生概率的估计，其实就是设置产品的质量目标。通常很多企业组织在组织的质量政策中会有相关的规定。对于没有相关规定的组织或项目，则可以采用以下两种做法：

- 与利益相关方沟通，参考竞品来获取对产品质量的总体期望。然后以此期望作为底线，对产品的关键功能，适当做一定程度的提高；对产品的次要功能，直接采用该期望；而对无关紧要的功能，适当降低期望。
- 对于全新的产品或无法从利益相关方处获取信息的，则可以由测试经理从自身的经验出发，或组织测试团队进行头脑风暴，或对产品的使用场景进行列举，并推算使用场景中出现失效的受容忍的程度。

最终分解和确定到每个风险上的允许残留发生概率应与利益相关方沟通并获得认可。

（3）风险的优先级：如果风险发生的概率确定，则风险造成的负面影响越大，一旦发生所造成的损失也越大，也应该优先处理。所以风险优先级（R）、发生概率（P）和影响（I）的关系，可以初步总结为以下公式：$R=P \times I$。然而，测试活动解决的是当前的开发测试活动中造到风险的概率（C）与期望产品上市后发生风险的可能性（P）之间的差距。所以对于软件测试计划，其要对应的风险的优先级，应该修正为如下公式：$R=(C-P) \times I$。

（4）风险与缓解措施如下图所示。

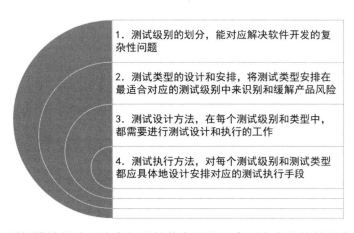

（5）一般性的缓解措施指南：绝大部分软件产品是一个历史产品线的沿袭，系统的整体架构、模块和功能基本与历史产品线相同。变化的是少量的非核心新功能和底层硬件的升级换代。

1）可能的测试级别的划分如下：

- 对于没有代码变更的已有软件模块，无需进行单元测试。
- 根据单元测试最终的情况考虑是否安排一轮在模拟器环境中执行的预集成测试，包括新功能的所有集成测试和回归测试。
- 对新添加的功能进行集成测试。
- 在系统测试级别，对所有功能进行完整的三轮回归测试。

2) 设计风险缓解措施的步骤如下：
- 安排测试级别来对应软件系统的复杂度风险。
- 根据各个测试级别的特点和资源情况安排，通过特定的测试类型在本级别内对应特定的质量特性风险。
- 在安排测试类型后，考虑采用哪些测试设计方法设计测试用例。
- 根据与被测试对象的交互方式可能的测试环境、测试工具的情况来设计测试执行的方法。

3) 基于风险的原则如下：
- 由风险导出相关质量特性，而非单纯考虑质量特性，避免扩大某些不必要的质量特性的测试，忽略应覆盖到的质量特性测试。
- 由质量特性得到测试类型，避免安排无意义的测试活动来进行某些特定目标的测试。
- 根据测试类型考虑测试设计方法，更有针对性。
- 根据测试类型和测试级别设计测试执行的方法，而非相反。避免只安排那些能测试的测试类型。应根据需要去设计开发测试环境和测试工具。

13.3.3 测试级别与测试实施

测试级别与测试实施过程如下图所示。

单元测试设计与实施 → 集成测试设计与实施 → 系统测试设计与实施 → 验收测试设计与实施

（1）单元测试设计与实施：在单元测试级别，设计测试用例的依据是模块、组件、函数等单元的详细设计书或代码。一般安排测试设计方法的参考规则如下：
- 对单元的明确功能，根据具体特性选择基于规格说明的测试设计技术。
- 对于单元输入的各项参数可以采用等价类划分、边界值、组合测试技术。
- 对于有着明确的状态和转移定义的模块，应该采用状态转移测试进行覆盖。
- 对于有着明确逻辑判定规格要求的，应采用判定表技术。
- 通过代码覆盖度量工具可对执行以上测试用例时达到的白盒测试覆盖进行度量。对于未能达到覆盖目标的部分代码，通过基于结构的测试设计技术来补充测试用例进行覆盖。

- 一般对生命攸关系统中关键模块、核心算法模块，有法规或行业标准要求必须达成某种代码覆盖。

（2）集成测试设计与实施：集成测试的测试设计方法为"灰盒"测试设计，其具体的做法是综合运用基于规格说明的测试设计技术和基于结构的测试设计技术来设计测试用例。

1）通常的测试设计技术的参考规则如下：
- 以场景测试为主要测试设计技术。
- 为了在场景中找出异常或极端的情况，可对通信消息的内容参数或调用的接口参数及返回值，应用等价类和边界值方法。
- 对于通过异步通信来进行的模块间交互协同，还应考虑异步通信带来的固有风险：消息丢失、重复、内容错误、超时、响应延迟与请求的重发、消息流程的交叉。
- 对于有状态转移的模块间交互协同，可采用状态转移测试，测试多个状态机间同步的情况。还可以应用基于结构的测试设计技术，如语句测试、分支测试等。

2）集成测试工具应具备以下功能：
- 获取模块间调用的信息。
- 根据测试要求匹配模块间调用（响应）。
- 根据测试要求修改模块间调用（响应），包括修改调用的方法和参数内容。
- 根据测试要求重复模块间调用（响应）。
- 根据测试要求丢弃模块间调用（响应）。
- 根据测试要求延迟发送模块间调用（响应）。

（3）系统测试设计与实施：系统测试中主要应用基于规格说明的各种测试技术。通常系统测试采用手工测试和自动化测试相结合的方式来实施，由测试人员根据测试用例和用户手册等资料，对系统进行输入，观察其输出等外部行为。目前，越来越多的系统测试引入了自动化测试。持续集成（CI）工具在系统测试引入自动化测试技术以后也能得到应用，能够定期触发自动化的系统测试。

（4）验收测试设计与实施：验收测试的实施通常以手工测试为主。验收测试的测试用例一般有两个来源：
- 从系统测试用例中随机抽取一些基本使用场景。
- 从用户实际使用的场景出发，采用场景法来设计测试用例。验收测试的测试用例与其他测试级别的不同之处在于，验收测试更关注软件系统的功能在用户真实的使用场景中是否能提供用户所需要的价值，以及能否有更优化的用法或需求来更好地满足客户的需求。

13.3.4　测试估算

目前主要有 3 种测试估算的方法，如下图所示。

> （1）宽带德尔斐(Delphi)法，又称为专家法
>
> （2）基于历史数据法
>
> （3）根据测试级别、测试类型和测试技术进行测试估算

（1）宽带德尔斐（Delphi）法，又称为专家法：宽带德尔斐法的基本方法是召集多位产品领域、开发领域和测试领域的专家，最好能包含产品的利益相关方，各自独立地对识别的风险和风险缓解措施进行头脑风暴式的估算。或通过访谈，收集专家和有经验的工程师的经验和看法。逐项列举每种测试措施和技术所需要的人力和工期。

（2）基于历史数据法：当软件产品在组织内有过类似的经验时，可参考过去项目的历史经验，比如一系列产品线中的某个特定产品的测试。采用这个方法的前提是组织内对软件项目有完整的度量数据收集方法。如果在面对新的产品或项目时，没有历史数据可以借鉴，则可以选取计划中若干典型的测试活动，从中划分很小的一部分测试内容作为工作任务，比如大致在一个人天内能够完成的工作量。然后，在测试团队内安排若干名平均水平的工程师来完成这项任务，在完成工作期间，收集工作效率、返工次数等度量数据，将收集到的数据作为基础来进行测试估算。

（3）根据测试级别、测试类型和测试技术进行测试估算：此方法最为精确但也最为烦琐，在前文所述的测试计划制订过程中，已经分析得到了风险、对应的质量特性、测试阶段、测试类型、测试设计技术和测试执行方法。并且，风险的优先级中包含了各个风险对应的测试用例占整个测试集合的比例。可以从功能和风险对应的测试类型和测试设计技术出发，逐个地根据功能和测试设计技术来估算可能的测试用例数量。然后根据测试用例数量可以估计出测试设计和测试执行一轮的工时。

在实践项目中，有时仅仅考虑一组选项是不够的。测试经理往往需要对产品风险设置若干种残留风险的水平，然后设计对应的缓解措施。设立多个不同的质量目标，降低风险到不同的水平，采用不同的测试技术，不同的执行环境和方法，形成多个候选选项。测试负责人与利益相关方（主要是出资人或预算负责人）进行沟通、谈判，最终确定要实施的测试和相应的预算。

13.4 软件测试新技术的应用

本节内容将从移动应用软件测试、物联网软件系统测试、大数据系统测试、可信软件验证、人工智能测试五个方面介绍面向不同领域的新的测试技术。

13.4.1 移动应用软件

（1）移动应用软件常见的操作系统如下图所示。

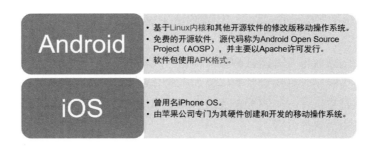

（2）移动应用软件的主要特点如下图所示：

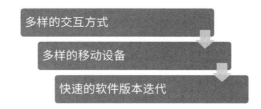

1）多样的交互方式：由于移动应用软件运行于移动设备之上，交互方式和环境多样复杂。

2）多样的移动设备：在同一个时期，市场上往往同时存在运行着不同系统版本的移动设备。同时由于第三方厂商也会根据自身硬件定制和修改 Android 系统，设备多样性问题更加突出。

3）快速的软件版本迭代：为了提高市场竞争力，适应用户和市场需求，移动应用软件的新版本迭代速度明显快于桌面软件。

（3）移动应用软件测试的手段如下：

1）人工测试仍然是开发人员和测试人员使用最普遍的测试方法。

2）脚本编程测试是业界广泛使用的替代方案，脚本编程测试的主要方法有两类：

- 测试脚本编程技术：利用测试脚本编程框架和接口编写测试脚本，然后交由测试框架实施自动测试执行和功能检查。
- 测试脚本录制技术：利用录制回放工具自动化记录和执行测试脚本。

（4）移动应用软件测试遇到的挑战如下图所示。

1）脚本编程测试的局限性。

- 最突出的问题是由于应用软件的用户界面经常发生变化，经常出现脚本无法顺利执行的情况。而维护此类基于用户界面的测试脚本的成本很高,因此测试人员更倾向于使用手工测试方法。
- 测试脚本录制回放工具为测试脚本自动化生成提供了极大的方便,但是通过录制生成的测试脚本受限于录制时移动设备的屏幕大小和分辨率,在没有任何修改适配的情况下,生成的脚本很难直接运行于不同屏幕大小的其他移动设备上,而这一点恰恰是自动化测试框架技术可以轻松解决的问题。
- 脚本编程测试方法生成的测试脚本依赖开发或测试人员在适当位置插入测试语言用于检查软件功能正确性,因此仍然需要人工参与。

2)网络基础设施与架构的多样性。
- 现代的移动应用软件大部分需要联网操作,而网络在软件使用过程中可能会发生变化,比如可能会在 4G、3G 网络模式下自动切换。
- 用户在不同物理位置区域上,网络设施的稳定性也会不同,比如网络延时、网络掉包、网络服务中断等,这些情况都可能对移动应用的正常运行带来意想不到的影响。
- 如今移动应用架构越来越复杂,很多应用需要和后台服务器、其他联网设备、移动设备进行交互。面对复杂的架构设计,如何实施有效的测试方法也是需要探索和解决的问题。

3)移动设备多样性的挑战。在同一时期市场上存在许多不同系统版本、不同型号和屏幕大小以及不同厂商定制的移动设备。此类现象需要尽可能保证应用软件能够在大部分主流设备上平稳、正确运行。因此,移动应用软件的开发和测试人员在发布应用之前,至少需要在几类不同 Android 系统版本的各类型号的移动设备上实施测试,以保证其软件在最大限度下能够正确运行,尽可能减少移动应用兼容性错误。

(5)移动应用软件的测试如下:

1)功能测试:测试目标是验证移动应用的功能是否符合预期。主流测试方法如下:
- 手工测试方式。
- 自动化脚本测试方式。

代表测试框架和工具如下:
- 云测试平台 Testin。
- 脚本测试框架和工具:Robotium、Appium、Calabash 等。
- 测试脚本录制回放工具:Appetizer、Espresso、RERAN 等。

2)性能测试:测试目标是移动应用能提供流畅的用户体验,包括设备性能、服务器/API 性能、网络性能方面。主流测试方法(步骤)如下:
- 测试人员需要事先对待测应用的功能有充分的理解。
- 选择移动应用需要兼容的不同设备和系统版本。
- 构建测试脚本。
- 选择合适的性能监测工具进行测试。

代表性的测试工具如下:

- Android Profiler。
- 腾讯的 PerfDog、美团的 Hertz 等。

3）易用性测试：测试目标是在开发周期的早期识别出系统中的易用性错误，并可以避免产品出现故障。关注点有：

- 软件的有效性。
- 软件的使用效率。
- 软件内容的准确性。
- 用户界面的友好性。

主流测试方法如下：

- 实验室环境的易用性测试。
- 远程易用性测试。

代表性的测试工具和服务如下：

- 易用性测试一般在企业中通过招募部分软件用户实地完成，也可以通过一些第三方服务完成。
- 在易用性测试中的无障碍功能测试方面，谷歌公司开发了 Accessibility Scanner 扫描软件易用性缺陷，谷歌在 Espresso 工具中也提供了特定的脚本测试接口。

4）信息安全测试：测试目标是防止针对移动应用软件的欺诈攻击、病毒或恶意软件感染、尽早发现可能的安全漏洞、非必要的权限许可等。主流测试方法如下：

- 设计审查。
- 白盒代码安全性审查。
- 黑盒安全审计。

代表性的测试工具如下：

- 开源的安全性测试工具有 QARK、MobSF、AndroBugs 等。
- 商业工具：奇虎 360、Synopsys。

5）可移植性测试：测试目标是确保移动应用软件在不同的主流移动设备上能够正确安装、启动和卸载，以及能够正确、平稳地运行。主流测试方法如下：

- 人工测试和众包测试。
- 第三方自动化云测试服务。

代表性的测试工具如下：

- 国内主流的云测试平台包括 Testin、阿里巴巴的 MQC、百度的 MTC、腾讯的 WeTest、华为的 MobileAPPTest 等。
- 国外的有谷歌官方的 Firebase、亚马逊的 AWS Device Farm、微软的 Xamarin 等。

（6）网络测试：测试目标是模拟不同的网络环境和质量，检测应用软件的健壮性、易用性和稳定性。根据不同的测试目标，可以细分为：

1）弱网测试。
2）无网测试。

3）异常机制测试。

主流测试方法如下：

1）通过将移动设备连接到 PC 上进行网络测试。

2）在专有服务器上构建网络 Wi-Fi，移动设备连接该 Wi-Fi 进行网络测试。

代表性的测试工具如下：

1）在 PC 上实施网络测试时，可使用的工具有 Fiddler、Charles、NET-Simulator 等。

2）在专用服务器上构建网络 Wi-Fi 实施网络测试时，可使用的工具有 Facebook 的 ATC、腾讯的 Wetest-WiFi 和 QNET 等。

13.4.2　物联网

物联网简称 IoT，是指能够让所有的被独立寻址的普通的物理对象实现互联互通的网络，是一个在互联网、传统电信网等基础上的信息承载体。

（1）信息交互的基本特征如下图所示。

（2）物联网的安全架构如下图所示。

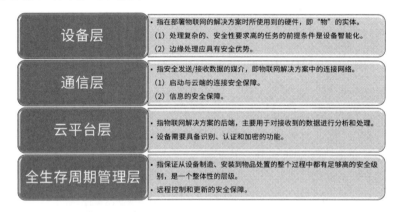

（3）物联网测试面临的挑战如下图所示。

1)软硬件协同网络挑战:物联网是一种结构性的网络,其中各种软硬件紧密耦合,不仅仅是软件的应用,传感器、通信网关等设备也发挥着重要的作用。

2)模块交互强连接挑战:由于物联网会涉及不同的软硬件组件之间的体系结构,测试必须接近各种实际的情况。当不同的模块之间进行强连接交互,相互融合时,安全性、兼容性等问题都是测试过程中会遇到的挑战。

3)实时数据测试挑战:因为监管测试和试点测试都具有强制性,所以得到实时的数据在测试过程中是非常困难的,测试人员获得监管点也是非常困难的,因此物联网测试过程中的实时数据测试对测试团队来说也是一大挑战。

4)网络可用性测试挑战:由于物联网中网络连接有着重要的作用。我们需要在不同的网络环境下进行测试,主要目标是在网络中更快地传输数据。这样我们就需要通过改变网络负载、连接和稳定性等网络可用性指标进行测试,而且网络是一个开放的环境,很难判断网络使用场景带来的复杂性。

(4)物联网的测试类型如下图所示。

1)可用性测试:物联网中设备众多,应用程序也多。测试人员需要对物联网设备及其应用程序的每一个功能、数据处理、消息传递等方面进行测试。另一方面,物联网还应时刻保持互联相通。建立设备的连接,数据的传输以及消息任务的传递都应该是流畅的。最关键的是不管什么时候都不应该有数据丢失。

2)安全测试:物联网是以数据为中心的,所有设备的连接和操作都基于可用的数据,当数据在设备之间进行交换时,数据就很容易在交换过程中被截取,所以在测试过程中就需要检查数据从一个设备传输到另一个设备时是否被保护或加密。除此之外,物联网的安全还包括非法访问之类的访问控制安全测试。

3)性能测试:物联网性能测试通过各种自动化的测试工具模拟各种正常的、异常的、峰值的条件对物联网应用的性能指标进行测试。性能测试包含了负载测试和压力测试等,或者两者结合进行。

4)兼容性测试:由于物联网系统的架构十分复杂,物联网兼容性测试的内容主要包括操作系统、浏览器、设备、通信模式等的各种版本。

5)监管测试:指物联网系统测试过程中需要通过多个监管合规的检查点。虽然有的产品通过了所有的测试步骤,但是在最终的合规性检查中却失败了,所以在测试周期刚开始时就需要满足监管的要求。

（5）物联网渗透测试技术：指为了发现系统最脆弱的环节，对目标系统的安全性做更深入地探测，通过模拟黑客可能使用的漏洞发现技术和真实的攻击技术进行测试。物联网渗透测试步骤如下：

1）威胁建模（固件、嵌入式网络、移动应用）。

2）漏洞利用（固件、嵌入式网络、移动应用）。

3）攻击技术（物联网设备、无线电）。

物联网渗透测试流程如下：

1）信息收集：通过探知物联网的感知层、网络层和应用层的相关信息进行信息收集。在感知层常见的扫描漏洞的工具有开源的 Nmap、Nessus 等。在网络层利用网络攻击工具（如 wirelessatck 套件、aircack 等）采集信息。在应用层收集关于操作系统类型、端口服务信息、访问控制类型、系统配置等漏洞信息。此外还会利用 DNSenum 和 Fierce 收集 DNS 信息，Harvester 可以收集邮件列表信息。

2）进行分析：对收集到的信息进行分类、组织、分析进而识别出目标的攻击路径，并且尝试获得目标的访问权限。

3）针对性开发：针对已经分析出来的可攻击路径模拟真实的攻击，常用的工具包括 Metasploit、W3af 等。

4）生成报告：一个成功的渗透测试能够发现漏洞，并提供日志报告，以便提高未来的物联网的安全性。

13.4.3　大数据

大数据是将包含结构化、非结构化甚至多结构化的海量数据进行整合，并通过对这些数据的分析来发现数据中隐藏的相关信息，进而优化业务和管理。

（1）大数据产品的四个特征如下图所示。

1）数据类型多样：数据不仅仅是文本形式，也有图片、视频、音频等多类型的数据。

2）数据体量巨大：大数据具有海量的数据规模。

3）处理速度高速：为了这些海量数据能够得到有效的处理，要求这些数据几乎能够被实时地接收和处理，才能满足大数据应用的需求。

4）价值密度低：因为数据大量地存在，可能有用的数据分散在其中。例如几个小时的视频，有可能有用的数据只有几秒钟。

（2）大数据测试面临的挑战如下图所示。

（3）大数据的测试类型如下图所示。

1）功能测试：前端应用测试能够为数据的验证提供便利。

2）性能测试：大数据的自动化，能够方便我们在不同的条件下测试目标应用的性能。

3）数据提取测试：通过测试性地提取数据，我们可以验证并确保所有的数据均能在大数据应用中被正确地提取和加载。

4）数据处理测试：在针对大数据的处理策略上，我们需要运用数据自动化工具，重点关注数据的获取与处理过程，通过比较输出文件和输入文件，来验证业务逻辑是否能够被正确地实现。

5）数据存储测试：借助大数据自动化测试工具，测试人员可以通过将输出数据与数据库中的数据进行比较，来验证输出数据是否已正确地被加载到了数据库中。

6）数据迁移测试：当应用程序被迁移到其他服务器，或发生任何技术变更时，我们都需要通过软件测试，来验证数据从旧的传统系统迁移到新系统的过程中，所经历的停机时间最少，而且不会造成任何数据丢失。

（4）大数据测试流程如下图所示。

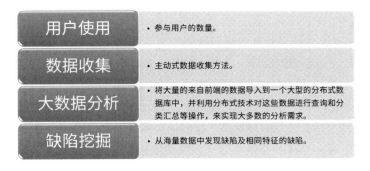

（5）常见的大数据测试工具如下图所示。

1）Hadoop：开源框架，可以存储大量各种类型的数据，具有分布式处理海量任务的能力。

2）HPCC：指高性能计算集群，是免费且完整的大数据应用解决方案。通过提供具有高度可扩展性的超级计算平台，不但能够提供高性能的架构，而且支持测试中的数据、管道以及系统的并发性。

3）Storm：免费的开源测试工具，支持对于非结构化数据集的实时处理，并且能够与任何编程语言相兼容。

4）Cloudera：是企业级技术部署的理想测试工具。作为一个开源的工具，它提供了免费的平台发行版，其中包括 Apache Hadoop、Apache Impala 和 Apache Spark。

5）Cassandra（卡珊德拉）：是一款免费的开源工具。凭借着高性能的分布式数据库，它可以处理商用服务器上的海量数据，因此常被业界许多大型公司用来进行大数据的测试。

13.4.4 可信软件

美国科学与技术委员会 NSTC 给出定义：一个系统是高可信的，即使在系统存在错误、环境存在故障或者系统遭到破坏性攻击的情况下，设计者、实现者和用户都能在极大程度上保证该系统不会失效或表现不好。美国国家研究委员会 NRC 给出定义：一个系统即使在运行环境发生崩溃、操作人员出现操作错误、系统遭到恶意攻击、系统存在设计和实现错误的情况下，也能够按照预期的方式运行，那么该系统是可信的。国家自然科学基金委给出定义：是指软件系统的动态行为及其结果总是符合人们预期，并在受到干扰时仍能提供连续服务的软件，这里的"干扰"包括操作错误、环境影响和外部攻击等。

（1）软件可信评估与传统的软件质量测量的区别如下：

1）软件在运行时可能会受到木马、病毒、窃听等外界的恶意攻击，传统的仅考虑自身系统质量的质量测量已难以适用，需要考虑软件实际运行时的使用质量。

2）传统的质量测量通常针对具体的质量属性，如正确性、容错性、易安装性等，较少考虑不同质量属性的综合。而可信性是软件系统的可用性、可靠性、安全性、正确性、可预测性等诸多属性在使用层面的综合反映，因此可信评估关注的是不同质量属性的综合。

3）传统软件质量测量的客观性较高，而可信评估则是主观与客观的结合。

（2）可信软件的验证技术主要有以下两种：

1）形式化建模与方法：形式化方法是基于数学的描述软件系统的行为的方法。它提供了一个框架，开发者在这个框架中通过一定技术实现软件行为的精确描述、开发和验证。形式化系统分析与验证分为以下几个步骤：

- 通过数据流描述、变量关系描述和软件体系结构描述等图形符号，从形式化需求模型中抽取不同形态的分析模型。
- 根据软件的特点划分为不同分析目标，为每个验证分析目标定义出相应技术。
- 针对建立的性质集合，采用模型检测的方法自动地发现漏洞与验证软件是否满足高安全可靠性需求。
- 自动生成测试用例，基于系统模型及需求自动生成关于软件实现的测试用例集，提高系统测试的效率和错误发现能力。
- 将形式化模型进行仿真。

2）主流的形式化验证技术如下图所示。

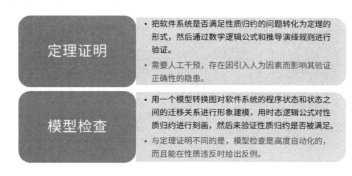

（3）可信软件的验证工具如下图所示。

1）Spin：是一款开源的形式化软件验证工具，用来分析和验证并发系统逻辑是否一致的辅助验证器，它主要是针对软件检测，而不是验证硬件是否能高效运行。

2）NuSMV：是在 SMV 的基础上开发的模型验证软件。NuSMV 是 SMV 的重新实现和扩展，是第一款基于 BDDs 的模型验证器。

3）Atelier-B：是一种用于描述、设计计算机软件的方法，支持在从抽象到具体的各个层面上对软件规范进行描述，覆盖了从规范说明到代码生成的整个软件开发周期。

13.4.5 人工智能

人工智能是一种思维和响应方式与人的方式相似的自动化计算技术。狭义的人工智能是指描述或完成具体的任务，例如棋牌对弈、语言翻译、自动驾驶、图像识别等；广义的人工智能是指能够完成多种工作,并能够根据推理在这些任务间切换。

(1) 人工智能在各行各业的应用如下图所示。

(2) 人工智能对软件测试技术的影响如下图所示。

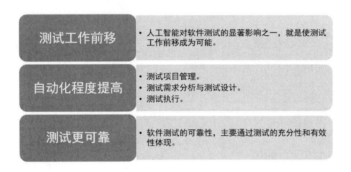

(3) 人工智能会取代测试人员吗?有关这个问题分析如下图所示。

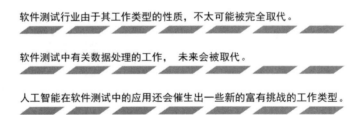

(4) 人工智能辅助测试技术如下图所示。

(1) 基于约束的技术
- 将被测程序或其模型,以及测试准则或测试目标转换为约束,然后通过约束消解器消解约束,最终获得测试用例。

(2) 启发式搜索算法
- 遗传算法、蚂蚁算法、模拟退火算法

13.5 章节练习题

1．软件评测师的主要工作就是对软件进行检查，并找出其错误。通过分析软件评测师的工作，以下不属于其职业特点的是（ ）。

　　A．缺陷的洞察力　　　　　　　　B．不需要具有任何编程经验
　　C．严谨、有责任心和做事稳重　　D．具有沟通能力

2．不论是哪个时期对软件测试的定义，软件测试的目的实际上是一致的，这个目的就是"保证软件质量"。以下不属于软件测试对象的是（ ）。

　　A．程序　　　　B．数据　　　　C．程序员　　　　D．文档

3．以下有关软件测试和软件质量保证的论述中，不正确的是（ ）。

　　A．软件质量保证是以保证各项质量管理工作实际地、有效地进行与完成为目的的活动体系
　　B．软件质量保证涉及的活动要宽泛得多，作为企业级的系统性的活动更加宏观，对各种具体的质量保证措施提供指导、监督和评价，并不断改善提高质量保证的能力
　　C．保证软件质量的措施和手段有很多，测试是其中一种
　　D．软件质量保证更多地表现为技术性活动，而软件测试则是管理性活动特征更明显

4．基于软件及软件测试的特点，在开展软件测试活动时，应当遵循如下的一些普遍性原则，其中（ ）规定应当避免开发工程师测试自己的程序。

　　A．溯源性原则　　B．工程性原则　　C．独立性原则　　D．合理性原则

5．软件测试的 V 模型对应于开发的瀑布模型，其中单元测试对应（ ）。

　　A．编码　　　　B．详细设计　　　　C．概要设计　　　　D．需求分析

6．（ ）是最小单位的测试活动，也称为模块测试。

　　A．验收测试　　B．集成测试　　C．单元测试　　D．系统测试

7．以下对常见的测试类型的描述中，不正确的是（ ）。

　　A．确认测试也称为有效性测试，主要由软件的开发方组织
　　B．静态测试通过运行软件，检查和审核代码，测试的对象包括需求文档、设计文档、产品规格说明书以及代码等
　　C．白盒测试也称为结构化测试、逻辑驱动测试或基于代码的测试，是指测试人员开展测试时完全清楚被测试程序的内部结构、语句及工作过程
　　D．可靠性测试是测试软件在指定条件下指定时间内执行指定功能的程度

8．基于规格说明的测试又称为"黑盒测试"或者"数据驱动测试"，以下选项中，（ ）不属于基于规格说明的测试技术。

　　A．等价类划分法　　B．分类树法　　C．组合测试　　D．探索性测试

9．在错误猜测法的 Seeding 模型估算法中，Hyman 在 Mills 提出的 Seeding 模型估算错误的基

础上对其进行了改进。设置 A、B 两组测试人员相互独立地对某个软件进行测试，假设 A 组人员和 B 组人员测得的错误数分别为 100 个和 80 个，两组测试人员共同测试出的错误数为 40 个，则软件错误数的估算值为（　　）个。

  A．40   B．100   C．200   D．140

10．以下有关探索性测试的叙述中，错误的是（　　）。

  A．探索性测试可以对被测对象进行全面性测试，测试结果易度量，能确保发现最重要的软件缺陷

  B．探索性测试可以作为脚本测试的一个重要补充，以检测出脚本测试不能检测到的缺陷

  C．在测试设计不充分的情况下，探索性测试可以基于之前类似的测试和结果进行测试

  D．依赖测试人员的领域知识和测试技术，探索性测试不容易协调及调整，导致测试效率低下，缺乏条理

11．自动化测试是把人为驱动的测试行为转化为机器执行的一种过程。按照测试目的可以划分为（　　）。

  A．Web 应用测试、安卓移动应用测试、iOS 移动应用测试、Linux 桌面应用测试和 Windows 桌面应用测试等

  B．单元自动化测试工具、集成自动化测试工具和系统自动化测试工具

  C．用户界面自动化测试工具、接口自动化测试工具

  D．功能自动化测试工具、性能自动化测试工具和信息安全自动化测试工具

12．以下有关自动化测试的叙述中，正确的是（　　）。

  A．自动化测试可以完成一切测试工作

  B．自动化测试能增进测试人员与开发人员之间的合作伙伴关系

  C．测试工具能实现百分之百的测试覆盖率

  D．自动化测试能发现大量的新缺陷

13．以下选项中，（　　）不是开展自动化测试的必要条件。

  A．具备足够的易测试性   B．软件需求变动较少

  C．项目周期较短   D．自动化测试脚本可重用

14．以下选项中，（　　）不是自动化测试使用的工具。

  A．UFT   B．Selenium   C．Appium   D．BugFree

15．在 GB/T 25000 系列标准中，使用质量主要从用户的角度进行考虑，根据使用软件的结果而不是软件自身的属性来进行测量，即用户使用产品或系统满足其需求的程度。（　　）不是使用质量模型的特性。

  A．有效性   B．效率   C．满意度   D．功能性

16．在 GB/T 25000 系列标准中，与从用户角度出发的使用质量不同，软件产品质量更多的是考虑软件产品或系统本身的质量特性。其中易用性的子特性不包括（　　）。

  A．可辨识性   B．成熟性   C．易学性   D．用户差错防御性

17. 以下对人工智能的认识中，不正确的是（　　）。
    A．人工智能普及后，将会完全取代测试人员的工作
    B．广义的人工智能是指能够完成多种工作，并能够根据推理在这些任务间切换
    C．狭义的人工智能是指描述或完成具体的任务
    D．人工智能是一种思维和响应方式与人的方式相似的自动化计算技术

18. 以下有关基于风险的测试的叙述中，不正确的是（　　）。
    A．风险是当前未发生而未来有可能会发生并造成一定负面影响的事件
    B．由风险导出相关质量特性，而非单纯考虑质量特性，避免扩大某些不必要的质量特性的测试，忽略应覆盖到的质量特性测试
    C．如果风险发生的概率确定，则风险造成的负面影响越大，一旦发生所造成的损失也越大，但是不用优先处理
    D．从风险出发，需要明确地列举出要测试哪些具体的功能和非功能的质量特性，这些也被称为测试范围

19. 以下有关移动应用软件测试的叙述中，不正确的是（　　）。
    A．人工测试仍然是开发人员和测试人员使用最普遍的测试方法
    B．移动应用软件具有多样的交互方式、多样的移动设备和快速的软件版本迭代等特点
    C．移动应用软件常见的操作系统包括 Android 和 iOS 等
    D．移动应用软件的测试不包括信息安全测试

20. 大数据是将包含结构化、非结构化甚至多结构化的海量数据进行整合，并通过对这些数据的分析来发现数据中隐藏的相关信息，进而优化业务和管理，其中（　　）不是大数据产品的特征。
    A．数据类型多样　　　　　　　　　B．价值密度高
    C．处理速度高速　　　　　　　　　D．数据体量巨大

13.6　练习题参考答案

1. **参考答案**：B

解析：软件评测师的主要工作就是对软件进行检查，并找出其错误。通过分析软件评测师的工作，可以总结出以下职业特点：
（1）缺陷的洞察力。
（2）耐心和执着。
（3）换位思考能力。
（4）具有沟通能力。
（5）具有技术能力。
（6）具有一定的编程经验。
（7）严谨、有责任心和做事稳重。

（8）善于自我总结和自我督促。

2．参考答案：C

解析：软件测试的对象是软件，包含程序、数据和文档，不包括程序员等具体的人员。

3．参考答案：D

解析：选项 D 说反了，软件测试更多地表现为技术性活动，而软件质量保证则是管理性活动特征更明显。

4．参考答案：C

解析：独立性原则：应当避免开发工程师测试自己的程序，自己测试自己的程序会受到定势思维和心理因素的影响，测试质量将大打折扣，企业应设立独立的测试工程师岗位或测试部门去承担测试工作。

5．参考答案：A

解析：在 V 模型中，测试活动对应于瀑布模型的每个工程阶段，即：

（1）单元测试对应编码。

（2）集成测试对应详细设计。

（3）系统测试对应概要设计。

（4）验收测试对应需求分析。

如下图所示。

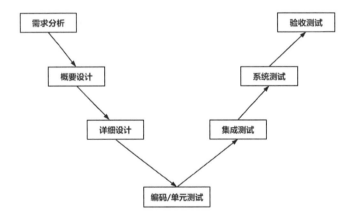

6．参考答案：C

解析：单元测试是最小单位的测试活动，也称为模块测试。单元测试是封闭在单元内部的测试，关注一个单元是否正确地实现了规定的功能、逻辑是否正确、输入输出是否正确，从而寻找模块内部存在的各种错误，单元测试使用的方法包括白盒测试、黑盒测试以及灰盒测试。因为单元测试只关心模块内部而不关心模块之间的问题，因此一个软件中的各个模块测试可以并行进行。

7．参考答案：B

解析：静态测试不运行软件，只做检查和审核，测试的对象包括需求文档、设计文档、产品规格说明书以及代码等。对各类文档的测试主要通过评审的方式进行，对代码的静态测试采用代码走查和代码审查方式。

8．**参考答案：D**

解析：探索性测试是基于经验的测试技术。

9．**参考答案：C**

解析：软件错误数的估算值为（100×80）/40=200。

10．**参考答案：A**

解析：探索性测试无法对被测对象进行全面性测试，测试结果一般不易度量，不能确保发现最重要的软件缺陷。

11．**参考答案：D**

解析：按照测试目的可划分为：功能自动化测试工具、性能自动化测试工具和信息安全自动化测试工具。

按测试工具所访问和控制的接口可划分为：用户界面自动化测试工具、接口自动化测试工具。

按测试工具所重点对应的测试阶段可划分为：单元自动化测试工具、集成自动化测试工具和系统自动化测试工具（通常系统级别自动化测试为用户界面自动化测试）。

按照测试对象所在操作系统平台可划分为：Web 应用测试、安卓移动应用测试、iOS 移动应用测试、Linux 桌面应用测试和 Windows 桌面应用测试等。

12．**参考答案：B**

解析：选项 A、C、D 都是对自动化测试不正确的认识。

选项 A：每种自动化测试工具都有它的应用范围和可用对象，所以不能认为一种自动化测试工具能够满足所有的测试需求。针对不同的测试目的和测试对象，应该选择合适的测试工具来进行测试，在很多情况下，需要利用多种测试工具才能完成测试工作。

选项 C：自动化测试可以增加测试覆盖的深度和广度，比如，利用白盒测试工具可能实现语句全覆盖、逻辑路径全覆盖等，但因为穷举测试必须使用所有可能的数据，包括有效的和无效的测试数据，所以在有限的资源下也不可能进行百分之百的彻底测试。

选项 D：发现更多的新缺陷应该是手工测试的主要目的，不能期望自动化测试去发现更多新缺陷，事实上自动化测试主要用于发现回归缺陷。

13．**参考答案：C**

解析：开展自动化测试的必要条件包括：

（1）具备足够的易测试性。

（2）软件需求变动较少。

（3）项目周期较长。

（4）自动化测试脚本可重用。

14．**参考答案：D**

解析：D 选项不是自动化测试工具，而是一个缺陷管理平台。

15．参考答案：D

解析：使用质量模型将使用质量属性划分为 5 个特性：有效性、效率、满意度、抗风险和周境覆盖。

16．参考答案：B

解析：成熟性是可靠性的子特性，具体见下图。

特性	子特性
功能性	功能完备性、功能正确性、功能适合性、功能性的依从性
性能效率	时间特性、资源利用性、容量、性能效率的依从性
兼容性	共存性、互操作性、兼容性的依从性
易用性	可辨识性、易学性、易操作性、用户差错防御性、用户界面舒适性、易访问性、易用性的依从性
可靠性	成熟性、可用性、容错性、易恢复性、可靠性的依从性
信息安全性	保密性、完整性、抗抵赖性、可核查性、真实性、信息安全性的依从性
维护性	模块化、可重用性、易分析性、易修改性、易测试性、维护性的依从性
可移植性	适应性、易安装性、易替换性、可移植性的依从性

产品质量模型

17．参考答案：A

解析：软件测试行业由于其工作类型的性质，测试人员的工作不太可能被人工智能技术完全取代。

18．参考答案：C

解析：如果风险发生的概率确定，则风险造成的负面影响越大，一旦发生所造成的损失也越大，也应该优先处理。

19．参考答案：D

解析：移动应用软件是一类以事件驱动为主要特点的软件，运行于各类移动设备之上，人机交互环境复杂，用户使用方式多样。因此，如何提高移动应用的软件质量一直是业界普遍关心的问题。在实践中，测试人员一般需要从多个方面对移动应用进行测试，从不同角度对软件质量进行评估，包括功能测试、性能测试、易用性测试、信息安全测试、可移植性测试和网络测试等。

20．参考答案：B

解析：大数据价值密度低，正是因为数据大量的存在，可能有用的数据分散在其中。例如一个小时的视频，有可能有用的数据只有几秒钟。

第14章 软件测试应用技术

（1）本章重点内容概述：测试过程和管理、基于规格说明的测试技术、基于结构的测试技术、分层架构软件测试、事件驱动软件测试、微内核软件测试、分布式软件测试、面向对象软件测试、Web应用软件测试、网络测试和文档测试等内容。

（2）考试形式：本章内容和上一章内容在第一场和第二场考试中都有涉及到，可以结合起来分析。在第一场考试中，历年考试分值基本在20分左右；在第二场考试中，历年考试分值基本固定为75分。本章涉及到的内容在考试中占比很高，需要花费较多时间重点掌握。

（3）本章学习要求：结合本章内容做好笔记，重复学习重点、难点和常考知识点，加强掌握程度，通过做章节作业及历年考试题目加深知识点的记忆，及时发现还未掌握的知识点，进行重点学习（已掌握的知识点要定期温习）。

14.1 测试过程和管理

测试过程模型将系统与软件生存周期中可能执行的测试活动分为组织级测试过程、测试管理过程、静态测试过程3个过程组，如下图所示。

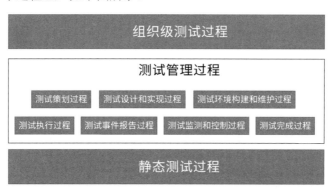

14.1.1 组织级测试过程

组织级测试过程定义用于开发和管理组织级测试规格说明的过程,例如组织级测试方针、组织级测试策略、过程、规程和其他资产的维护。这些规格说明通常不面向具体项目,而是适用于整个组织的测试,常见的组织级测试规格说明包括如下内容:

(1)组织级测试方针:是一个执行级文档,描述组织内的测试目的、目标和总体范围。

(2)组织级测试策略:是一个详细的技术性文档,它定义了如何在组织内执行测试。

组织级测试过程包含组织级测试规格说明的建立、评审和维护活动,还涵盖对组织依从性的监测,如下图所示。

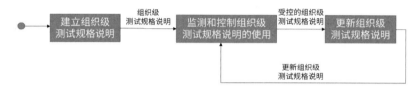

组织级测试过程的目的是制定、监测符合性并维护组织级测试规格说明,例如组织级测试方针和组织级测试策略。通过执行该过程,将产生组织级测试规格说明,如组织级测试方针、组织级测试策略等信息项。

14.1.2 测试管理过程

测试管理过程主要结合动态测试的通用过程,定义涵盖整个测试项目或任何测试阶段、测试类型的测试管理过程。动态测试可以在测试的特定阶段执行,或者用于测试项目中特定类型的测试。测试管理过程包含测试策划过程、测试设计和实现过程、测试环境构建和维护过程、测试执行过程、测试事件报告过程、测试监测和控制过程、测试完成过程7个子过程,具体如下图所示。

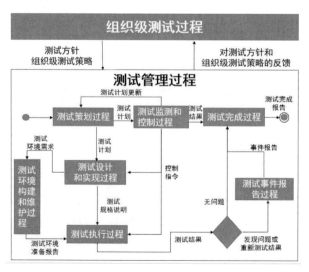

（1）测试策划过程：确定测试范围和方法，并与利益相关方达成共识，以便及早识别测试资源、测试环境以及其他要求。

（2）测试设计和实现过程：导出将在测试执行过程中所执行的测试规程。在该过程中，分析测试依据，组合生成特征集，导出测试条件、测试覆盖项、测试用例、测试规程，并汇集测试集。

（3）测试环境构建和维护过程：建立和维护所需的测试环境，并将其状态传达给所有利益相关方。

（4）测试执行过程：在准备好的测试环境中执行测试设计和实现过程中创建的测试规程，并记录结果。

（5）测试事件报告过程：向利益相关方报告需要通过测试执行确定进一步操作的事件。对于新的测试，这将需要创建一个事件报告。

（6）测试监测和控制过程：确定测试进度能否按照测试计划以及组织级测试规格说明进行。它还根据需要启动控制操作，并确定测试计划的必要更新。

（7）测试完成过程：提供有用的测试资产供以后使用，使测试环境保持在令人满意的状态，记录测试结果并将其传达给利益相关方。测试资产包括测试计划、测试用例说明、测试脚本、测试工具、测试数据和测试环境基础设施。

14.1.3 静态测试过程

静态测试是在不运行代码的情况下，通过一组质量准则或其他准则对测试项进行检查的测试，也常称为审查、走查或检查。静态测试既包括人工进行代码审查，也包括使用静态分析工具在不运行代码的前提下发现代码和文档中的缺陷。静态测试的目的是通过人工或工具进行代码走查、技术评审等活动，发现软件需求规格说明、软件设计说明、概要设计、详细设计、变更、软件用户手册等文档和源代码等工作产品中存在的问题。

（1）静态测试的输入如下：
1）包括需求规格说明、软件设计说明在内的产品说明文档。
2）包括用户使用手册、使用帮助在内的用户文档集。
3）软件源代码。

（2）静态测试的活动如下图所示。

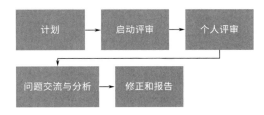

（3）静态测试的结果如下：
1）确定工作产品中的缺陷或问题。

2）工作产品评估的质量特征。

3）评审结论。

4）达成的一致意见。

5）工作产品需要进行的更新。

（4）通过执行静态测试过程，将产生以下信息项：

1）问题日志。

2）事件报告。

3）评审报告。

14.2 基于规格说明的测试技术

基于规格说明的测试的依据为软件需求规格说明，以及模型、用户需求等，把程序看作一个黑盒子，不考虑程序内部结构和内部特性，在程序接口进行测试，检查程序功能是否按照需求规格说明书的规定正常使用，程序是否能有效接收输入数据而产生正确的输出信息。相较于基于结构的测试来说，基于规格说明的测试更为注意软件的信息域。它注重于测试软件的功能性需求，使软件测试人员派生出执行程序所有功能需求的输入条件。运用基于规格说明的测试技术，可以导出满足以下标准的测试用例集：

（1）所设计的测试用例能够减少达到合理测试所需的附加测试用例数。

（2）所设计的测试用例能够告知某些类型错误的存在或不存在，而不是仅仅与特定测试相关的错误。

接下来介绍常见的基于规格说明的测试技术。

14.2.1 等价类划分法

等价类划分把程序的输入域划分成若干部分（子集），然后从每个部分中选取少数代表性的数据作为测试用例。等价类是指输入域的某个子集，在该子集中，各个输入数据对于接入程序中的错误都是等效的，并且我们还可以进一步合理假定：测试某个等价类的代表值就等于对这一类的其他值的测试。等价类又可以进一步划分为：

1）有效等价类：指对于程序的规格说明来说是合理的、有意义的输入数据构成的集合。

2）无效等价类：指那些对于程序的规格说明来说是不合理的或无意义的输入数据所构成的集合。

（1）等价类划分的原则。

1）在输入条件规定了取值范围或值的个数的情况下，可以确立一个有效等价类和两个无效等价类。例如要求输入为1～100之间的数，此时有效等价类就是符合1～100之间的取值，例如5；而无效等价类就是小于1和大于100两个范围的取值，例如-1和110。

2）在输入条件规定了输入值的集合或者规定了"必须如何"的条件的情况下，可以确立一个有效等价类和一个无效等价类。例如要求输入值必须在集合{1，2，3}中取值，无效等价类就是不在此集合中取值。

3）在输入条件是一个布尔量的情况下，可确定一个有效等价类和一个无效等价类。例如布尔量一个为真，一个为假。

4）在规定了输入数据的一组值（假定 n 个），并且程序要对每一个输入值分别处理的情况下，可确立 n 个有效等价类和一个无效等价类。此时和原则②要进行区分，因为该原则要求对每一个输入值分别处理，如果还是要求在{1，2，3}中取值，此时需要设计 3 个有效等价类，让输入的值分别取 1，2，3，然后再设计一个无效等价类，让取值不属于该集合中的任何一个。

5）在规定了输入数据必须遵守的规则的情况下，可确立一个有效等价类（符合规则）和若干个无效等价类（从不同角度违反规则）。例如要求输入最多保留 2 位小数的正浮点数，此时无效等价类可以分别从"非浮点数""大于 2 位小数的正浮点数"以及"非正浮点数"等不同角度考虑。

6）在确知已划分的等价类中，各元素在程序处理中的方式不同的情况下，则应再将该等价类进一步划分为更小的等价类。例如超市打折情况，在不同付款区间进行不同的打折促销活动，就可以进一步划分更小的等价类。

在确立了等价类后，可以建立等价类表，列出所有划分出的等价类。根据建立的等价类表，可以从划分出的等价类中按下图所示步骤确定测试用例。

> (1) 为每个等价类规定一个唯一的编号。

> (2) 设计一个新的测试用例，使其尽可能多地覆盖尚未覆盖的有效等价类。重复这一步，最后使得所有有效等价类均被测试用例所覆盖。

> (3) 设计一个新的测试用例，使其只覆盖一个无效等价类。重复这一步使所有无效等价类均被覆盖。

14.2.2 分类树法

分类树法将输入域分割成若干个独立的分类，每个分类再根据一定的准则再次划分类和子类，直到将整个输入域分割成一些不可再分的子类的组合为止。每次划分都会生成若干个独立而不重叠的类或子类，这是和等价类划分法的关键区别，在等价类划分中，等价类可能会发生重叠。同时分类树法还应保证分类集的完整性，即所有输入域都被识别且被包括在某个分类中。这个划分的过程可以用一个树状图进行表示，将分类、类和子类之间的层次关系塑造成一棵树，输入域作为树的根节点，分类作为分支节点，类或者子类作为叶节点。

14.2.3 边界值法

边界值测试是源于人们长期以来的测试工作经验所提出的一个关键假设：错误更容易发生在输入域的边界或者极值附近，而非输入域的中间部分。边界值的选择可以分为 5 种，如下图所示。

（1）二值边界测试：对于二值边界测试，应为每个边界选择两个输入，这些输入对应于边界上的值和等价划分边界外的增量距离。在边界值测试时，通常使用二值边界，再辅助以一个正常值来设计输入变量的值。如果有一个 n 变量的软件输入域，使其中一个变量取略小于最小值、最小值、正常值、最大值、略大于最大值 5 种选择，其余的所有变量取正常值。如此对每个变量都重复进行之后，该 n 变量软件输入域的边界值分析会产生 $4n+1$ 个测试用例。

（2）三值边界测试：对于三值边界测试，应为每个边界选择三个输入，这些输入对应于边界上的值和等价划分边界的每一侧的增量距离。如果有一个 n 变量的软件输入域，使其中一个变量取略小于最小值、最小值、略大于最小值、正常值、略小于最大值、最大值、略大于最大值 7 种选择，其余的所有变量取正常值。如此对每个变量都重复进行之后，该 n 变量软件输入域的边界值分析会产生 $6n+1$ 个测试用例。

（3）最坏情况边界值分析：最坏情况边界值分析是在"多缺陷"假设的情况，即程序的失效是由于两个（或多个）变量值在其边界值取值共同引起的，这在电子电路分析中称为"最坏情况测试"。针对 n 个变量的输入域，最坏情况测试用例将是五元素集合的笛卡儿积，会产生 5^n 个测试用例。

（4）健壮最坏情况测试：对于确实极端的测试，会采用健壮最坏情况测试，把略大于最小值、略小于最大值的两个无效值考虑在内，同时考虑最坏情况。针对 n 个变量的输入域，健壮最坏情况测试用例将是七元素集合的笛卡儿积，会产生 7^n 个测试用例。

（5）边界值的获取：依据产品说明书/需求规格说明等中的输入域范围可以明显地获得一些数值型参数的边界，或者在使用软件的过程中可以容易找到。有些边界是在软件内部，最终用户几乎看不到。但是软件测试仍有必要对其进行检查，这样的边界条件称为次边界条件或者内部边界条件。一些常见的边界值包括：

1）屏幕光标的最左上、右下位置。
2）报表的第一行和最后一行。
3）数组元素的第一个和最后一个。
4）循环的第 0 次、第 1 次和最后 1 次等。

14.2.4 语法测试

语法测试是基于对测试项的测试基础的分析，通过对输入的语法描述来对其行为建模。语法模型表示为多个规则，其中每个规则根据语法中的元素"序列"、元素"迭代"或元素"之间的选择"来定义输入参数的形式，语法可以用文本或图形形式表示。在语法测试中，应基于以下两个目标来设计测试用例，如下图所示。

正面测试	设计的测试用例应以各种方式覆盖有效语法。
负面测试	设计的测试用例应故意违反规则语法。

在使用语法测试来设计用例时,应考虑如下图所示的指导原则。

原则1:每当语法强制选择时,就为该选择的每个备选方案导出一个"选项"。
- 实例:对于输入变量"颜色=蓝色|红色|绿色",则导出三个选项"蓝色""红色""绿色"。

原则2:每当语法强制执行迭代时,为此迭代导出至少两个"选项",一个包含最小重复次数,另一个则大于最小重复次数。
- 实例:输入变量"字母=[A-Z|a-z]⁺",则导出两个选项"一个字母"和"多个字母"。

原则3:每当迭代被要求具有最大重复次数时,为此迭代导出至少两个"选项",一个具有最大重复次数,另一个则少于最大重复次数。
- 实例:输入变量"字母=[A-Z|a-z]^{100}",至少生成两个选项"100个字母"和"少于100个字母"。

原则4:对于任何输入,可以对定义的语法改变以导出无效输入("变异")。
- 实例:输入变量"颜色=蓝色|红色|绿色",一个变异可能引入一个无效的变量值,选择颜色"黄色","黄色"没有在输入变量列表中出现。

14.2.5 组合测试法

组合测试法是指在保证错误检出率的前提下采用较少的测试用例,目的就是为组合爆炸情况提供一种相对合理的解决方案,它将被测软件抽象成一个受到多个参数影响的系统,并通过被测软件的参数和参数可取的值,按照一定的组合策略来规划测试。当多参数必须相互作用的情况下,这种技术可以显著减少所需的测试用例数量,而不会影响功能覆盖率。

组合测试对输入数据的要求如下:

1)组合测试的输入数据要求在进行组合测试之前,首先要观察参与组合的数据输入。

2)连续的参数或者存在过多的取值,有必要先使用其他测试设计技术,如等价类划分、分类树、边界值等,将一个很大的取值范围减少为一个可控的子集。

(1)组合测试的实施步骤如下:

1)根据测试目标,识别出所需测试的软件功能,以及影响被测软件功能的参数。

2)依据步骤 1)的结果,识别每个参数的取值范围。取值范围应为有限个离散取值。如果某参数的取值范围不符合要求,则采用其他测试技术对其进行离散化处理。

3)依据步骤 1)的结果,识别出参数间的约束。分析各参数间交互作用的强度,设定指导测试用例设计的组合强度。

4)根据步骤 3)中设定的组合强度,采用对应组合测试方法,生成与组合强度相符的测试覆盖项。

5）依据步骤 4）中的测试覆盖项生成测试用例，直到每个测试覆盖项都包含在至少一个测试用例中。

（2）组合强度：常见的组合强度包括单一选择、基本选择、成对组合、全组合和 K 强度组合等。

1）单一选择：被测软件中的所有参数取值范围的任意可能取值至少被一个测试用例覆盖。

2）基本选择：被测软件中，对于任意一个参数的两个取值，存在两个测试用例覆盖这两个取值，且其他参数的取值相同。

3）成对组合：被测软件中任意两个参数，它们取值范围的任意一对有效取值至少被一个测试用例所覆盖。

4）全组合：被测软件中所有参数取值范围的任意有效取值的组合至少被一个测试用例所覆盖。

5）K 强度组合：在组合强度要求为 K 的组合中（简称为 K 强度），任意 K 个参数取值范围的任意有效值的组合至少被一个测试用例覆盖，如下图所示。

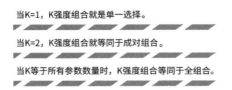

14.2.6 判定表测试法

判定表测试以判定表的形式使用测试项条件（原因）和动作（结果）之间的逻辑关系（判定规则）模型。判定表通常由如下 4 个部分组成：

（1）条件桩：列出了问题的所有条件。通常认为列出的条件的次序无关紧要。

（2）动作桩：列出了问题规定可能采取的操作。这些操作的排列顺序没有约束。

（3）条件项：列出针对它所列条件的取值，在所有可能情况下的真假值。

（4）动作项：列出在条件项的各种取值情况下应该采取的动作。

任何一个条件组合的特定取值及其相应要执行的操作。在判定表中贯穿条件项和动作项的一列就是一条规则。应该依据软件的规格说明，按照如下步骤建立判定表：

（1）确定规则的个数。假如有 n 个条件，每个条件有两个取值（0，1），则有 2^n 种规则。

（2）列出所有的条件桩和动作桩。

（3）填入条件项。

（4）填入动作项。制定初始判定表。

（5）简化。合并相似规则或者相同动作。

判定表的适用条件如下图所示。

规格说明以判定表的形式给出，或很容易转换成判定表。

条件的排列顺序不影响执行哪些操作。

规则的排列顺序不影响执行哪些操作。

当某一规则的条件已经满足，并确定要执行的操作后，不必检验别的规则。

如果某一规则要执行多个操作，这些操作的执行顺序无关紧要。

14.2.7 因果图法

因果图是一种简化了的逻辑图，能直观地表明输入条件和输出动作之间的因果关系。因果图可帮助测试人员把注意力集中到与软件功能有关的输入组合上，使用因果图来辅助设计测试用例，非常适合描述多种输入条件的组合。根据输入条件的组合、约束关系和输出条件的因果关系，分析输入条件的各种组合情况，从而设计测试用例。因果图法是从用自然语言书写的程序规格说明的描述中找出因（输入条件）和果（输出或程序状态的改变）。因果图适合于检查软件的输入条件涉及的各种组合情况。通过映射同时发生相互影响的多个输入来确定判定条件，因果图法最终生成的就是判定表。

（1）因果图的基本关系符号：因果图中一般以左侧为原因，右侧为结果，表示原因和结果之间基本关系的符号如下图所示。

1) "恒等"关系：若原因出现，则结果出现；若原因不出现，则结果也不出现。只有当 X 节点为真时，Y 才为真；如果 X=T，则 Y=T，否则 Y=F。

2) "非"关系：若原因出现，则结果不出现；若原因不出现，则结果出现。只有当 X 节点为假时，Y 才为真；如果 X=F，则 Y=T，否则 Y=F。

3) "与"关系：若几个原因都出现，结果才出现；若其中有 1 个或更多原因不出现，则结果不出现。只有当 X 和 Y 都为真时，Z 才为真；如果 X=T 且 Y=T，则 Z=T，否则 Z=F。

4)"或"关系：若几个原因中有 1 个或更多出现，则结果出现；若几个原因都不出现，则结果不出现。只有当 X 或 Y 其中一个为真，节点 Z 才为真；如果 X=T 或 Y=T，则 Z=T，否则 Z=F。

5)"与非"关系：若几个原因中有 1 个或更多不出现，则结果出现；若所有原因均出现，则结果不出现。只有当 X 或 Y 其中一个为假，或者两者都为假时，节点 Z 为真；如果 X=F 或 Y=F，则 Z=T，否则 Z=F。

6)"或非"关系：若所有原因全部不出现，则结果出现；若其中有 1 个或更多原因出现，则结果不出现。只有当 X 或 Y 都不为真时，节点 Z 为真；如果 X=T 或 Y=T，则 Z=F，否则 Z=T。

（2）因果图的约束条件：为了表示原因与原因之间、结果与结果之间可能存在的约束条件，在因果图中可以附加一些表示约束条件的符号。这类约束符号如下图所示。

1）E（互斥）：表示 a、b 两个原因不会同时成立，两个中最多有一个可能成立。原因 a 和原因 b 不能同时为真，如果 X=1，则 Y=0；如果 Y=1，则 X=0。原因 a 和原因 b 可以同时为假。

2）I（包含）：表示 a、b、c 这 3 个原因中至少有一个必须成立。原因 a 和原因 b、原因 c 不能同时为假；可以同时为真。

3）O（唯一）：表示 a 和 b 当中必须有一个，且仅有一个成立。原因 a 和原因 b 总有且仅有一个为真，如果 a=1，则 b=0；如果 a=1，则 b=0。原因 a 和原因 b 不能同时为真或同时为假。

4）R（要求）：表示当 a 出现时，b 必须也出现。a 出现时不可能 b 不出现。原因 a 为真时，原因 b 也一定为真；如果 a=1，则 b=1；如果 a=0，则 b=1 或 b=0。

5）M（屏蔽）：表示当 a 是 1 时，b 必须是 0。而当 a 为 0 时，b 的值不定。一旦结果 a 为真，则结果 b 强制为假；即如果 a=1，则 b=0。

（3）利用因果图导出测试用例需要经过以下几个步骤：

1）分析程序规格说明的描述中，哪些是原因，哪些是结果。
2）分析程序规格说明的描述中语义的内容，并将其表示成连接各个原因与各个结果的"因果图"。
3）标明约束条件。
4）把因果图转换成判定表。
5）为判定表中每一列表示的情况设计测试用例。

14.2.8 状态表转移测试法

状态转移测试是把被测软件的若干状态以及状态之间的转换条件和转换路径抽象出来，从覆盖所有状态转移路径的角度去设计测试用例，关注状态的转移是否正确，如下图所示。

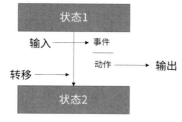

（1）状态转移测试的步骤如下：
1）画出状态转移图（也称为状态迁移图）。
2）列出状态-事件表。
3）画出状态转换树，并从状态转换树推导出测试路径。

4）根据测试路径编写测试用例。

（2）状态覆盖的要求如下图所示。

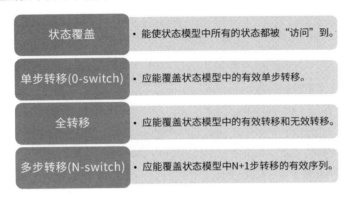

14.2.9 场景测试法

场景测试使用被测软件与用户或其他系统之间的交互序列模型来测试被测软件的使用流程。测试条件是需要在测试中覆盖的基本场景和可选场景（即用户和系统交互的事件流用序列组成一个场景）。其中事务流测试就是一种典型的场景测试。场景测试应包括以下场景：

（1）基本场景：是被测软件的预期典型动作序列，或无典型动作序列时所采取的一个任意选择。

（2）可选场景：表示被测软件可选择的（非基本）场景。备选的场景包括非正常的使用、极端或者压力条件和异常等。

14.2.10 随机测试法

随机测试使用测试项的输入域模型来定义所有可能输入值的集合。应选择用于生成随机输入值的输入分布（常见的有正态分布、均匀分布、运行剖面等），整个输入域应是随机测试的测试条件。导出测试用例的步骤如下：

（1）为测试输入选择一种输入分布。

（2）根据步骤（1）中的输入分布，生成测试输入的随机值。

（3）通过将输入应用到测试依据中，来确定测试用例的预期结果。

（4）重复步骤（2）、（3）直到完成要求的测试。

随机测试可以手动测试或自动化测试，完全自动化随机测试不需要人工干预，是最有效率的。为了达到完全自动化，必须满足以下条件：

（1）自动生成随机测试的输入值。

（2）从测试依据中自动生成预期结果。

（3）自动按测试依据核对测试结果。

通常情况下，根据测试依据自动生成预期结果和自动核对输出是不容易操作的，但是对于一些

测试项是有可能的,如下面几种情况:

(1)可以使用执行与测试项相同功能的、可信的、独立制作的软件。
(2)仅检查测试项是否崩溃。
(3)测试项输出结果的性质使得核对结果相对容易。
(4)从每个输出生成输入是比较简单的(使用测试项的逆向功能)。

14.2.11 基于规格说明测试方法的选择策略

在实际情况中,需要根据具体的情况来选取最合适的方法,具体选择方法的策略如下:

(1)首先采用分类树或等价类对函数的输入域进行划分,将无限测试变成有限测试,这是减少工作量和提高测试效率最有效的方法。
(2)在任何情况下都必须使用边界值分析方法。经验表明,用这种方法设计出的测试用例发现程序错误的能力最强。
(3)对于参数配置类的软件,要用组合测试技术选择较少的组合方式达到最佳效果。
(4)如果程序的功能说明中含有输入条件的组合情况,则一开始就可选用因果图法绘制判定表,然后采用判定表法继续进行测试。
(5)对于业务流清晰的系统,场景测试法可以贯穿整个测试案例过程,综合考察软件的主要业务流程、功能和错误处理能力。场景测试法中间可以再综合考虑运用等价类划分、边界值分析等方法进行进一步的设计。
(6)状态转移测试对于明确存在不同状态转移的软件设计测试用例的效果非常好,我们可以通过不同状态间的转移条件的有效性设计不同的测试数据。
(7)对于形式化方式定义的规格说明,语法测试是一种比较适合的方式。
(8)如果测试用例自动生成和使用中可以结合被测软件实际,考虑选用分类树、状态转移测试、随机测试等多种方式。
(9)对照程序逻辑,检查已设计出的测试用例的逻辑覆盖程度。如果没有达到要求的覆盖标准,应当再补充足够的测试用例。

14.2.12 测试用例的编写

测试用例是指为某个特定目标而开发的输入、执行条件以及预期结果的集合。测试用例的设计应当通过确定前置条件,选择输入值以及必要时执行所选测试覆盖项的操作,以及确定相应的预期结果来导出。测试用例对测试实施有如下作用:

(1)测试用例是测试实施时的依据。
(2)测试用例是根据测试目标系统严密设计出来的测试任务描述,体现了测试的方案、方法、技术和策略,在测试用例的指导下可以保证测试的规范性,提高测试效率,避免测试的随意性和盲目性,从而保证测试的质量。
(3)良好的测试用例集可以帮助提高回归测试的效率,在企业的系列化产品研发活动中,还可能存在一定的测试用例复用，建立、维护好测试用例库，并利用好已有的测试用例，不仅能给企业带来价值、降低成本，也是企业能力成熟度的表现。

对于测试工程师来说，测试用例的编写一般是按照其所在组织的要求，根据当前测试项目相关行业要求来选择对应的测试文档模板。部分测试机构可能会选择一些测试用例辅助管理和测试过程管理的软件来帮助测试人员编写测试用例，例如 TestManager、TestDirector、TestLink 等。Excel 甚至思维导图软件也常用于测试用例的设计和编写。编写测试用例在整个软件测试过程中是属于动态测试过程中的测试设计和实现过程的工作。该过程应完成下列工作：

（1）分析被测软件的相关测试依据，将待测的特征组合成特征集，记录在测试设计规格说明中。

（2）根据测试计划中规定的测试完成准则，确定每个特征的测试条件，并记录在测试设计规格说明中。

（3）根据测试条件，导出测试覆盖项，记录在测试用例规格说明中。

（4）根据测试覆盖项，导出测试用例，并记录在测试用例规格说明中。

（5）根据执行的约束将测试用例汇集到一个或多个测试集中，记录在测试规程规格说明中。

（6）根据前置条件和后置条件，以及其他测试要求所描述的依赖性，对测试集中的各测试用例进行排序，导出测试规程，并将其记录在测试规程规格说明中。

14.3 基于结构的测试技术

基于结构的测试技术其实就是白盒测试技术，包括静态测试技术和动态测试技术，以及基于结构测试的一些辅助技术。其中静态测试技术中的控制流图和动态测试中基于控制流的测试技术是要重点学习的内容，在考试中出现的频率很高。

14.3.1 静态测试技术

静态测试是在不运行代码的情况下，通过一组质量准则或其他准则对测试项进行检查的测试。静态测试是相对于动态测试而言的，它可以由人工进行，也可以借助软件工具来自动进行。相对于动态测试而言，静态测试的成本更低，效率较高，更重要的是可以在软件生存周期的早期阶段即发现软件的缺陷。静态测试技术包括三类，如下图所示。

（1）代码检查：一般在编译和动态测试之前进行，代码检查的常见形式有如下两种：

1）代码审查：目的是检查代码和设计的一致性、代码执行标准的情况、代码逻辑表达的正确性、代码结构的合理性以及代码的可读性。代码审查应根据所使用的语言和编码规范确定审查所用的检查单，检查单的设计或采用应经过评审并得到确认。

2）代码走查：由测试人员组成小组，准备一批有代表性的测试用例，集体扮演计算机的角色，沿程序的逻辑，逐步运行测试用例，查找被测软件的缺陷。

常见的代码检查项目如下：

1）检查变量的交叉引用表。

2）检查标号的交叉引用表。

3）检查子程序、宏、函数。

4）等价性检查。

5）常量检查。

6）标准检查。

7）风格检查。

8）比较控制流。

9）选择、激活路径。

10）对照程序的规格说明，详细阅读源代码，逐字逐句进行分析和思考，比较实际的代码和期望的代码，从它们的差异中发现程序的问题和错误。

11）补充文档。

（2）编码规则检查：使用编码规则工具对代码进行检查，通常是通过在工具软件中选择对应的编码规则，或根据当前项目的要求来定制所需要的编码规则，然后使用工具软件依据这些选定的编码规则对被测代码进行扫描。最后阅读工具软件所给出的扫描结果报告文件，检查代码中那些违反编码规则的地方是否存在潜在风险。

（3）静态分析：提供了一种机制，可以审查代码结构、控制流和数据流，检测潜在的可移植性和可维护的问题，计算适当的软件质量测度。测试人员通过使用测试工具分析程序源代码的系统结构、数据结构、数据接口、内部控制逻辑等内部结构，生成函数调用关系图、模块控制流图、内部文件调用关系图、子程序表、宏和函数参数表等各类图形图表，可以清晰地标识整个软件系统的组成结构，使其便于阅读与理解，然后可以通过分析这些图表，检查软件是否存在缺陷。静态分析测试工具提供如下图所示的辅助分析。

1）控制流分析：常见的控制流分析方法是通过生成程序的有向控制流图来对代码进行分析。控制流图使用流图符号来描述逻辑控制流，其中用圆形节点表示基本代码块，节点间的有向边代表控制流路径，反向边表示可能存在的循环。基本结构如下图所示。

| 顺序语句 | If分支语句 | while、for语句 | do-while、until语句 |

McCabe 圈复杂度是目前较为常用的一种代码复杂度的衡量标准。它是对源代码中线性独立路径数的定量测量，可以用来衡量一个模块判定结构的复杂程度。圈复杂度与分支语句（if-else、switch-case 等）和循环语句（for、while）的个数，以及判定复合条件的逻辑组合符成正相关。当一段代码中含有较多的分支语句，其逻辑复杂程度就会增加。圈复杂度 $V(G)$ 计算公式有如下 3 种：

① $V(G)=e-n+2$。
② $V(G)=P+1$。
③ $V(G)=A+1$。

其中：e 代表控制流图中的边数量；n 代表控制流图中的节点数量。P 表示控制流图中的判定节点数；A 表示流图中的封闭区域数目。

线性无关路径是指包含一组以前没有处理的语句或条件的路径。从控制流图上来看，一条线性无关路径是至少包含一条在其他线性无关路径中从未有过的边的路径。程序的环路复杂度等于线性无关路径的条数，需要注意的是，基本路径集不是唯一的，对于给定的控制流图，可以得到不同的基本路径集。

【实例】如下图所示的一个控制流图，我们使用上述 3 种方法，分别计算圈复杂度。

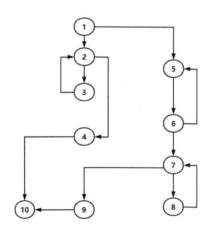

【解析】这种题目一般会出现第二场考试中，让大家根据提供的一段代码绘制控制流图，然后再计算圈复杂度和书写线性无关路径等。下面用 3 种方法计算圈复杂度。

方法1：上图中一共有13条边，10个节点，套用公式可得$V(G)=e-n+2=13-10+2=5$。

方法2：上图中的判定节点就是出现分支情况的节点，从图中可知节点1、节点2、节点6、节点7都有分支，所以共有4个判定节点，套用公式可得$V(G)=P+1=4+1=5$。

方法3：上图中封闭的环就是封闭区域，例如2-3-2就是一个封闭区域，经过寻找，一共有4个封闭区域，套用公式可得$V(G)=A+1=4+1=5$。

程序的环路复杂度等于线性无关路径的条数，所以本题中有5条线性无关路径。这5条路径组成了控制流图的一个基本路径集。只要设计出的测试用例能确保这些基本路径的执行，就可以使程序中的每个可执行语句至少执行一次，每个条件的取真和取假分支也能得到测试。需要注意的是，基本路径集不是唯一的，下面提供一组线性无关路径供参考。

①1-2-4-10。
②1-2-3-2…4-10。
③1-5-6-7-9-10。
④1-5-6-5-6…7-9-10。
⑤1-5-6-7-8-7…9-10。

还有一种常见的分析方法是使用函数调用关系图来表示函数间的嵌套关系，并据此计算函数的扇入和扇出值。

①扇入：指一个模块的直接上属模块的个数。
②扇出：指一个模块的直接下属模块的个数。

扇入大表示模块的复用程度高。扇出大表示模块的复杂度高，需要控制和协调过多的下级模块，但扇出过小也不好，同样需要适当控制。扇出过大一般是因为缺乏中间层次，应该适当增加中间层次的模块。扇出太小时可以把下级模块进一步分解成若干个子功能模块，或者合并到它的上级模块中。

2）数据流分析：数据流指的是数据对象的顺序和可能状态的抽象表示。数据值的变量存在从创建、使用到销毁的一个完整状态。数据流分析的作用是用来测试变量设置点和使用点之间的路径。这些路径也称为"定义-使用对"。对"定义-使用对"的检查能快速发现软件的定义和使用异常方面的缺陷，如下内容：

①所使用的变量没有被定义（未定义），严重错误。
②变量被定义，但从来没有使用（未使用），可能是编程错误。
③变量在使用之前被定义了两次（重复定义），可能是编程错误。

3）接口分析：接口一致性的设计分析可以检查模块之间接口的一致性和模块与外部数据库之间接口的一致性。程序关于接口的静态错误分析主要检查过程与实参在类型、函数过程之间接口的一致性，因此要检查形参与实参在类型、数量、维数、顺序、使用上的一致性；检查全局变量和公共数据区在使用上的一致性。

4）表达式分析：对表达式进行分析，以发现和纠正在表达式中出现的错误。包括如下内容：
①在表达式中不正确地使用了括号造成错误。

②数组下标越界造成错误。
③除数为零造成错误。
④对负数开平方。
⑤对 π 求正切造成错误。
⑥对浮点数计算的误差进行检查。

14.3.2 动态测试技术

基于结构的动态测试主要关注语句、分支、路径、调用等程序结构的覆盖，动态测试关键的是用例设计，基于结构的动态测试用例设计，其设计基础是建立在对软件程序的控制结构的了解上的。原则上应做到：

（1）保证一个模块中的所有独立路径至少被使用一次。

（2）对所有逻辑值均需测试 true 和 false。

（3）在上下边界及可操作范围内运行所有循环。

（4）检查内部数据结构以确保其有效性。

常见的测试用例设计方式可以分为基于控制流和数据流两类，具体情况如下：

（1）基于控制流设计测试用例：通过对程序控制流所表达出来的逻辑结构的遍历，实现对程序不同程度的覆盖，并认为当所选择的用例能达到对应程度的覆盖时，执行这些用例能够达到期望的测试效果。基于控制流设计用例的方法有很多，下面根据如下图所示的程序流程图具体介绍每一种方法。

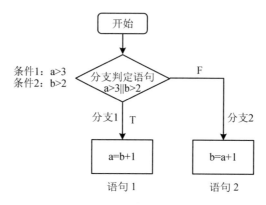

1）语句测试：选择足够多的测试数据，使被测程序中每条语句都要被遍历到。为了使上图中的每条语句都能够至少执行一次，可以构造以下测试用例组：

用例 1：a=1, b=3。

用例 2：a=1, b=1。

上述两个用例执行后就可以把所有的语句都覆盖到，可以看出语句覆盖对程序执行逻辑的覆盖很低，这是其最严重的缺陷。仅仅采用语句测试覆盖完全部语句的时候，如果上图中没有分支 2，则很可能完全没验证到这个分支，因为语句测试只考虑是否覆盖了全部的语句，而不考虑分支的情况，因此一般认为语句覆盖是很弱的逻辑覆盖。

2）分支测试：使得程序中的每个分支都要被遍历到，哪怕这个分支上没有语句。为了覆盖到上图中的每个分支，可以构造以下测试用例组：

用例1：a=1，b=3。

用例2：a=1，b=1。

可以看出，设计的这两个用例和语句测试中设计的一样，这是因为两个分支上都有语句。当分支覆盖率达到100%时，所有的语句也必然会全部被覆盖到，因此分支覆盖比语句覆盖要更强一些。

3）判定测试：使得程序中的每个判定语句的取值都要被遍历到。上图中仅有一个双值判定语句"a＞3‖b＞2"，由于程序中的不同分支都是基于判定语句的取值来划分的，当达到判定测试100%覆盖时，所选用的测试用例同样也达到分支测试覆盖100%，而达到分支测试100%覆盖时，所选用的测试用例同样也达到判定测试覆盖100%，因此两者经常被混为一谈。但是在计算具体某个测试用例或用例集的覆盖率时，当覆盖率不为100%，判定覆盖率和分支覆盖率的值就并不完全一致了。

4）条件覆盖：使得每一判定语句中每个判定条件的可能值至少满足一次。为了覆盖到每个条件，可以构造以下测试用例组：

用例1：a=1，b=3。

用例2：a=4，b=1。

经分析，首先用例1不满足条件1，满足条件2；用例2满足条件1，不满足条件2。因此上面两个用例就覆盖了条件1和条件2，满足条件覆盖。但是我们发现，这两个用例执行后都是走的分支1，而没有覆盖到分支2，因此满足条件覆盖，不一定满足判定测试、分支测试、语句测试。

5）分支条件测试（判定条件测试）：设计足够的测试用例，使得每个判定语句的取值，以及每个判定条件的取值都能被覆盖到。为了满足分支条件测试，可以构造以下测试用例组：

用例1：a=5，b=3。

用例2：a=1，b=1。

还是按照上图进行分析，首先用例1满足条件1，也满足条件2，同时也覆盖了分支1；用例2不满足条件1，也不满足条件2，同时覆盖了分支2。因此上面两个用例既满足分支测试，又满足条件覆盖，所以满足分支条件测试。

6）分支条件组合测试：要求设计足够的测试用例，使得每个判定语句中的所有判定条件的各种可能组合都至少出现一次。语句中存在2个判定条件，每个判定条件都有两种可能的取值，根据乘法原理等排列组合知识易知，共需$2^2=4$种可能组合：

用例1：a=5，b=3。

用例2：a=1，b=1。

用例3：a=1，b=3。

用例4：a=5，b=1。

以上四个用例使得条件1和条件2的取值组合结果为TT、FF、FT和TF，所以满足条件组合覆盖。对于n个条件的程序，满足分支条件组合测试100%覆盖的用例数是2^n，此时其语句测试、分支测试、判定测试、条件覆盖、分支条件测试的覆盖率也一定是100%。

7）修正条件判定测试：简称为MCDC测试，要求足够的测试用例来确定各个条件能够影响到包含的判定的结果。它要求满足两个条件：

①每一个程序模块的入口点和出口点都要考虑至少要被调用一次，每个程序的判定到所有可能的结果值要至少转换一次。

②程序的判定被分解为通过逻辑操作符（and、or）连接的bool条件，每个条件对于判定的结果值都是独立的。

对于包含 n 个布尔条件的代码，MCDC测试只需要 $n+1$ 个测试用例即可实现100%覆盖率。上图中共有2个条件，所以需要3个测试用例，根据之前的分析，这3个用例肯定是满足判定/条件覆盖的。在此基础上我们知道条件1和条件2是逻辑或（||）的关系，可以设计以下的判定表格：

	条件1	条件2	判定结果
用例1	F	F	F
用例2	T	F	T
用例3	F	T	T

通过表格可知，对于用例1，改变条件1或者条件2的判定结果都会影响复合判定结果。对于用例2，如果改变条件1的结果T为F，是可以影响最终复合判定结果的，对于用例3也是同样的道理。如果条件1和条件2的取值都是T，此时，改变其中一个条件的值为F，是不影响最终的复合判定结果的，所以不是符合定义的用例，因此以上3个测试用例即可满足修正的判定/条件覆盖。

（2）基于数据流设计测试用例：基于数据流设计用例是通过选择的"定义-使用"的覆盖率来导出测试用例集，以覆盖测试项中变量定义和使用之间的路径。不同的数据流覆盖准则要求执行不同"定义-使用"对和子路径。"定义"可能给变量赋了新的值（有时定义将变量保持与之前相同的值）。"使用"是变量出现，但不是赋新的值。"使用"可以进一步划分为：

1）"P-use"（谓词使用）：是指使用变量来确定判定条件（谓词）的结果，例如while循环、if-else等判定中。

2）"C-use"（计算使用）：是指一个变量作为其他变量定义或输出的计算输入。

基于数据流设计用例的测试覆盖项见下表。

	测试覆盖项
全定义测试	从变量定义到使用(计算使用或谓词使用)的控制流子路径
全计算使用测试	从变量定义到该定义所有计算使用的控制流子路径
全谓词使用测试	从变量定义到该定义所有谓词使用的控制流子路径
全使用测试	从每个变量定义到该定义的任一使用(包括谓词使用和计算使用)的控制流子路径
全定义-使用路径测试	从每个变量定义到该定义的每次使用(包括谓词使用和计算使用)的控制流子路径

（1）全定义测试要求所有变量定义都覆盖从定义到其谓词使用或者计算使用的至少一个定义到任意类型使用的子路径（与特定变量有关）。

（2）全计算使用测试要求所有相关变量定义都覆盖从定义到其每个计算使用的至少一个自由定义子路径（与特定变量有关）。

（3）全谓词使用测试要求所有相关变量定义都覆盖从定义到其每个谓词使用的至少一个自由定义子路径（与特定变量有关）。

（4）全使用测试要求包括从每个变量定义到它的每个使用的至少一条子路径（不包括变量的中间定义）。

（5）全定义-使用路径测试要求包括从每个变量定义到它的每个使用的所有子路径（不包括变量的中间定义）。全定义-使用路径测试不同于全使用测试，后者只需要从每个变量定义到其使用的一条路径进行测试。

14.3.3　基于结构的测试辅助技术

基于结构的测试辅助技术有很多，主要介绍如下图所示的三类。

（1）词法和语法分析：目前软件的静态测试相关计算机辅助工具，基本上都需要在词法语法分析基础上进行进一步工作。词法分析读入源程序的字符流，按一定的词法规则把它们组成词法记号流，供语法分析使用。语法分析的作用就是识别由词法分析给出的记号流序列是否是给定上下文无关文法的正确句子。通过它们可以获取组成软件的一些重要信息，如变量标识符、过程标识符、常量等。组合这些可以得到软件的基本信息，如下图所示。

（2）程序插桩技术：是借助往被测程序中插入操作，来实现测试目的的方法，插入内容也称为桩模块。程序插桩技术能够按用户的要求获取程序的各种信息，如果我们想要了解一个程序在某次运行中所有可执行语句被覆盖（或称被遍历）的情况，或是每个语句的实际执行次数，最好的办法就是利用插桩技术。

（3）程序驱动技术：程序驱动是一个模拟程序，也称为驱动模块。它在测试时能传递数据给模块，而且能接收模块已处理过的数据，以使该模块运行。具体桩模块与驱动模块的关系如下图所示。程序驱动主要提供模块的输入数据，并尽可能覆盖边界以及有意义的组合，达到对模块的路径、分支等的覆盖。

14.3.4 基于结构测试方法的选择策略

基于结构的各种测试用例设计方法的综合选择策略如下：

（1）在测试中，应尽量先用工具对被测软件进行静态分析。利用静态分析的结果作为引导，通过代码检查和动态测试的方式对静态分析结果进行进一步的确认，能使测试工作更为有效。

（2）测试中可采取先静态后动态的组合方式。先进行静态分析、编码规则检查和代码检查等，再根据测试项目所选择的测试覆盖率要求，设计动态测试用例。

（3）覆盖率是对动态测试用例设计是否充分的监督。执行测试用例的目标仍然是检查每个用例的实测结果是否满足期望输出要求，而不是仅仅查看用例执行完之后覆盖率是否达到要求。

（4）根据被测软件的安全风险要求，应使用与之对应的覆盖率标准来衡量代码需要被多少测试用例进行充分测试。一般地，常规软件测试应达到语句、分支和判定测试均100%覆盖，对于一些高安全的软件可能需要达到MCDC测试100%覆盖。

（5）在不同的测试阶段，测试的侧重点不同。在单元测试阶段，以代码检查、编码规则检查和动态测试为主；在系统测试阶段，在使用编码规则检查和静态分析度量工具对代码进行扫描检查后，主要根据黑盒测试的结果，采取相应的白盒测试作为补充。

14.3.5 测试覆盖准则

测试覆盖是衡量测试用例的设计是否足够的方式，使用不同的测试技术，按照不同的覆盖强度划定了待覆盖的测试覆盖项后，通过不断地导出测试用例达到对测试覆盖项的覆盖，这样设计出来的测试用例集，我们就认为是符合要求的，执行这些测试用例就能够检出代码中可能存在的问题。前面介绍了基于控制流和基于数据流的各种结构覆盖，除此之外还有如下图所示的覆盖准则。

（1）ESTCA 覆盖准则：ESTCA，即错误敏感测试用例分析。是在测试工作实践中的一种经

验型的测试覆盖准则，具体如下图所示。

> [规则1]对于A rel B (rel可以是<、=和>)型的分支谓词，应适当地选择A与B的值，使得当测试执行到该分支语句时，A<B、A=B和A>B的情况分别出现一次。
>
> [规则2]对于A rel C (rel 可以是 ">"或是"<"，A是变量，C是常量)型的分支谓词，当rel为"<"时，应适当地选择A的值，使A=C-M。其中，M是最小单位的正数，若A和C均为整型则M=1。同样，当rel 为 ">"时，应适当地选择A，使A=C+M。
>
> [规则3] 对外部输入变量赋值，使其在每一测试用例中均有不同的值和符号，并与同一组测试用例中其他变量的值和符号不一致。

（2）层次 LCSAJ 覆盖准则：LCSAJ，即线性代码序列与跳转。一个 LCSAJ 是一组顺序执行的代码，以控制流的跳转为其结束点。它的起点是程序第一行或转移语句的入口点，或是控制流可以跳达的点。几个首尾相接，且第一个 LCSAJ 起点为程序起点，最后一个 LCSAJ 终点为程序终点的 LCSAJ 串就组成了程序的一条路径。一条程序路径可能是由两个、三个或多个 LCSAJ 组成的。LCSAJ 覆盖准则如下：

1）第一层是语句覆盖。
2）第二层是分支覆盖。
3）第三层是 LCSAJ 覆盖，亦即程序中的每一个 LCSAJ 都至少在测试中被经历过一次。
4）第四层是两两 LCSAJ 覆盖，亦即程序中的每两个首尾相连的 LCSAJ 组合起来都至少在测试中被遍历过一次。
……
5）第 $n+2$ 层，每 n 个首尾相连的 LCSAJ 组合起来都至少在测试中被遍历过一次。

显然，层次越高，对应的覆盖就需要更多测试用例，更难以满足。

14.4 分层架构软件测试

14.4.1 分层架构软件测试概述

分层架构将软件分成若干层，每层有各自清晰的职责分工，层与层之间通过接口交互和传递信息，本层不需要知道其他层的细节，上层通过对下层的接口依赖和调用组成一个完整的系统。基于分层架构应用测试可以根据每一层的特点，进行单独测试，更容易发现缺陷和错误。同时，也可以将分层架构软件看成一个有机整体，以黑盒方式进行确认测试、系统测试、验收测试。常见的分层架构如下图所示。

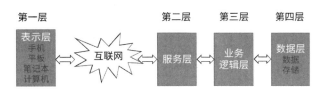

（1）分层架构各层的定义和作用如下图所示。

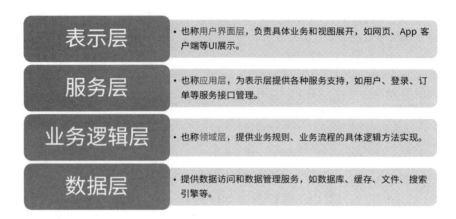

（2）分层架构的优点如下图所示。

1）复用性强：按层进行拆解，可以用新的实现来替换原有层次的实现，利于二次开发。
2）利于合作开发：开发人员可以只关注整个结构中的其中某一层，便于分工合作开发。
3）分层独立：各层之间互不影响，可以独立演化发展，有利于标准化。
4）维护方便：分层架构应用可以进行分离部署，方便维护和扩展。

（3）分层架构的缺点如下图所示。

1）性能下降：由于分层设计要求，数据需层层传递，势必会造成一定的性能下降。
2）成本增加：分层架构层次过多会增加开发成本。

14.4.2 表示层

表示层也称用户界面层、UI 层，负责直接与用户进行交互。表示层测试的主要目的是发现应用程序的用户界面问题，对于建立一个友好的、易操作的、健壮的应用至关重要，业务功能的正确性可不作为本层测试的重点。表示层根据展示端技术特点，可分为以下三种类型：

1）基于 Web 端的表示层：是基于浏览器才可以访问的应用，如现在常见的电商平台等。

2）基于 PC 端的表示层：是指通过客户端程序访问的应用，客户端程序一般是指 C/S 结构。客户端需要安装专用的、可执行（exe）程序软件。

3）基于移动端的表示层：是指移动平台的软件应用，如手机、iPad、车载设备、穿戴设备等。移动端测试因屏幕大小、内存、CPU、网络特性、操作系统、用户使用习惯的差异，有其自身的特点。开展测试时，要先了解移动端应用开发技术路线，主要的开发方式有原生、H5、混合三种。

（1）表示层的质量特性如下图所示。

（2）表示层的测试策略如下：

1）在软件需求分析和用户界面设计阶段，测试人员的职责是参与同行评审，了解软件需求和用户界面要求，以及使用场景和用户特点，根据经验，从测试角度提出建议。

2）测试人员在用户界面设计阶段结束后，可以提出对易用性问题的主观看法。

3）在测试设计阶段，测试人员的职责是根据软件需求规格说明书、用户界面设计以及软件人机交互友好性、易用性的测试准则设计测试用例。

4）在测试实施阶段，测试人员的职责是执行测试用例。

5）由于版本的更新，需求的更动，可能会涉及用户界面的回归测试。注意控制测试阶段中用户界面测试的时机和次数。

6）在上线之前，用户界面测试与功能测试同步确认一次，保证与最终版本的一致性。

7）一般情况下表示层测试不作为专项测试内容，可以与其他质量特性的测试混合进行。

14.4.3 服务层

随着互联网、移动应用的普及和应用复杂度的增加，为解决业务逻辑层和表示层的解耦，以实现对多种用户界面技术的支持，越来越多的技术采用接口服务层作为统一的接口管理层，也称为服务层，慢慢形成了 WebAPI 标准测试方法和工具，目前最常见的是 SOA 架构和微服务架构。服务层测试就是独立于用户界面外对应用程序服务进行的测试，需要使用避开用户界面的测试方法，对应用服务进行输入并验证其响应的测试。与表示层执行同样的测试用例相比，更加有效且不烦琐。

（1）服务层的测试主要是接口测试，涉及的质量特性包括以下三种：

1）功能性：接口功能性可以分成输入、处理、输出三个部分。输入的测试主要是针对参数的数据类型和长度的检查。对于输出的测试，则是要覆盖各种响应码的返回结果，如正常的、异常的、失败的情况等。

2）信息安全性：常见的漏洞包括 SQL 注入、信息泄漏、身份认证、访问控制、明文传输等，既存在传统应用程序中，也存在于 API 接口交互中。

3）性能效率：主要关注接口服务的响应时间、并发、服务端资源的使用情况等方面，不同层次性能测试的关注点不同。

（2）服务接口层测试设计和实施的一般原则如下：

1）越早越好，越早发现 Bug，修复成本就越低。

2）检查接口的功能、性能。

3）对于前后端架构分离的系统，从安全层面来说，只依赖前端进行限制已经完全不能满足系统的安全要求，需要后端从接口层进行验证；前后端传输数据等信息是否加密传输也需要验证，特别涉及用户隐私信息，如身份证、银行卡等敏感信息。

4）接口测试比较容易实现自动化测试，测试人员甚至不用操作应用，通过接口就可以测试不同场景，并测试全部流程。

（3）接口测试质量评估准则如下：

1）业务功能覆盖是否完整。

2）业务规则覆盖是否完整。

3）参数验证是否达到要求。

4）接口异常场景覆盖是否完整。

5）性能指标是否满足要求。

6）安全指标是否满足要求。

14.4.4 业务逻辑层

业务逻辑层是实现系统业务功能的核心层，测试的依据主要是需求规格说明，测试目的是验证需求中的功能点是否都实现，且功能实现与需求描述相符合。

（1）业务逻辑层主要涉及的质量特性包括以下两种：

1）功能性：对业务逻辑层的功能性质量要求，主要体现在功能点测试和业务流程测试，通常采用黑盒测试方法。

2）信息安全性：业务逻辑层代码可能存在安全编码的问题，可以通过代码审计的测试方法进行检测。代码审计分为整体代码审计和功能点人工代码审计。常见的代码问题有编码错误、编码规范、重复、复杂度、注释解释等。

（2）业务逻辑层的测试策略主要包括以下两种：

1）业务功能测试策略：包括测试需求分析（基于需求的测试分析、基于流程的测试分析、基于经验的测试分析）、测试用例设计（主要采用等价类划分法、边界值分析法、场景法等）、用例评审和测试实施执行四个方面。

2）代码审计测试策略：包括代码审计前期准备阶段、代码审计实施阶段、复测实施阶段和成果汇报阶段。

14.4.5 数据层

数据层测试主要是指对数据管理系统的测试。数据通常是一个组织最有价值的资产，应用程序可以重写，但是更换应用程序时不会丢弃满载数据的数据库，而是对数据库进行迁移。

数据层测试的最大挑战之一是数据存储系统的测试环境要求，具体如下：
- 必须使用相同的硬件平台和软件版本以及参数配置来进行有效的测试。
- 尽量做到实际运行的环境与测试环境保持一致。

针对大数据软件以及性能要求高的数据库系统，可以先进行原型验证，待原型验证通过后，再结合业务数据库，验证数据库的性能是否达标。

（1）数据层设计的质量特性如下图所示。

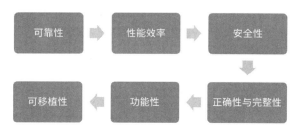

（2）数据层的测试策略如下：

1）数据库可靠性策略：TPC-C 测试程序的最大特点就是频繁的联机事务处理，因此它对后台数据库的稳定运行有较高的要求，可以借助 TPC-C 测试程序产生各种工作负载并进行可靠性验证。

2）性能效率策略：主要推荐 TPC 组织提出的性能测试标准和规范，目前常用的性能测试规范主要有以下 3 种：

①针对 OLTP 系统（联机事务处理）的性能测试规范 TPC-C。
②针对电子商务应用的性能测试规范 TPC-W。
③针对大数据基准测试（OLAP）的性能测试规范 TPC-DS。

3）数据库安全性策略：数据库安全性一般采用黑盒测试方法，以人工功能检查为主要形式，检查内容包括用户及口令管理、授权和审计管理、数据加密。

4）数据正确性与完整性策略：采用黑盒测试方法，通过图形化管理工具、交互式 SQL 工具等对数据库管理系统的功能特性进行测试，要求被测数据库提交图形化管理工具。由于该部分测试为功能验证性测试，因此以手工测试为主，包含以下测试内容：数据库存储数据的方式、数据类型和长度、数据日期和时间字段、国际化、字符集编码。

5）数据库功能性策略：测试点为安装与配置、数据库存储管理、模式对象管理、非模式对象管理、交互式查询工具、性能监测与调优、数据迁移及作业管理等 8 个方面。

6）数据迁移策略（数据可移植性）：数据迁移的一般过程为前期调研、转换设计、数据整理、数据转换、系统切换、运行监控 6 个阶段。数据迁移的测试方法包括技术核验、静态对比、动态对比、业务连续性验证测试。

14.5 事件驱动架构软件测试

14.5.1 事件驱动架构软件测试概述

事件驱动架构，简称 EDA，是常用的架构范式中的一种，其关注事件的产生、识别、处理、响应。事件驱动架构在嵌入式系统、桌面系统、互联网系统中均有广泛的应用。对于事件驱动架构系统的测试应特别注意其业务逻辑处理上的异步特性导致的缺陷和事件队列处理中可能存在的全局性缺陷。事件驱动由事件来驱动整个系统的运转。而这些事件可以是外部的，也可以是系统内部的（比如时钟）。事件在维基百科中事件可以被定义为"状态"的显著变化。事件本身是由状态变化而引起的，由于事件发生了，从而产生了事件通知，其被发送给架构的其他部分。事件的来源可以是内部的或者外部的，也可能来自软件层面或硬件层面。

（1）事件驱动架构的一般范式如下：

1）事件（通知）：由于内/外事件引发/触发/产生的特殊的"消息"。

2）事件队列：一组数据结构和对应的处理逻辑，用于接收缓存接收到的事件（通知）。此环节引入了"异步"处理的特性，并且将事件与事件的处理解耦。同时事件队列也带来了处理顺序、优先级、缓存溢出等复杂的处理。

3）事件分发器：对事件进行预处理，分门别类地将事件转发到对其有"兴趣"的处理逻辑中。需要注意的是，对事件分发器逻辑的不同实现方式对应了事件驱动架构的若干种变种。有"事件流"式处理和"注册/发布"式处理两种不同的实现方式。

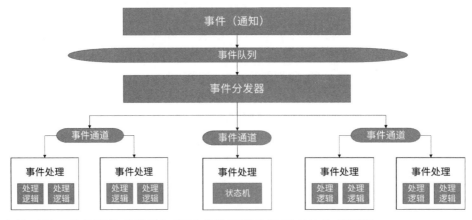

4）事件通道：分发器将事件通知通过事件通道分发到事件处理逻辑。

5）事件处理逻辑：在这部分模块中实现具体业务逻辑的模块。它是架构中最复杂和最贴近业务需求的部分。有时可将这部分进一步通过状态机模型来实现。

（2）事件驱动架构的优点和缺点如下图所示。

优点
- 擅长解决工程领域中以交互为主的问题。
- 事件与事件处理逻辑、事件处理逻辑之间都得到了充分的解耦，从而使得软件易于扩展新的功能，还改善了软件的可维护性和可移植性，并且使得事件的分布式处理变得可能。
- 交互时的响应性能较好。

缺点
- 事件驱动架构的实现是异步编程，开发相对复杂，与事件处理相关的缺陷也非常常见，同时在实践中，此类缺陷导致的失效往往比较难以复现和定位。

14.5.2 事件驱动架构的质量特性

质量模型对于任何软件产品和软件架构都是通用的。事件驱动架构作为一种架构范式，其在支持特定软件系统功能需求的实现以外，还必须支持架构运转所必需的功能，具体如下：

①事件通知的编码解码（可选）。
②事件通知的发送与接收。
③事件队列的管理与维护。
④事件的注册/注销。
⑤事件的优先级（可选）。
⑥事件与注册记录的匹配和过滤。
⑦事件的广播/转发。
⑧事件通道的创建、管理与维护（可选）。
⑨事件处理机制的调用方法。
⑩事件处理后的返回和/或后续处理（可选）。

（1）功能性：功能性与特定的业务领域密切相关，与架构实现关系比较小。故此，软件架构与功能性的互相依赖关系比较弱。事件驱动的架构适合那些功能上涉及交互比较多甚至交互为主要内容的业务领域。事件驱动架构是从软件实现方式角度考虑的设计范式。对于功能质量属性我们应集中考虑是否功能都落实到了架构中；是否功能的交互要求在架构中得到了合理的体现，对于架构更多地是非功能属性的考量。此外，在事件驱动架构中还有以下虽然可以归结到某个质量特性，但如果完全与功能分开考虑，则容易遗漏这些在功能或系统整体上容易出现缺陷的情况。

①功能逻辑的上下文（前后依赖）。
②非法/意外事件。
③实时性要求。

（2）可靠性：事件驱动架构与可靠性及其子质量特性密切相关。在大多数情况下，正确实现的事件驱动架构虽然与成熟性、可用性这两个子特性相关，但相对而言更容易出现问题的是容错性和易恢复性。事件驱动架构在可靠性质量特性中的容错性和易恢复性中容易出现缺陷的组件包括：

①事件通知的编码解码（可选）。

②事件通知的发送与接收。

③事件队列的管理与维护。

④事件的注册/注销。

⑤事件的优先级（可选）。

⑥事件与注册记录的匹配和过滤。

⑦事件的广播和转发。

⑩事件处理后的返回和/或后续处理（可选）。

（3）性能效率：事件驱动架构同样与性能效率及其子质量特性密切相关。性能和效率的3个子质量特性都受到事件驱动架构各个环节的影响。事件驱动架构在性能效率质量特性中的各个子属性中容易出现缺陷的组件包括：

①事件通知的编码解码（可选）。

②事件通知的发送与接收。

③事件队列的管理与维护。

④事件的注册/注销。

⑤事件的优先级（可选）。

⑥事件与注册记录的匹配和过滤。

⑦事件的广播/转发。

⑧事件通道的创建、管理与维护（可选）。

⑨事件处理机制的调用方法。

⑩事件处理后的返回和/或后续处理（可选）。

（4）易用性：事件驱动架构并不直接与系统的用户打交道，易用性质量特性与一般的系统使用的用户基本无关。但软件产品的用户除了最终用户以外，程序员自身需要理解系统其他部分以及其他编程中使用到的模块和功能，所以程序员也可以作为软件系统的一种用户。对于开发人员而言，系统的易用性往往体现在开发用的编程接口（API）是否容易理解、掌握，以及编程接口（API）的行为是否在预期之内。事件驱动架构在易用性质量特性中的各个子属性中容易出现缺陷的组件包括：

①事件通知的编码解码（可选）。

②事件通知的发送与接收。

④事件的注册/注销。

（5）信息安全性：常见的与信息安全性质量特性相关的缺陷集中在接口的处理上。事件驱动架构实现的系统的信息安全问题主要集中在系统对外接口即事件通知的发送与接收环节，并且需要特别注意的是并非所有的系统都有相同的信息安全要求。根据业务需要考虑信息安全的要求是必须的。即一个系统可能有加密和完整性的要求，但不一定有抗抵赖和可核查性的要求。事件驱动架构在信息安全性质量特性中的各个子属性中容易出现缺陷的组件包括：

②事件通知的发送与接收。

（6）兼容性：兼容性相关的质量要求主要与具体的业务和运行环境相关。对于事件驱动架构而言，与外部系统发生联系的组件更容易在兼容性上存在缺陷。事件驱动架构在兼容性质量特性中的各个子属性中容易出现缺陷的组件包括：

①事件通知的编码解码（可选）。

②事件通知的发送与接收。

④事件的注册/注销。

⑤事件的优先级（可选）。

⑦事件的广播/转发。

（7）维护性：事件驱动架构本身在支持可维护性上提供了很好的模块化范式。只要很好地遵循了事件驱动架构的架构范式要求，在事件驱动框架（甚至引擎）下编程，一般很少出现维护性问题。通常在事件驱动架构的各个架构组件中应引入可测试性。

（8）可移植性：事件驱动架构也通过架构范式提供了很好的可移植性。模块化的事件收发、事件队列、事件分发器和事件处理机制支持的架构本身可以方便替换和移植。业务相关的事件和事件处理逻辑，则由于被架构隔离，自然形成了独立的模块，可分别方便地替换和移植。只要很好地遵循了事件驱动架构的架构范式要求，一般很少出现可移植性问题。

14.5.3 事件驱动架构的测试策略

事件驱动架构范式的核心思想是将业务功能的处理抽象为事件和事件的响应处理。故此在事件驱动架构的各个组件中，大部分组件与具体业务无关，可以看作是一个独立的具备固有功能的软件系统，业务逻辑仅存在于少量组件中，并且互相解耦。与具体业务相关的组件有：事件通知的编码解码。

基于事件驱动架构开发的软件系统，通常最基本的测试策略就是将事件驱动架构的实现逻辑（事件驱动架构组件）与业务逻辑（事件的处理）分开测试。对于事件驱动架构系统的测试策略，可以分别考虑事件驱动架构本身的测试策略和建立在其之上的业务系统的测试策略，如下图所示。

事件驱动本身的测试策略	• 单元测试：对各个组件分别安排各自的单元测试。 • 集成测试：在单元测试通过的基础上，应对事件驱动架构的实现进行集成测试。
业务系统的业务逻辑测试策略	• 单元测试：主要可以集中在事件处理逻辑中。 • 集成测试：覆盖优先级相关的业务逻辑。 • 系统测试：采用基于规格说明的测试技术来设计测试用例，通过用户界面或系统接口来实现测试执行。

14.6 微内核架构软件测试

14.6.1 微内核架构软件测试概述

微内核架构，又称为插件架构，指的是软件的内核相对较小，主要功能和业务逻辑都通过插件实现。内核通常只包含系统运行的最小功能，插件相互独立，插件间尽量不通信，避免出现互相依赖的问题。微内核架构主要考虑两个方面：核心系统（内核系统）和插件模块。微内核架构模式如下图所示。

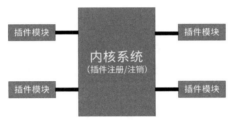

微内核需要知道哪些插件模块是可用的以及如何获取到它们。一个通用的实现方法是通过插件注册表。这个插件注册表包含每个插件模块的基本信息，包括名称、数据规约和远程访问协议。在一个系统中，如果架构目标需要着重考虑扩展性的话，微内核架构可以达到此要求。如果需要系统运行起来后，动态地加载和运行不同的模块，微内核将是最合适的架构。在许多需要运行时扩展的系统中，比如某些即时通信软件想要额外增加好友关系的功能，或者是希望同样的代码能够在不同的"平台""环境""操作系统"下运行，都会采用这种架构。微内核架构实现运行时耦合，就是把代码的直接耦合，变成运行时的动态调用，因此会使用事件机制、消息队列等手段，把代码的调用和具体的"数据"关联起来，从而避免了代码固化。微内核架构的特点是模块高度独立，可移植。

（1）微内核架构模式的核心如下图所示。

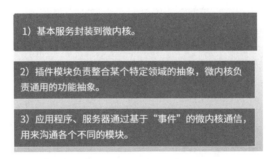

（2）微内核架构设计的三个关键点如下图所示。

1）插件管理：需要知道当前系统中共有多少个插件，哪些插件处于可用状态，何时加载一个插件，以及如何加载一个插件。实现上述功能的一个常用机制是插件注册表，核心系统提供一个服务来响应插件的注册请求，最终将当前系统的所有插件信息（插件标识、类别、启动方式等）保存起来。存储方式可以选择配置文件存储或数据表存储等。

2）插件连接：制定了一个插件与核心系统的通信方式，也就是连接规范，故任何一个可用插件都务必遵从核心系统中该类别插件所制定的连接规范。

3）插件通信：插件模块的设计要实现低耦合，但一个业务请求往往需要几个插件模块共同协作来实现，这就需要插件之间实现相互通信。插件之间的通信需要通过核心系统作为桥梁，故核心系统除去注册表机制外，还需要提供类似操作系统总线之类的通信机制。

（3）微内核架构的优点如下图所示。

1）整体灵活性高，能够快速响应不断变化的环境。

2）易于部署，因为功能之间是隔离的，插件可以独立地加载和卸载。

3）可定制性高，适应不同的开发需求。

4）可测试性高，插件模块可以单独测试，能够非常简单地被核心系统模拟出来进行演示，或者在对核心系统很小影响甚至没有影响的情况下对一个特定的特性进行原型展示。

5）性能高。

（4）微内核架构的缺点如下图所示。

1）通信效率低，插件通过内核实现间接通信，需要更多开销。

2）开发难度较高，微内核架构需要设计，因此实现起来比较复杂。

3）通信规约，丰富的插件通信连接方式。

4）版本控制复杂。

14.6.2 微内核架构的质量特性

（1）功能性：功能性部分的测试点为微内核软件或系统安装与卸载插件、插件的具体功能使用测试,各个部分又分成若干个具体的测试项。采用黑盒测试方法,主要通过微内核软件或系统和插件提供的图形化界面对功能特性进行测试。要求被测微内核软件或系统具备插件管理功能,可以快捷安装和卸载插件,以手工测试为主。

(2)信息安全性:首先,对插件的安全性进行评估,查看是否含有病毒、上传用户数据、窃取用户隐私等;其次,对其漏洞进行扫描分析,查看是否存在安全漏洞可被黑客调用。

(3)可靠性:对集成插件后的应用进行测试,查看插件和整体应用的稳定性,是否会出现集成后崩溃、闪退、兼容性降低、效率变低等问题。

(4)易用性:体现为易操作、易理解,有友好的向导,方便用户对已加载的插件进行管理或配置插件。

14.6.3 微内核架构的测试策略

在确定微内核架构的测试范围时,由需求文档确认本次需求的目标。微内核架构的测试策略如下:

(1)单元测试:主要是对各个插件模块进行测试,保证插件功能可以正常使用。

(2)集成测试:在单元测试的基础上,将内核与插件模块按照设计要求组装成为子系统或系统进行测试,主要是测试内核与插件、插件与插件之间是否存在问题。

(3)系统测试:将经过集成测试的软件系统,作为计算机系统的一部分,与系统中的其他部分结合起来,在实际运行环境下对软件系统进行一系列严格有效的测试,以求发现软件潜在的问题,保证系统的正常运行。当功能测试完成后,再考虑兼容性测试、性能测试。

14.7 分布式架构软件测试

14.7.1 分布式架构软件测试概述

分布式架构系统是若干独立计算机的集合,这些计算机对于使用者来说就像是单个计算机系统。分布式架构的特点如下图所示。

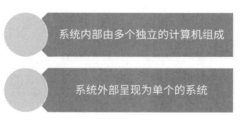

面向不同业务领域的分布式架构可能有不同的组件,但大多数情况下将至少包含以下组件:
1)分布式业务框架。

2）分布式缓存和管理组件。

3）分布式消息组件。

4）分布式数据库。

5）分布式文件系统。

对于复杂的分布式软件系统，除了架构实现的基础以外，还需要能够对系统中运行的各个模块子系统进行管理和协调，一般称为"治理"。最常见的应用于互联网业务系统的治理组件包括：

1）服务的管理和监控（或子系统的管理和监控）。

2）服务的注册和发现。

3）负载均衡。

4）服务容错。

5）服务网关。

6）分布式配置中心。

7）容器。

8）系统安全控制（信息安全）。

分布式架构的软件系统随着大规模并发用户、不同的空间分布、逻辑复杂度和系统的容错要求这些需求的产生而产生和发展的，当架构设计和实现时，就会产生相应的优点和不足。

（1）分布式架构的优点如下图所示。

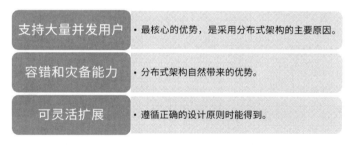

（2）分布式架构软件系统的代价如下图所示。

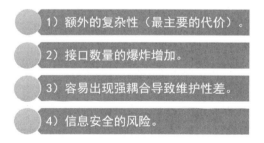

（3）分布式架构的缺点如下图所示。

高维护成本	• 由复杂性带来的。
数据/事务处理上的一致性难题	• 由架构组件和设计规范来尽量避免，但仍然是最容易出现缺陷的场景。
逻辑耦合强，定位问题困难	• 当遵循合适的设计原则时能在一定程度上降低。

14.7.2 分布式架构的质量特性

对于分布式架构软件系统，通常而言可靠性、性能效率和信息安全是与业务直接相关的核心质量特性，直接关系到系统的用户价值；而兼容性、维护性则与运营的效率和成本密切相关，即关系到企业的运作效率。分布式架构软件系统由于分布式、规模大、高并发要求、高可靠要求等特点，带来了一系列相应的技术挑战，如下图所示。

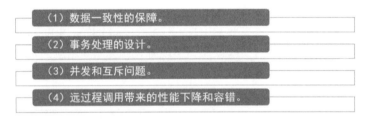

- （1）数据一致性的保障。
- （2）事务处理的设计。
- （3）并发和互斥问题。
- （4）远过程调用带来的性能下降和容错。

针对以上的四个技术挑战，下面通过其对相关质量特性的影响来具体讲解。

（1）分布式架构的质量特性：数据一致性相关。数据一致性问题对质量特性的影响可能如下：

1）对数据一致性的牺牲可能导致业务功能相关的缺陷。

2）错误实现的数据一致性逻辑也会造成功能性缺陷和可靠性缺陷。

3）数据一致性与高可用性的平衡设计不足，过度偏向数据一致性的话，可能会影响到分布式架构软件系统整体上的可靠性。

4）对数据一致性的要求也可能对系统性能和容量造成影响。

对于数据一致性问题带来的质量特性影响，可采取以下策略和技术来更好地应对：

1）尽早开始测试和参与软件设计的评审。

2）通过场景法设计容错场景和并发的数据应用场景。

3）进行专门的数据测试来覆盖数据一致性问题。

（2）分布式架构的质量特性：事务处理相关。在分布式架构软件系统中，通常有嵌套式事务和分布式事务两种基本的事务实现方式。事务处理的模式对质量特性的影响如下：

1）嵌套式事务能较好地保证系统的可靠性但容易导致性能问题。

2）分布式事务在提供较好的性能和扩展性时带来了稳定性较差的副作用。

对于事务处理问题带来的质量特性影响，在软件测试中可采取以下策略和技术来更好地应对：

1）对由嵌套式事务模式实现的业务逻辑针对性地设计性能测试和压力测试。

2）对由分布式事务模式实现的业务逻辑进行容错性测试。

（3）分布式架构的质量特性：并发和互斥相关。对于高并发的技术问题其可能的影响如下：

1）数据的错误读写出现在业务直接相关的区域从而直接影响到业务功能的功能特性。

2）数据的错误读写出现在服务软件的逻辑区域，比如循环变量、内存堆栈，从而影响到服务的可靠性。

3）为确保不出现数据的读写错误，过度扩大临界区范围的软件设计可能导致并发性能的下降。

对于并发和互斥问题带来的质量特性影响，可采取以下策略和技术来更好地应对：

1）分层的测试策略。

2）尽早地开展测试活动，参与设计的评审。

3）结合软件设计实现并发与互斥的逻辑，通过场景法、边界值法、状态迁移法等测试设计方法，针对软件设计的弱点设计测试用例进行覆盖。

4）单元测试中，应针对具体算法逻辑、业务逻辑，进行代码逻辑覆盖和功能覆盖。

（4）分布式架构的质量特性：远过程调用和通信相关。通过远过程调用或远程通信协议主要对以下质量特性造成了负面的影响：

1）远过程调用需要调用在另外计算机上的进程，必然带来额外的开销和通信上的延迟。故此对服务或模块不恰当的切分反而可能导致性能的下降。

2）当远过程调用或通信跨地域或跨因特网时，由于因特网本身对信息安全无保障机制，故此自然带来了信息安全的风险。

3）由于远过程调用的是另外一台计算机上的资源，故此当远程计算机出现错误时，本地模块不应随之崩溃。这样的要求就是容错性要求。

对于远过程调用和通信带来的质量特性影响，在软件测试中可采取以下策略和技术来更好地应对：

1）强调集成测试。

2）在各个集成层面上进行性能测试。

3）容错的场景设计覆盖和灾备演练可以在分布式架构系统的各个集成粒度上进行。

4）对于承载在因特网而非局域网上的远过程调用和通信，应组织专门的信息安全测试。

（5）功能性：功能性质量特性的各个子属性的特点如下：

1）功能完备性：分布式架构软件系统中，系统功能的完备性与架构实现有一定的关联。

2）功能正确性：大多数情况下与架构无关，由具体的业务逻辑实现决定。但分布式系统中存在"服务水平降级"的情况，若系统支持类似的需求，则在各种负载情况下的功能正确性应该得到验证。

3）功能适合性：与架构无关，由功能的交互设计和使用场景决定。

在分布式架构中还有以下虽然可以归结到某个质量特性，但如果完全与功能分开考虑，则容易遗漏这些在功能或系统整体上容易出现缺陷的情况。

1）在不同系统负载和容量情况下，系统所能提供的功能。

2）非法、意外事件。

3）部署、运维和监控功能。

（6）与运维相关的质量特性如下：

1）易用性：在运维管理工作中，分布式架构软件系统的"用户"是运维人员。为了确保系统最终用户的服务体验，关于系统管理的易用性，应特别着重考虑用户差错的防御性。

2）信息安全性：运维人员对于系统的管理功能和访问也应有合适的权限安排和管理措施。

3）维护性和可移植性：分布式架构软件设计能按模块化的要求进行，当系统容量不足以满足日益增长的用户数量时，通过简单地分配更多的计算资源，并将系统模块复制在新增的计算资源上来支持。通常分布式架构软件系统按模块化、可重用的要求来设计实现。

4）兼容性（共存性）：由于分布式架构软件系统中，单个模块应该很容易地被其他模块或者其他版本替代，所以在分布式架构的运维要求中，服务节点模块应能被快速地替代并不影响到其他模块的运作。

14.7.3 分布式架构软件测试常见的质量目标

分布式架构软件系统的主要类型有 Web 系统、对等网络（区块链）、并行计算、大数据和机器学习，这些系统的应用领域不同，其质量特性要求和目标也各有侧重。在通常的质量要求中，分布式架构系统重点关注以下要求：

（1）容量：对于系统的容量，在既定计算资源的前提下，考察其容量情况是否达到既定要求，以及在增加计算资源的场景下，考察系统容量的增长是否符合预期。

（2）容错：分布式系统最基本的可靠性要求中就至少包含了单个服务范围的容错性要求，即单个服务失效不影响整个系统的业务功能。

（3）响应速度：对服务调用的响应速度是分布式架构软件系统在各个场景下的考核指标。

（4）弹性：当并发用户规模发生变化时，系统能及时地、自动地调整其所使用的计算资源。

分布式架构系统应用领域与质量目标见下表。

质量目标	互联网系统（云服务）	对等网络（区块链）	并行计算	大数据和机器学习
容量	适应业务量	要求高，适应大量的交易和业务	要求不高，计算密集	对数据存储和处理要求高，对并发容量要求较低
容错	要求高，甚至在涉及经济和安全的系统中要求极高	要求不高，系统内置容错的功能，对于不能容错的情况也可以接受	要求不高。计算密集，不对功能的容错有高的要求	要求不高，能完成计算和学习目标即可
响应速度	要求极高，是业务的关键指标	要求不高，批量处理可允许较大延时	要求不高，批量处理允许较大延时	要求不高，机器学习和大数统计都是计算密集
弹性	要求较高，随业务量的变化可能每天都要变化（伸缩）	要求较高，但包含在系统功能内，自动地进行伸缩	要求不高，一般预留必要的计算和存储资源	要求不高，一般预留必要的计算和存储资源

14.7.4 分布式架构的测试策略

由于分布式架构软件系统的高度复杂,对复杂系统测试的基本思路是分而治之,然后再进行综合。分布式架构的测试策略如下:

(1)单元测试:对单个服务(或子系统)进行其对应的单元测试或子系统测试。通常分布式架构系统内模块的接口需要进行接口测试。这样的接口测试应覆盖功能、性能、稳定性和信息安全这些质量特性。接口测试的工具可以有比较多的选择,一般根据接口的编程语言和工具的成熟度来选择。

(2)集成测试:将多个服务集成后进行(系统)集成测试。一般子系统集成阶段是围绕单一业务进行的测试,所以在这个阶段进行性能和容错性测试能为后续更大规模集成打好基础。在互联网系统测试中经常提到的"全链路压测"往往在子系统集成或系统集成的层面上进行。

(3)系统测试:对整个系统进行完整的系统测试。在整个系统的测试完成后,一般上线进入生产环境前还需要结合终端应用进行端到端的测试、验收测试来确保上线的质量。上线后还有 A/B 测试等用户体验和业务逻辑相关的测试,在业务和需求层面对系统提供的服务和功能进行测试。

14.8 面向对象软件测试

面向对象软件测试概述

面向对象测试是针对面向对象开发技术发展而来的,针对面向对象开发模型,结合传统的测试步骤的划分,把面向对象的软件测试分为如下图所示的几种。

(1)面向对象分析的测试:面向对象分析的测试,简称 OOA 测试。该阶段的测试可以划分为以下 5 个方面:

1)对认定的对象的测试。

2)对认定的结构的测试。

3)对认定的主题的测试。主题是在对象和结构的基础上更高一层的抽象,是为了提供 OOA 分析结果的可见性,如同文章对各部分内容的概要。

4)对定义的属性和实例关联的测试。属性是用来描述对象或结构所反映的实例的特性。而实例关联是反映实例集合间的映射关系。

5）对定义的服务和消息关联的测试。定义的服务，就是定义的每一种对象和结构在问题空间所要求的行为。由于问题空间中实例间必要的通信，在OOA中需要相应地定义消息关联。

（2）面向对象设计的测试：面向对象设计的测试，简称OOD测试。该阶段的测试可以划分为以下3个方面：

1）对认定的类的测试。OOD认定的类可以是OOA中认定的对象，也可以是对象所需要的服务的抽象，对象所具有的属性的抽象。认定的类原则上应该尽量具有基础性，这样才便于维护和重用。

2）对构造的层次结构的测试。为了能够充分发挥面向对象的继承共享特性，OOD的类层次结构，通常基于OOA中产生的分类结构的原则来组织，着重体现父类和子类间的一般性和特殊性。

3）对类库的支持的测试。对类库的支持虽然也属于类层次结构的组织问题，但其强调的重点是再次软件开发的重用。由于它并不直接影响当前软件的开发和功能实现，因此，将其单独提出来测试，也可作为对高质量类层次结构的评估。

（3）面向对象编程的测试：面向对象编程的测试，简称OOP测试。面向对象程序所具有的继承、封装和多态的新特性，使得传统的测试策略不再完全适用。该阶段的测试可以划分为以下2个方面：

1）数据成员是否满足数据封装的要求。

2）类是否实现了要求的功能。

（4）面向对象单元测试：传统的单元测试是针对程序的函数、过程或完成某一特定功能的程序块，可沿用单元测试的概念，来实际测试类成员函数。一些传统的测试方法在面向对象的单元测试中都可以使用，单元测试一般建议由程序员完成。面向对象编程的特性使得对成员函数的测试，不完全等同于传统的函数或过程测试，尤其是继承特性和多态特性，使子类继承或过载的父类成员函数出现了传统测试中未遇见的问题。现给出了两方面的考虑如下：

1）继承的成员函数是否都不需要测试。对父类中已经测试过的成员函数，有两种情况需要在子类中重新测试：

①继承的成员函数在子类中做了改动。

②成员函数调用了改动过的成员函数的部分。

2）对父类的测试是否能照搬到子类。多态有几种不同的形式，其中包含多态和过载多态在面向对象语言中通常体现在子类与父类的继承关系上。对具有包含多态的成员函数进行测试时，只需要在原有的测试分析和基础上增加对测试用例中输入数据的类型的考虑。

（5）面向对象集成测试：能够检测出相对独立的，单元测试无法检测出的，有些类相互之间作用时才会产生的错误。基于单元测试对成员函数行为正确性的保证，集成测试只关注于系统的结构和内部的相互作用。面向对象的集成测试可以分成两步进行：先进行静态测试，再进行动态测试。

1）静态测试：主要针对程序的结构进行，检测程序结构是否符合设计要求。

2）动态测试：设计测试用例时，通常需要功能调用结构图、类关系图或者实体关系图为参考，确定不需要被重复测试的部分，从而优化测试用例，减少测试工作量，使得进行的测试能够达到一定覆盖标准。

（6）面向对象确认和系统测试：通过单元测试和集成测试，仅能保证软件开发的功能得以实现，但不能确认在实际运行时它是否能够满足用户的需要，是否大量地存在着实际使用条件下会被诱发产生错误的隐患。为此，对完成开发的软件必须进行规范的系统测试。即需要测试它与系统其他部分配套运行的表现，以确保在系统各部分协调工作的环境下软件也能正常运行。系统测试应该尽量搭建与用户实际使用环境相同的测试平台，应该保证被测系统的完整性，对暂时没有的系统设备部件应采取相应的模拟手段。系统测试不仅是检测软件的整体行为表现，从另一个侧面看，也是对软件开发设计的再确认。在系统层次，类连接的细节消失了。面向对象确认和系统测试具体的测试内容与传统系统测试基本相同。

14.9　Web 应用测试

Web 应用测试概述

Web 系统是指以 B/S 的访问方式为主，包含客户端浏览器、Web 应用服务器、数据库服务器的软件系统。一个典型的 Web 系统的结构示意图如下图所示。

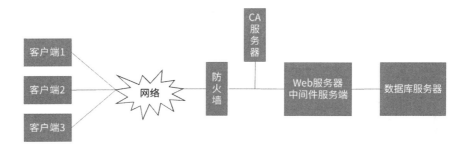

（1）Web 应用测试的分类如下所示：

1）按系统架构来分：可分为客户端的测试、服务器端的测试和网络上的测试。

2）按职能来分：可分为应用功能的测试、Web 应用服务的测试、安全系统的测试、数据库服务的测试。

3）按软件的质量特性来分：可分为功能测试、性能测试、安全性测试、兼容性测试和易用性测试等。

4）按照开发阶段来分：可分为设计的测试、编码的测试和系统的测试。

（2）Web 应用测试与其他软件测试的区分：Web 应用测试方法与其他系统的测试既有相同之处，又有不同之处。相同之处体现在：

1）测试内容基本相同。

2）某些项目的测试方法基本相同。

3）测试手段基本相同。

鉴于 Web 系统的自身特点，其测试与传统的软件测试也有所不同，使测试基于 Web 的系统变得困难。不同之处体现在：

1）测试的重点不一样。

2）测试采用的工具不同。

3）Web 应用系统迫切需要新的测试技术和方法。

（3）Web 应用的功能测试：指 Web 应用系统的基本功能的测试，常见的测试类型如下：

1）链接测试：测试点可分为 3 个方面：

①测试所有链接是否按指示的那样确实链接到了该链接的页面。

②测试所链接的页面是否存在。

③保证 Web 应用系统中没有孤立的页面。

2）表单测试：测试点可分为 4 个方面：

①每个字段的验证。

②字段的默认值。

③表单中的输入。

④提交操作的完整性。

3）内容测试：用来检验 Web 应用系统提供信息的正确性、准确性和相关性。

（4）Web 应用的易用性测试：使用 Web 浏览器作为客户端的一个原因就是它易于使用，常见的测试类型有：

1）界面测试：测试点可分为 4 个方面：

①页面中各元素布局的协调性。

②不同页面风格的统一性。

③用户在界面中操作的便利性。

④界面动态操作测试。

2）辅助功能测试：辅助功能指为了方便用户更快、更容易地使用网站而采用的一些设置，主要包括使用说明、导航、站点地图、帮助等。

3）图形测试：测试点可分为 4 个方面：

①验证所有的图形是否有明确的用途。

②验证所有页面字体的颜色、风格是否一致。

③背景颜色与字体颜色和前景颜色是否相搭配。

④确认图片的大小和质量。

（5）Web 应用的负载压力测试：

1）负载测试：为了测量 Web 系统在某一负载级别上的性能，以保证 Web 系统在需求范围内能正常工作。负载级别可以是某个时刻同时访问 Web 系统的用户数量，也可以是在线处理的数据量。负载测试应该安排在 Web 系统发布以后，在实际的网络环境中进行测试。

2）压力测试：指实际破坏一个 Web 应用系统，测试系统的反映。压力测试是测试系统的限制和故障恢复能力，即测试 Web 应用系统会不会崩溃，在什么情况下会崩溃。一般压力测试包含如下步骤：

①确定交易执行响应时间。

②Web 系统能够承受的最大并发用户数量。

③模拟用户请求，以一个比较小的负载开始，逐渐增加模拟用户的数量，直到系统不能承受负载为止。

④如果负载没有达到需求，那么应该优化这个 Web 程序。

（6）Web 应用的兼容性测试：要实现完全的兼容性测试是不可能的，我们把兼容性测试的着重点放在客户端。而客户端最重要的两个因素就是浏览器与操作系统，所以面向用户的兼容性测试可分为以下两个方面：平台的兼容性测试和浏览器的兼容性测试。测试浏览器的兼容性可以与操作系统的兼容性结合起来，最有效的方法就是创建一个兼容性矩阵，见下表。

操作系统	浏览器			
	IE 浏览器	Chrome 浏览器	Safari 浏览器	……
Windows				
macOS				
Android				
……				

（7）Web 应用的安全测试：Web 应用要防止未授权用户访问或测试故意破坏等情况下的能力，测试要进行安全测试。一个完整的 Web 安全体系测试可以从部署与基础结构、输入验证、身份验证、授权、配置管理、敏感数据、会话管理、加密、参数操作、异常管理、审核和日志记录等几个方面入手。软件评测师考试考查 SQL 注入和 XSS 攻击的情况比较多，具体如下：

1）SQL 注入：通过把 SQL 命令插入到 Web 表单提交或输入域名或页面请求的查询字符串，最终达到欺骗服务器执行恶意的 SQL 命令，是黑客攻击数据库的一种常用方法。例如在密码输入框插入 "Password'or'1'='1"。防止 SQL 注入的方法是：拼接 SQL 之前先对特殊符号进行转义，使其不作为 SQL 的功能符号即可。

2）XSS 攻击：是一种经常出现在 Web 应用中的计算机安全漏洞，它允许恶意 Web 用户将代码植入到提供给其他用户使用的页面中。比如这些代码包括 HTML 代码和客户端脚本。例如在页面输入框插入 "<script> alert('XSS 攻击') </script>"。防止 XSS 攻击的方法是：对输入进行过滤，对输出进行编码。

14.10 网络测试

网络测试概述

自网络通信产品的诞生起,网络测试技术就成为通信工业中不可或缺的部分。随着用户对网络依赖程度的增加,网络的正常运行变得越来越重要,用户对网络可用性、稳定性、响应性等提出了越来越高的要求。导致网络应用性能降低的因素是多方面的,而网络测试正是一种可以有效提高网络系统及网络应用运行质量的方法,在测量和测试的基础上,建立网络行为模型,并用模拟仿真的方法建立理论到实际的桥梁,是理解网络行为的有效途径。

(1)网络仿真技术:有时也称为网络模拟技术或者网络预测技术。是一种通过建立网络设备、链路和协议模型,并模拟网络流量的传输,从而获取网络设计或优化所需要的网络性能数据的仿真技术。常用的网络仿真软件有 OPNET 系列产品和 NS 软件等。

(2)网络测试对象:网络测试不可能对整个网路的所有设备和组件进行全部的测试,因此测试内容要有所选择,测试要针对网络系统中的关键部分。网络测试对象主要包括以下四种类型:

1)网络平台:包括网络操作系统、文件服务器和工作站。
2)应用层:是指应用程序的客户端、桌面操作系统和数据库软件等。
3)子系统:主要是指路由器、集线器、交换机和网桥。
4)全局网路径:是整个网络系统中重要的点对点路径。

网络测试对象还可以进一步细分为 7 个网络子系统,分别是:文件服务器;工作站;网络操作系统;应用程序、客户/服务器数据库和工作站桌面软件;路由器、集线器、交换机和网桥;网段;全局网。

(3)网络测试类型:根据不同的测试目的和测试对象,网络测试的类型可以概括为 11 类,如下图所示。

1)网络可靠性测试:使被测试网络在较长时间内经受较大负载,通过监视网络中发生的错误和出现的故障,验证在高强度环境中网络系统的存活能力,也就是它的可靠性。

2)网络可接受性测试:在系统正式实施前的"试运行",确保新系统能提供良好而稳定的性能。

3）网络瓶颈测试：为找到导致系统性能下降的瓶颈，需要进行网络瓶颈测试。

4）网络容量规划测试：进行该测试可检测当前网络中是否存在多余的容量空间。

5）网络升级测试：将硬件或软件的新版本与当前版本在性能、可靠性和功能等方面进行比较，同时验证产品升级对网络的性能是否会有不良影响。

6）网络功能/特性测试：特性测试核实的是单个命令和应用程序功能，通常用较小的负载完成，关注的是用户界面、应用程序的操作以及用户与计算机之间的互操作。功能测试是面向网络的，核实的是应用程序的多用户特征和重负载下后台功能能否正确地执行，关注的是当多个用户使用应用程序时，网络和文件系统或数据库服务器之间的交互情况。

7）网络吞吐量测试：吞吐量测试检测的是每秒钟传输数据的字节数和数据报数，用于检测服务器、磁盘子系统、适配卡/驱动连接、网桥、路由器、集线器、交换器和通信连接。

8）网络响应时间测试：检测系统完成一系列任务所需的时间，本项测试是用户最关心的。

9）衰减测试：测试贯穿整个通信连接或者信道的信号衰减。

10）网络配置规模测试：利用应用程序响应时间测试和吞吐量测试的测试结果来确定网络组件的规模，还可以利用测试结果和测试者自身对网络体系结构和网络操作的知识，来调整特定的系统配置组件，改变网络的运行性能。

11）网络设备评估测试：产品评估主要是比较各个产品，例如，服务器、操作系统或应用程序的性能。

上述 11 项测试类型应根据网络生命周期的各阶段和对网络可能遇到问题的预测，建立一个针对自身主要问题的测试计划。测试中，应按照网络测试的需求情况，从这 11 项测试中灵活地选择几项，安排其优先性。以下 3 个测试任务是公认的最重要的测试任务。

1）网络吞吐量测试：是标识网络设备、子网和全局网络运行性能的重要指标。

2）网络可接受性测试：对将要使用的网络的验收，其重要性和必要性是显然的。

3）网络升级测试：运动是永恒的，网络系统永恒的主题是升级换代，升级测试也要不断进行，不要主观地认为升级后的网络一定比原来的好。

（4）网络测试指标：对网络设备和 TCP/IP 网络的检测主要包括的基本技术指标如下图所示。

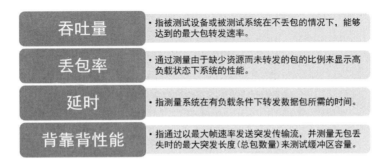

（5）吞吐量的计算公式为 $P=N·T·D$，各参数的含义如下图所示。

- N：并发用户的数量。
- T：每单位时间的在线事务数量。
- D：事务服务器每次处理的数据负载。
- P：系统的通信吞吐量。

（6）应用性能指（Apdex）的计算：Apdex 全称为 Application Performance Index，也就是应用性能指数，是用户对应用性能满意度的量化值。根据应用性能评估确定应用响应时间的最优门槛为 Apdex 阈值，然后根据应用实际响应时间结合 Apdex 阈值定义了如下 3 种不同的性能表现：

1）Satisfied（满意）：应用响应时间低于或等于 Apdex 阈值（Threshold），一般简称为 T。
2）Tolerating（可容忍）：应用响应时间大于 T，但同时小于或等于 4T。
3）Frustrated（失望）：应用响应时间大于 4T，太慢了，用户可能放弃这个应用。

Apdex 计算公式为：Apdex=（满意的样本数+可容忍的样本数/2）/总样本数。其中，总样本数=满意的样本数+可容忍的样本数+失望的样本数。

14.11 文档测试

文档测试概述

软件产品由可运行的程序、数据和文档组成，文档是软件的一个重要组成部分。软件文档的分类结构如下图所示。

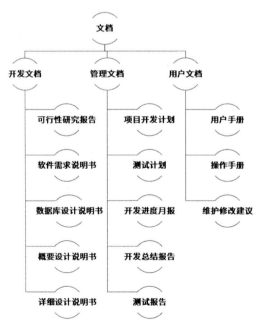

（1）用户文档的内容：当用户文档仅包含一个 Readme 文件时，文档的测试只需要对其进行拼写检查，确认其中涉及到的技术准确无误。但随着技术的进步和市场的规范，用户文档的范围越来越大了，以下这些都可以算是用户文档，但并不是每一个软件都必须具有所有这些文档。

（2）用户文档的作用：对于软件测试人员来说，对待用户文档要像对待程序一样给予同等关注和投入，因为对于用户来说，文档和程序同样重要。充分有效的文档的优点如下图所示。

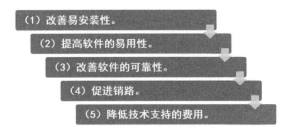

（3）用户文档测试需要注意的问题：对于软件用户来说，程序之外的部分也是软件的一部分，他们关心的是整个软件包的质量。文档测试中需要注意的问题如下图所示。

1) 文档常常得不到足够的重视，文档的开发缺乏足够的资金和技术支持，而文档的测试更得不到重视。
2) 编写文档的人可能并不是软件特性方面的专家，对软件功能可能了解得并不深入。
3) 文档的印刷需要花费不少的时间，可能是几周，如果追求印刷质量的话可能需要几个月。
4) 文档测试不仅仅是对文字的校对，更可以辅助找到更多的程序错误。

（4）用户文档测试的要点：文档测试分为两类，如果是非程序，例如打印的手册或产品包装盒，其测试可以视为技术校对。如果文档和程序紧密结合，例如超链接形式的电子手册或联机帮助，或助手一类的帮助系统，就要进行与程序测试类似的测试。文档测试中，对几个方面需要特别关注，如下图所示。

（5）针对用户手册的测试：用户手册是用户文档中最重要的一部分。在对用户手册进行测试

时，应拿着它坐在计算机前进行如下图所示的操作。

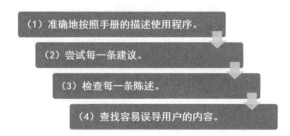

（6）针对在线帮助的测试：帮助文档的测试在很大程度上与用户手册测试相同，但帮助文档并不只是用户手册的电子版，因此再给出几点补充说明，如下图所示。

14.12 章节练习题

1．测试管理过程主要结合动态测试的通用过程，定义涵盖整个测试项目或任何测试阶段或测试类型的测试管理过程。其中（　　）不属于测试管理过程的子过程。

A．测试策划过程　　　　　　　　　B．测试事件报告过程
C．静态测试过程　　　　　　　　　D．测试完成过程

2．等价类划分把程序的输入域划分成若干部分（子集），然后从每个部分中选取少数代表性的数据作为测试用例。以下等价类划分的原则中，不正确的是（　　）。

A．在输入条件规定了取值范围或值的个数的情况下，可以确立一个有效等价类和两个无效等价类
B．在输入条件规定了输入值的集合或者规定了"必须如何"的条件的情况下，可以确立一个有效等价类和一个无效等价类
C．在输入条件是一个布尔量的情况下，可确定一个有效等价类和一个无效等价类
D．在规定了输入数据的一组值（假定 n 个），并且程序要对每一个输入值分别处理的情况下，可确立 1 个有效等价类和 n 个无效等价类

3．边界值测试是源于人们长期以来的测试工作经验所提出的一个关键假设：错误更容易发生在输入域的边界或者说极值附近，而非输入域的中间部分。对于确实极端的测试，会采用健壮最坏

情况测试，针对 2 个变量的输入域，会产生（　　）个测试用例。

　　A．2　　　　　　B．7　　　　　　C．14　　　　　　D．49

4．语法测试是基于对测试项的测试基础的分析，通过对输入的语法描述来对其行为建模。以下有关语法测试的原则中，错误的是（　　）。

　　A．每当语法强制选择时，就为该选择的每个备选方案导出一个"选项"

　　B．每当语法强制执行迭代时，为此迭代导出至少两个"选项"，一个包含了最小重复次数，另一个则大于最小重复次数

　　C．每当迭代被要求具有最大重复次数时，为此迭代导出最多两个"选项"，一个具有最大重复次数，另一个则少于最大重复次数

　　D．对于任何输入，可以对定义的语法改变以导出无效输入（"变异"）

5．在以下常见的组合测试中，组合强度最高的是（　　）。

　　A．全组合　　　　B．基本选择　　　　C．成对组合　　　　D．单一选择

6．判定表测试以判定表的形式使用了测试项条件（原因）和动作（结果）之间的逻辑关系（判定规则）模型。假如有 10 个条件，每个条件有两个取值(0, 1)，则有（　　）种规则。

　　A．2　　　　　　B．10　　　　　　C．20　　　　　　D．1024

7．因果图中一般以左侧为原因，右侧为结果，表示原因和结果之间基本关系的符号，下图表示的关系是（　　）关系。

　　A．恒等　　　　　B．非　　　　　　C．与　　　　　　D．或

8．以下选项中，（　　）对函数的输入域进行划分，将无限测试变成有限测试，这是减少工作量和提高测试效率最有效的方法。

　　A．边界值分析法　　　　　　　　B．组合测试技术

　　C．分类树法　　　　　　　　　　D．判定表法

9．对于业务流清晰的系统，（　　）可以贯穿整个测试案例过程，综合考察软件的主要业务流程、功能和错误处理能力。

　　A．状态转移测试　　B．场景法　　　C．因果图法　　　D．语法测试

10．以下有关基于规格说明的测试方法选择策略的叙述中，不正确的是（　　）。

　　A．对照程序逻辑，检查已设计出的测试用例的逻辑覆盖程度。如果没有达到要求的覆盖标准，应当再补充足够的测试用例

　　B．如测试用例自动生成和使用中可以结合被测软件实际，考虑选用分类树、状态转移测试、随机测试等多种方式

　　C．在任何情况下都必须使用边界值分析方法

　　D．如果程序的功能说明中含有输入条件的组合情况，则一开始就可选用等价类划分法

11. 静态测试是在不运行代码的情况下，通过一组质量准则或其他准则对测试项进行检查的测试。以下选项中，（　　）不是静态测试技术。

  A．代码审查   B．代码走查

  C．MCDC 覆盖   D．编码规则检查

12. McCabe 圈复杂度是目前较为常用的一种代码复杂度的衡量标准。在给定的控制流图中，假设有 10 条边，9 个节点，则 $V(G)$ 是（　　）。

  A．1   B．3

  C．19   D．90

13. 基于控制流设计用例，是通过对程序控制流所表达出来的逻辑结构的遍历，实现对程序不同程度的覆盖，以下选项中，覆盖强度最高的是（　　）。

  A．语句测试   B．分支测试

  C．分支条件测试   D．分支条件组合测试

14. 以下有关基于控制流设计用例测试的叙述中，不正确的是（　　）。

  A．在计算具体某个测试用例或用例集的覆盖率时，当覆盖率不为 100%，判定覆盖率和分支覆盖率的值就并不完全一致了

  B．对于包含 n 个布尔条件的代码，MCDC 测试只需要 $n+1$ 个测试用例即可实现 100%覆盖率

  C．满足条件覆盖，则一定满足语句测试

  D．满足条件覆盖，不一定满足判定测试

15. 基于数据流设计用例是通过选择的定义-使用的覆盖率来导出测试用例集，以覆盖测试项中变量定义和使用之间的路径。以下叙述中有误的是（　　）。

  A．不同的数据流覆盖准则要求执行不同定义-使用对和子路径

  B．"全定义"测试要求所有变量定义都覆盖从定义到其谓词使用或者计算使用的至少一个定义到任意类型使用的子路径

  C．"全谓词使用"测试要求所有相关变量定义都覆盖从定义到其每个谓词使用的至少一个自由定义子路径

  D．"全定义-使用"测试要求包括从每个变量定义到它的每个使用的至少一条子路径

16. 以下有关基于结构的各种测试用例设计方法的综合选择策略中，不正确的是（　　）。

  A．在测试中，应尽量先用工具对被测软件进行静态分析

  B．测试中可采取先静态后动态的组合方式

  C．覆盖率是对静态测试用例设计是否充分的监督

  D．根据被测软件的安全风险要求，应使用与之对应的覆盖率标准来衡量代码需要被多少测试用例进行充分测试

17. 分层架构将软件分成若干层，每层有各自清晰的职责分工，层与层之间通过接口交互和传递信息，本层不需要知道其他层的细节，上层通过对下层的接口依赖和调用组成一个完整的系统。

在分层架构中,用户界面层是指( )。

    A.表示层   B.服务层   C.业务逻辑层   D.数据层

18.以下对于分层架构的特点表述中,不正确的是( )。

    A.成本增加   B.性能提高   C.复用性强   D.维护方便

19.以下有关事件驱动架构的优缺点的叙述中,有误的是( )。

    A.擅长解决工程领域中以交互为主的问题

    B.交互时的响应性能较好

    C.软件易于扩展新的功能,还改善了软件的可维护性和可移植性

    D.事件驱动架构的实现是同步编程,开发相对简单,与事件处理相关的缺陷也非常常见

20.事件驱动架构是常用的架构范式中的一种,其关注事件的产生、识别、处理、响应。以下有关事件驱动架构质量特性的叙述中,不正确的是( )。

    A.功能性与特定的业务领域密切相关,与架构实现关系比较小

    B.事件驱动架构与可靠性及其子质量特性密切相关

    C.事件驱动架构与性能效率及其子质量特性相关性不大

    D.只要很好地遵循了事件驱动架构的架构范式要求,在事件驱动框架下编程,一般很少出现维护性问题

21.微内核架构指的是软件的内核相对较小,主要功能和业务逻辑都通过插件实现。以下有关微内核架构的叙述中,表述不正确的是( )。

    A.微内核架构的特点是模块高度独立,可移植

    B.基本服务封装到微内核

    C.微内核负责整合某个特定领域的抽象,插件模块负责通用的功能抽象

    D.应用程序、服务器通过基于"事件"的微内核通信,用来沟通各个不同的模块

22.以下对于微内核架构的优缺点的叙述中,不正确的是( )。

    A.通信效率低,插件通过内核实现间接通信,需要更多开销

    B.开发难度较低,微内核架构需要设计,因此实现起来比较简单

    C.整体灵活性高,能够快速响应不断变化的环境

    D.易于部署,因为功能之间是隔离的,插件可以独立地加载和卸载

23.以下对于分布式架构的优缺点的叙述中,不正确的是( )。

    A.支持大量并发用户   B.可灵活扩展

    C.逻辑耦合强,定位问题困难   D.维护成本低

24.以下对于分布式架构的特点描述有误的是( )。

    A.系统内部由多个独立的计算机组成   B.接口数量很少

    C.容易出现强耦合导致维护性差   D.系统外部呈现为单个的系统

25.面向对象程序的新特性不包括( )。

    A.封装   B.继承   C.多态   D.顺序执行

26. 以下对于面向对象单元测试的叙述中，不正确的是（　　）。

   A．单元测试一般建议由程序员完成

   B．如果继承的成员函数在子类中做了改动，则需要在子类中重新测试

   C．如果成员函数调用了改动过的成员函数的部分，则不需要在子类中重新测试

   D．对具有包含多态的成员函数进行测试时，只需要在原有的测试分析和基础上增加对测试用例中输入数据的类型的考虑

27. Web 系统是指以 Browser/Server 的访问方式为主，包含客户端浏览器、Web 应用服务器、数据库服务器的软件系统。按照开发阶段来分，Web 应用测试可以划分为（　　）。

   A．客户端的测试、服务器端的测试和网络上的测试

   B．应用功能的测试、Web 应用服务的测试、安全系统的测试、数据库服务的测试

   C．功能测试、性能测试、安全性测试、兼容性测试和易用性测试等

   D．设计的测试、编码的测试和系统的测试

28. Web 应用测试方法与其他系统的测试既有相同之处，又有不同之处。以下对其表述有误的是（　　）。

   A．测试内容基本相同　　　　　　　　B．测试手段基本相同

   C．测试的重点基本相同　　　　　　　D．测试采用的工具有所不同

29. 网络测试不可能对整个网络的所有设备和组件进行全部的测试，因此测试内容要有所选择，测试要针对网络系统中的关键部分。其中（　　）属于网络平台类型。

   A．路由器　　　　B．数据库软件　　　　C．网桥　　　　D．操作系统

30. 软件产品由可运行的程序、数据和文档组成，文档是软件的一个重要组成部分。以下对文档测试的叙述中，不正确的是（　　）。

   A．对于软件测试人员来说，对待用户文档要像对待程序一样给予同等的关注和投入

   B．文档测试仅仅是对文字的校对

   C．文档测试分为两类，如果是非程序，其测试可以视为技术校对；如果文档和程序紧密结合，就要进行与程序测试类似的测试

   D．编写文档的人可能并不是软件特性方面的专家，对软件功能可能了解得并不深入

14.13　练习题参考答案

1. **参考答案**：C

   解析：测试过程模型将系统与软件生存周期中可能执行的测试活动分为组织级测试过程、测试管理过程、静态测试过程 3 个过程组。所以静态测试过程不属于测试管理过程的子过程。

   测试管理过程包含：测试策划过程、测试设计和实现过程、测试环境构建和维护过程、测试执行过程、测试事件报告过程、测试监测和控制过程、测试完成过程 7 个子过程。

2. **参考答案**：D

解析：等价类划分的原则如下：

（1）在输入条件规定了取值范围或值的个数的情况下，可以确立一个有效等价类和两个无效等价类。

（2）在输入条件规定了输入值的集合或者规定了"必须如何"的条件的情况下，可以确立一个有效等价类和一个无效等价类。

（3）在输入条件是一个布尔量的情况下，可确定一个有效等价类和一个无效等价类。

（4）在规定了输入数据的一组值（假定 n 个），并且程序要对每一个输入值分别处理的情况下，可确立 n 个有效等价类和一个无效等价类。

（5）在规定了输入数据必须遵守的规则的情况下，可确立一个有效等价类（符合规则）和若干个无效等价类（从不同角度违反规则）。

（6）在确知已划分的等价类中，各元素在程序处理中的方式不同的情况下，则应再将该等价类进一步划分为更小的等价类。

3．**参考答案**：D

解析：对于确实极端的测试，会采用健壮最坏情况测试，把略大于最小值、略小于最大值的两个无效值考虑在内，同时考虑最坏情况。针对 n 个变量的输入域，健壮最坏情况测试用例将是七元素集合的笛卡儿积，会产生 $7n$ 个测试用例。

4．**参考答案**：C

解析：语法测试的原则如下：

原则1：每当语法强制选择时，就为该选择的每个备选方案导出一个"选项"。

原则2：每当语法强制执行迭代时，为此迭代导出至少两个"选项"，一个包含了最小重复次数，另一个则大于最小重复次数。

原则3：每当迭代被要求具有最大重复次数时，为此迭代导出至少两个"选项"，一个具有最大重复次数，另一个则少于最大重复次数。

原则4：对于任何输入，可以对定义的语法改变以导出无效输入（"变异"）。

5．**参考答案**：A

解析：常见的组合强度包括单一选择、基本选择、成对组合、全组合和 K 强度组合等。在组合强度要求为 K 的组合中（简称为"K 强度"），任意 K 个参数取值范围的任意有效值的组合至少被一个测试用例覆盖。

当 K=1，K 强度组合就是单一选择。

当 K=2，K 强度组合就等同于成对组合。

而当 K 等于所有参数数量时，K 强度组合等同于全组合。

综上，全组合是组合强度最高的组合测试。

6．**参考答案**：D

解析：对于判定表的规则确定，假如有 n 个条件，每个条件有两个取值(0, 1)，则有 $2n$ 种规则。

7．**参考答案**：B

解析：因果图是一种简化了的逻辑图，能直观地表明输入条件和输出动作之间的因果关系。图中表示的是非关系，若原因出现，则结果不出现；若原因不出现，则结果出现。

8．参考答案：C

解析：采用分类树或等价类对函数的输入域进行划分，将无限测试变成有限测试，这是减少工作量和提高测试效率最有效的方法。

9．参考答案：B

解析：对于业务流清晰的系统，场景测试法可以贯穿整个测试案例过程，综合考察软件的主要业务流程、功能和错误处理能力。场景测试法中间可以再综合考虑运用等价类划分、边界值分析等方法进行进一步的设计。

10．参考答案：D

解析：如果程序的功能说明中含有输入条件的组合情况，则一开始就可选用因果图法绘制判定表，然后采用判定表法继续进行测试。

11．参考答案：C

解析：MCDC覆盖属于动态测试技术。

12．参考答案：B

解析：圈复杂度计算公式是：$V(G)=e-n+2$；其中，$V(G)$ 代表圈复杂度；e 代表控制流图中的边的数量；n 代表在控制流图中的节点数量。

13．参考答案：D

解析：分支条件组合测试要求设计足够的测试用例，使得每个判定语句中的所有判定条件的各种可能组合都至少出现一次。n 个条件的程序，满足分支条件组合测试100%覆盖的用例数是 2 的 n 次方，此时其语句测试、分支测试、判定测试、条件覆盖、分支条件测试的覆盖率也一定是 100%。

14．参考答案：C

解析：满足条件覆盖，不一定满足判定测试、语句测试等。

15．参考答案：D

解析："全使用"测试要求包括从每个变量定义到它的每个使用的至少一条子路径（不包括变量的中间定义）。

"全定义-使用"测试要求包括从每个变量定义到它的每个使用的所有子路径（不包括变量的中间定义）。全定义-使用路径测试不同于全使用测试，后者只需要从每个变量定义到其使用的一条路径进行测试。

16．参考答案：C

解析：覆盖率是对动态测试用例设计是否充分的监督。执行测试用例的目标仍然是检查每个用例的实测结果是否满足期望输出要求，而不是仅仅查看用例执行完之后覆盖率是否达到要求。

17．参考答案：A

解析：表示层也称用户界面层，负责具体业务和视图展开，如网页、APP 客户端等 UI 展示。

18．参考答案：B

解析：由于分层设计要求，数据需层层传递，势必会造成一定的性能下降。

19．参考答案：D

解析：事件驱动架构的实现是异步编程，开发相对复杂，与事件处理相关的缺陷也非常常见，同时在实践中，此类缺陷导致的失效往往比较难以复现和定位。

20．参考答案：C

解析：事件驱动架构同样与性能效率及其子质量特性密切相关。性能和效率的 3 个子质量特性都受到事件驱动架构各个环节的影响。

21．参考答案：C

解析：选项 C 说反了，插件模块负责整合某个特定领域的抽象，微内核负责通用的功能抽象。

22．参考答案：B

解析：开发难度较高，微内核架构需要设计，因此实现起来比较复杂。

23．参考答案：D

解析：分布式架构维护成本高，大量的服务实例部署在大量不同的物理主机上，自然带来了大量的硬件成本和软件部署成本。商业化的分布式架构系统还包括很多支撑性的服务组件，比如分布式缓存、数据库等，这些额外的模块也带来了额外的部署和运维成本。

24．参考答案：B

解析：选项 B 有误，由于分布式架构的设计，导致接口数量的爆炸增加。

25．参考答案：D

解析：面向对象程序具有继承、封装和多态的新特性。

26．参考答案：C

解析：继承的成员函数是否都不需要测试。对父类中已经测试过的成员函数，有两种情况需要在子类中重新测试：

（1）继承的成员函数在子类中做了改动。

（2）成员函数调用了改动过的成员函数的部分。

27．参考答案：D

解析：（1）按系统架构来分，可分为客户端的测试、服务器端的测试和网络上的测试。

（2）按职能来分，可分为应用功能的测试、Web 应用服务的测试、安全系统的测试、数据库服务的测试。

（3）按软件的质量特性来分，可分为功能测试、性能测试、安全性测试、兼容性测试和易用性测试。

（4）按照开发阶段来分，可分为设计的测试、编码的测试和系统的测试。

28．参考答案：C

解析：Web 应用测试方法与其他系统的测试既有相同之处，又有不同之处。相同之处体现在：

（1）测试内容基本相同。

（2）某些项目的测试方法基本相同。

（3）测试手段基本相同。

鉴于 Web 系统的自身特点，其测试与传统的软件测试也有所不同，使测试基于 Web 的系统变得困难。不同之处体现在：

（1）测试的重点不一样。

（2）测试采用的工具有所不同。

（3）Web 应用系统迫切需要新的测试技术和方法。

29．参考答案：D

解析：网络测试不可能对整个网路的所有设备和组件进行全部的测试，因此测试内容要有所选择，测试要针对网络系统中的关键部分。网络测试对象主要包括以下 4 种类型：

（1）网络平台：包括网络操作系统、文件服务器和工作站。

（2）应用层：指应用程序的客户端、桌面操作系统和数据库软件等。

（3）子系统：主要指路由器、集线器、交换机和网桥。

（4）全局网路径：是整个网络系统中重要的点对点路径。

30．参考答案：B

解析：文档测试不仅仅是对文字的校对，更可以辅助找到更多的程序错误。文档编写人员与文档测试人员审视程序的角度与程序员和程序测试人员并不相同，因此由文档测试揭示的问题也不同于程序员和程序测试人员所发现的问题，文档测试往往会发现其他测试无法发现的严重错误，例如，功能实现错误、易用性不好、用户手册与程序实现不吻合等问题。

附录　软件评测师考试大纲

一、考试说明

1. 考试要求

（1）熟悉计算机基础知识。
（2）熟悉操作系统、数据库、中间件、程序设计语言基础知识。
（3）熟悉计算机网络基础知识。
（4）熟悉软件工程知识，理解软件开发方法及过程。
（5）熟悉软件质量及软件质量管理基础知识。
（6）熟悉软件测试标准。
（7）掌握软件测试技术及方法。
（8）熟悉不同软件架构测试方法及应用。
（9）掌握软件测试项目管理知识。
（10）掌握 C 语言及 C++或 Java 或 Python 语言程序设计技术。
（11）了解软件测试在各个领域的应用。
（12）了解信息化及信息安全基础知识。
（13）熟悉知识产权相关法律和法规。
（14）正确阅读并理解相关领域的英文资料。

2. 通过本考试的合格人员能在掌握软件工程与软件测试知识的基础上，运用软件测试管理办法、软件测试策略、软件测试技术，独立承担软件测试项目；具有工程师的实际工作能力和业务水平。

3. 本考试设置的科目包括：

（1）软件工程与软件测试基础知识，考试时间为 120 分钟，考试形式为机考，选择题。
（2）软件测试应用技术，考试时间为 120 分钟，考试形式为机考，问答题。

注意：软件工程与软件测试基础知识和软件测试应用技术 2 个科目采取连考模式，基础知识科目最短作答时长 90 分钟，最长作答时长 120 分钟，2 个科目作答总时长 240 分钟，考试结束前 60 分钟可交卷离场。

二、考试范围

考试科目 1：软件工程与软件测试基础知识

1．计算机系统基础知识

1.1　计算机系统构成及硬件基础知识
- 计算机系统的构成
- 处理机
- 基本输入输出设备
- 存储系统

1.2　操作系统基础知识
- 操作系统的中断控制、进程管理、线程管理
- 处理机管理、存储管理、设备管理、文件管理、作业管理
- 网络操作系统和嵌入式操作系统基础知识
- 操作系统的配置

1.3　数据库基础知识
- 数据库基本原理
- 数据库管理系统的功能和特征
- 数据库语言与编程

1.4　中间件基础知识

1.5　计算机网络基础知识
- 网络分类、体系结构与网络协议
- 常用网络设备
- Internet 基础知识及其应用
- 网络管理

1.6　程序设计语言知识
- 汇编、编译、解释系统的基础知识
- 程序设计语言的基本成分［数据、运算、控制和传输、过程（函数）调用］
- 面向对象程序设计
- 各类程序设计语言的主要特点和适用情况
- C 语言以及 C++（或 Java、Python）语言程序设计基础知识

2．标准化基础知识

- 标准化的概念（标准化的意义、标准化的发展与标准化机构）
- 标准的类别（国际标准、国家标准、行业标准与企业标准）

3．信息安全知识
- 信息安全基本概念
- 计算机病毒及防范
- 网络入侵手段及防范
- 加密与解密机制

4．信息化基础知识
- 信息化相关概念
- 与知识产权相关的法律和法规
- 信息网络系统、信息应用系统与信息资源系统基础知识

5．软件工程知识

5.1 软件工程基础
- 软件工程概念
- 需求分析
- 软件设计
- 软件编码
- 软件测试
- 软件维护

5.2 软件开发方法及过程
- 结构化开发方法
- 面向对象开发方法
- 瀑布模型
- 原型模型
- 基于构件的模型
- 快速应用开发
- 敏捷规程模型

5.3 软件质量管理
- 软件质量及软件质量管理概念
- 软件质量管理体系
- 软件质量管理的目标、内容、方法和技术

5.4 软件过程管理
- 软件过程管理概念
- 软件过程改进
- 软件能力成熟度模型

5.5 软件配置管理
- 软件配置管理的意义

- 软件配置管理的过程、方法和技术

5.6 软件开发风险基础知识
- 风险管理
- 风险防范及应对

5.7 软件评测相关标准
- 软件质量类标准
- 软件测试类标准
- 软件测试及成本估算类标准

6. 软件评测师职业素质要求
- 软件评测师职业特点与岗位职责
- 软件评测师行为准则与职业道德要求
- 软件评测师的能力要求

7. 软件测试知识

7.1 软件测试基本概念
- 软件质量与软件测试
- 软件测试定义
- 软件测试目的
- 软件测试原则
- 软件测试对象

7.2 软件异常的分类及其之间的关系

7.3 软件测试过程模型
- V 模型
- W 模型
- H 模型
- 敏捷测试模型

7.4 软件测试类型
- 按工程阶段分类
- 按是否执行代码分类
- 按测试实施主体分类
- 按是否关联代码分类
- 按质量特性分类
- 按符合性评价要求分类
- 回归测试

8. 软件评测现状与发展
- 国内外现状

- 软件评测发展趋势

9．测试技术的分类
- 基于规格说明的测试技术
- 基于结构的测试技术
- 基于经验的测试技术
- 自动化测试技术

10．自动化测试
- 自动化测试的概念
- 自动化测试的优缺点
- 基于模型的测试（MBT）
- 测试工具的选择

11．基于质量特性的测试
- 软件质量的 8 个特性及其子特性
- 软件质量子特性的测试目标和测试内容
- 符合性测试

12．基于风险的测试
- 基于风险的测试内容和步骤
- 基于风险的测试级别
- 基于风险的测试估算

13．软件架构
- 分层软件架构的基本概念
- 事件驱动架构的基本概念
- 微内核架构的基本概念
- 分布式架构的基本概念

14．专业英语
- 正确阅读并理解相关领域的英文资料

15．了解软件测试新技术的应用
- 移动应用软件
- 物联网
- 大数据
- 可信软件
- 人工智能

考试科目 2：软件测试应用技术

1. **测试过程和管理**
   - 组织级测试过程
   - 测试策划过程
   - 测试设计和实现过程
   - 测试环境构建和维护过程
   - 测试执行过程
   - 测试事件报告过程
   - 测试完成过程
   - 测试监测和控制过程

2. **软件测试技术**

   2.1 基于规格说明的测试技术
   - 测试用例设计方法
   - 测试设计方法选择策略
   - 测试用例的编写

   2.2 基于结构的测试
   - 测试用例设计方法
   - 测试设计方法选择策略
   - 测试用例的编写

   2.3 自动化测试技术
   - 自动化测试的策略
   - 测试工具的选择
   - 测试输入的设计
   - 测试输出结果的收集和分析

3. **软件测试技术应用**

   3.1 分层架构软件测试
   - 分层架构软件测试策略
   - 分层架构软件测试质量目标
   - 分层架构软件测试用例设计
   - 分层架构软件测试执行

   3.2 事件驱动架构软件测试
   - 事件驱动架构软件测试策略
   - 事件驱动架构软件测试质量目标
   - 事件驱动架构软件测试用例设计

- 事件驱动架构软件测试执行

3.3 微内核软件测试
- 微内核软件测试策略
- 微内核软件测试质量目标
- 微内核软件测试用例设计
- 微内核软件测试执行

3.4 分布式架构软件系统测试
- 分布式架构软件系统测试策略
- 分布式架构软件系统测试质量目标
- 分布式架构软件系统测试用例设计
- 分布式架构软件系统测试执行

结 束 语

  小鹿同学在跟着昊洋老师学完了软件评测师考试的全部内容后，顺利地通过了考试。本书记录了小鹿同学在备考过程中跟昊洋老师学习的知识点，所以本书是一本软件评测师备考基础知识点的书籍，可以和昊洋老师出版的第一本教材《软件评测师考试重难点突破》结合起来学习，这样备考效率会更高。

  一份努力，一份收获。在这个世界上，大部分的人都是平凡的，但是一个人不怕有多笨，就怕有多懒。再笨的人，通过努力，也可以慢慢提升自己的认知和学识，但是如果你懒得去学习，懒得去好好工作，那么再好的资源和平台都不能带来提升。小鹿同学就是无数个平凡的备考学员之一，正是通过自己一点点的积累，最终才顺利地通过了考试。无论考试的形式如何变化，整体考察的知识点都是符合考试大纲的，所以只要大家戒骄戒躁，踏踏实实地学会书中涉及到的每一个知识点，并且做到举一反三，最终都可以在软件评测师考试中取得满意的成绩。

  正是有了身边人的支持，才有了这本书的诞生。特别感谢妻子和孩子对我的支持，不管遇到多大的困难，如果没有身边人的支持，是无法顺利完成一本书的写作的。同样还要感谢51CTO的同人以及出版社的朋友们，希望在以后的日子里，我们可以携手出版更加优秀的书籍，来回馈广大学子对我们的支持和信赖！

  最后，我想送给大家的一句话就是：越努力，越幸运！

张洋洋
2024 年 7 月

参 考 文 献

[1] 柳纯录. 软件评测师教程[M]. 北京：清华大学出版社，2005.
[2] 褚华. 软件设计师教程[M]. 5版. 北京：清华大学出版社，2018.
[3] 全国计算机专业技术资格考试办公室. 软件评测师2017至2021年试题分析与解答[M]. 北京：清华大学出版社，2022.
[4] 薛大龙. 软件评测师考试32小时通关[M]. 北京：中国水利水电出版社，2018.
[5] 张旸旸，于秀明. 软件评测师教程[M]. 2版. 北京：清华大学出版社，2021.
[6] 全国计算机专业技术资格. 软件评测师考试大纲[M]. 北京：清华大学出版社，2021.
[7] 全国计算机专业技术资格考试办公室. 软件评测师2014至2019年试题分析与解答[M]. 北京：清华大学出版社，2020.
[8] GB/T 38634.1—2020，系统与软件工程 软件测试 第1部分：概念和定义[S]
[9] GB/T 38634.2—2020，系统与软件工程 软件测试 第2部分：测试过程[S]
[10] GB/T 38634.3—2020，系统与软件工程 软件测试 第3部分：测试文档[S]
[11] GB/T 38634.4—2020，系统与软件工程 软件测试 第4部分：测试技术[S]
[12] GB/T 32911—2016，软件测试成本度量规范[S]
[13] GB/T 25000.10—2016，系统与软件工程系统与软件质量要求和评价（SQuaRE）第10部分：系统与软件质量模型[S]
[14] GB/T 25000.22—2019，系统与软件工程系统与软件质量要求和评价（SQuaRE）第22部分：使用质量测量[S]
[15] GB/T 25000.23—2019，系统与软件工程系统与软件质量要求和评价（SQuaRE）第23部分：系统与软件产品质量测量[S]
[16] GB/T 25000.40—2018，系统与软件工程系统与软件质量要求和评价（SQuaRE）第40部分：评价过程[S]
[17] GB/T 25000.51—2016，系统与软件工程系统与软件质量要求和评价（SQuaRE）第51部分：就绪可用软件产品（RUSP）的质量要求和测试细则[S]